国家示范性高职院校建设项目工学结合课程教材

新疆蔬菜与 西甜瓜制种技术

主　编　贾丽慧
副主编　李方华

中国农业大学出版社

·北京·

内 容 简 介

　　本书属于新疆农业职业技术学院国家示范院建设种子生产与经营重点专业工学结合课程开发项目。教材以培养能直接从事蔬菜、西甜瓜制种技术推广和管理的高素质技能型人才为宗旨,以新疆蔬菜、西甜瓜制种技术发展为依据,在保证基本理论知识学习的前提下,以蔬菜、西甜瓜制种工作过程为主线,重点介绍了蔬菜、西甜瓜制种工作程序、工作方法和要求,共六章,内容包括:西甜瓜、番茄、豇豆、萝卜、大葱及莴苣的制种技术,并拓展介绍了西葫芦、辣椒、茄子、菜豆、胡萝卜、洋葱、茼蒿、菠菜、芹菜、芫荽等蔬菜的制种技术。教材较全面地介绍了蔬菜、西甜瓜制种的新技术、新方法,并附有大量工作记录表格,是学习资料,同时也是工作手册,突出显示了教材工学结合的特点。

　　本书可作为种子生产类专业教材,也可供从事蔬菜、西甜瓜种子生产的技术人员参考。

图书在版编目(CIP)数据

　　新疆蔬菜与西甜瓜制种技术/贾丽慧主编. —北京:中国农业大学出版社,2012.2

　　ISBN 978-7-5655-0454-9

　　Ⅰ.①新⋯　Ⅱ.①贾⋯　Ⅲ.①蔬菜园艺②西瓜-瓜果园艺-制种③甜瓜-瓜果园艺-制种　Ⅳ.①S63②S650.38

　　中国版本图书馆 CIP 数据核字(2011)第 251930 号

书　　名	新疆蔬菜与西甜瓜制种技术
	Xinjiang Shucai Yu Xitiangua Zhizhongjishu
作　　者	贾丽慧　主编

策划编辑	姚慧敏　伍　斌	责任编辑	姚慧敏　康昊婷
封面设计	郑　川	责任校对	王晓凤　陈　莹
出版发行	中国农业大学出版社		
社　　址	北京市海淀区圆明园西路 2 号	邮政编码	100193
电　　话	发行部 010-62818525,8625	读者服务部	010-62732336
	编辑部 010-62732617,2618	出　版　部	010-62733440
网　　址	http://www.cau.edu.cn/caup	**e-mail**	cbsszs @ cau.edu.cn
经　　销	新华书店		
印　　刷	北京鑫丰华彩印有限公司		
版　　次	2012 年 2 月第 1 版　2012 年 2 月第 1 次印刷		
规　　格	787×980　16 开本　16.75 印张　307 千字		
定　　价	25.00 元		

图书如有质量问题本社发行部负责调换

前　　言

　　种子作为农业生产最基本的、不可替代的生产资料，是决定农作物产量和质量的根本。作为我国农业发展的重中之重，种子行业是近十年来我国农业中发展最快的产业之一。新疆光热资源丰富，昼夜温差大，是我国最主要的西甜瓜种子生产基地，同时，也大量生产豇豆、萝卜、茴蒿等多种蔬菜种子。蔬菜种子生产企业发展迅速，蔬菜和西甜瓜种子生产、销售不仅面向国内市场，并且出口创汇。产业的发展，离不开人才和技术的支持，目前蔬菜和西甜瓜种子生产企业对种子生产、管理技术人员需求旺盛。

　　本教材属新疆农业职业技术学院国家示范性高职院校建设种子生产与经营重点专业工学结合课程开发项目。通过行业技术调研，针对新疆重点发展的西甜瓜和主要蔬菜制种工作岗位，由校企技术专家从职业岗位分析入手，按照岗位工作过程、关键技术环节能力要求，结合职业资格证书和行业证书标准重新进行开发设计，并根据新的课程设计要求组织校企专家共同编写而成。

　　教材第一章由贾丽慧编写；第二章由贾丽慧、李方华编写；第三章由王新燕、刘心雨编写；第四章由陈先荣、汪新业编写；第五章由贾丽慧、刘利群编写；第六章由李方华、贾丽慧编写。教材中病虫害防治部分均由朱研梅编写。教材编写过程中得到酒泉职业技术学院屈长荣、李方华、魏照信等老师的大力支持，李功、赖永明、杜锋、袁风景等提供部分图片素材，赵国华、周志成、李宁、沙黎娥、马巨明等合作企业技术专家参与了审稿。教材编写、审核过程中得到王海波老师的大力支持，并提出许多意见和建议，在此深表感谢！

编　者

2011 年 10 月

目　录

第一章 西甜瓜制种技术实训

第一节 岗位技术概述

一、西甜瓜制种生产现状

一粒种子可以改变世界。种子作为农业生产最基本的、不可替代的生产资料是决定农作物产量和质量的根本。作为我国农业发展的重中之重,种子行业是近10年来我国农业中发展最快的产业之一。21世纪农产品市场竞争的核心是良种的竞争,农产品产量提高、品质改良、加工产品的市场竞争力,种子起着关键性的作用,在农业各项增产技术措施中,良种的贡献份额已占到30%~40%。

世界西瓜产量和种植面积在水果生产中占第五位,甜瓜占第九位,每年需要大量的种子满足生产需求。经过多年的发展,蔬菜与西甜瓜种子已经发展为跨国经营的格局,以美国约克蔬菜花卉种子公司和圣尼斯种子公司为代表,这些公司的基本特征是经营的品种特别多,例如,仅圣尼斯种子公司的一个子公司——皮托种子公司就经营18类3000多个蔬菜品种。这些大型跨国蔬菜种业集团都拥有自己独立的科研机构,在品种选育过程中越来越多地应用以生物工程技术为核心的现代生物技术,其中包括分子生物学技术和遗传工程两大类型,并根据全球气候条件特征及各地劳动水平的差异来合理分配其种子的生产繁育;目前已实现种子生产、加工、销售的一体化。

目前,我国的蔬菜种子生产初具规模,良种覆盖率已达80%以上,上市的种类有100多种,品种更是成千上万难以统计,仅20世纪80年代至今通过国家和省级农作物品种委员会审定通过的品种就有1000余个,但仍旧存在蔬菜与西甜瓜种子生产产业化程度较低、规模较小的问题。我国蔬菜与西甜瓜种子生产具有下列优势:一是地价便宜;二是劳动力便宜;三是适种蔬菜范围广,跨越的纬度和经度大,可供蔬菜制种地区的选择余地大,且山区、丘陵多,天然隔离条件好,有些蔬菜如茄果类、瓜类等还可利用粮食作物如玉米的隔离种植带制种;四是不同纬度的制种基地所生产的种子上市时间不同,通过安排不同上市时间的品种和数量,以调节库存种子品种和数量,或减少种子积压、避免种子缺口;五是经过近20年的生产实践,许多农民熟练掌握了蔬菜制种技术,并积累了丰富的生产管理经验;六是各级政府从政策上扶植蔬菜种子生产,并积极支持为美国、日本、韩国等国家种子集团公司代繁蔬菜种子。因此,我国蔬菜和西甜瓜种子生产具有广阔的发展空间。

我国西甜瓜产量和种植面积均居世界第一。目前,我国西瓜种植面积在8万 hm^2 以上,甜瓜(含保护地栽培)种植面积在5万 hm^2 以上。我国每年西甜瓜生产需要西瓜种子1 500 t,甜瓜种子230 t,尤其是一些高产、抗病的优良品种。然而,我国生产的西甜瓜种子仍然不能满足生产的需求,每年都需要进口大量的西甜瓜种子。近几年我国蔬菜种子进出口额比重较大,超过60%,种子的进口量远远大于出口。我国进口的西瓜种子主要来源于泰国、日本和中国台湾地区,占90%以上,其他如韩国、美国、巴基斯坦、荷兰和法国等国的进口总量不超过10%;甜瓜种子则主要从中国台湾地区和日本进口,总量超过90%,从泰国、美国、韩国和法国进口的甜瓜种子总量不足10%。从进口数量看,西瓜种子的进口量远远大于甜瓜种子,而且存在出口种子大多是质量较高的优质种子,进口种子大多是普通品种的问题。美国、日本、荷兰、缅甸、马来西亚、印度、孟加拉以及我国香港和台湾地区是我国西瓜种子的主要出口地,占出口总量的90%以上。美国、荷兰、法国、西班牙、日本以及中国台湾地区,是我国甜瓜种子的主要出口贸易伙伴,其中,美国的需求量占到84%左右。然而近几年,我国出口种子价格呈下降趋势。

目前,我国的西甜瓜新品种的培育更是向高产、高抗、优质、小型等方向发展。西甜瓜新品种的培育和推广工作以前所未有的态势发展壮大,中国农科院郑州果树研究所的郑抗系列高抗病虫害的有籽、无籽西瓜品种;北京市农林科学院蔬菜研究中心的早熟、优质的京欣系列西瓜品种;合肥丰乐种业股份有限公司高产、优质的丰乐系列西瓜;湖南省瓜类研究所早熟、优质的红小玉、黄小玉等礼品小西瓜;黑龙江省大庆市农业科学研究所中熟、优质的西农8号;天津市种子公司高产、优质的黑蜜无籽西瓜;新疆西域种业"西域"系列西甜瓜种子和昌吉安农种业的"安农"系列西甜瓜等在我国西甜瓜种子市场上都占有一定的比例。

西北地区西甜瓜种子生产面积较大的地区有甘肃酒泉和新疆昌吉回族自治州。酒泉的敦煌种业、东方农业公司、杰尼尔种子公司等蔬菜与西甜瓜种子生产企业稳步推进标准化、规范化生产,每年生产西甜瓜种子上百万千克,远销美国、法国、日本等10多个国家和地区,瓜菜类种子出口量占全国出口总量的10%以上,酒泉地区现已成为我国第二大制种基地和最大的外贸制种基地。

新疆位于我国西北边陲,是我国西瓜的发源地之一。新疆光热资源丰富,降雨少,空气干燥,昼夜温差大,是典型的大陆性气候,也是我国西甜瓜生产的最适地区,生产的西甜瓜种子饱满,发芽率高,制种产量高,制种行业效益好,目前已成为我国最大的西甜瓜制种基地,每年制种面积在 0.4 万 hm² 左右,而且主要集中在新疆昌吉回族自治州。

昌吉回族自治州位于天山北麓,地处亚欧大陆腹地,准噶尔盆地南缘,天山北坡经济带的核心区域。属半干旱大陆性气候,年降水量 183～200 mm,区域年平均气温 6.6℃,年日照时数 2 833 h,有效积温 3 400～3 584℃,平均无霜期 166～180 d,气候受山地垂直分布影响,适应小麦、玉米、甜菜、油葵、豆类、蔬菜和西甜瓜等各类农作物生长。交通便利,东距首府乌鲁木齐市 35 km,距乌鲁木齐国际机场18 km,建有乌拉斯台国家一类季节性口岸和亚中商城国家二类通商口岸;第二座亚欧大陆桥、312 国道、216 国道、吐乌大高等级公路、乌奎高速公路和亚欧光缆都从州内通过,是东联内地、西接中亚、欧洲市场的黄金通道。昌吉回族自治州有可耕地 8 万 hm²,土壤有机质含量高,适应各种农作物种植,全州每年播种面积4 万 hm²;境内有三屯河、头屯河两大水库,总库容 4 000 多万 m³,地下水储量2.15 亿 m³,水量供给充沛。昌吉回族自治州辖区各县市及兵团团场具有丰富的土地资源和水资源,是新疆瓜菜制种的重要基地,生长季气候干燥,日照充足,热量充沛,昼夜温差大,有效积温高,并且具备天然的隔离屏障,制种面积大,产业化程度高,农民制种意识强,制种经验丰富,制种、代繁成本相对较低,制种质量好,水分容易控制在安全水分以下,是理想的西瓜和厚皮甜瓜制种基地,在国内有较强的竞争优势,西甜瓜制种在全国占有举足轻重的地位,是全国重要种子集散地之一。西甜瓜种子在全疆市场的占有率达 76%。其中西域种业、宝丰种业、昌吉市联创种子有限责任公司、新疆现代种业有限公司、新疆昌吉市昌农种苗有限公司、安农种子有限公司、农人种子公司等生产无籽西瓜、有籽西瓜,各类小型礼品西瓜、甜瓜等优良品种,产品远销全国各地及中亚各国。

二、西甜瓜制种技术发展

我国西甜瓜种子规模化生产始于 20 世纪 80 年代中期,为满足生产者对杂交种子需求迅速增加的现状,一些多年从事育种研究的科研单位开始进行商品种子的生产与经营,同时一些市、县种子公司也通过与科研单位合作进入西甜瓜种子的生产经营行列。当时具有实力和一定影响力的育种经营单位有 30 多家,其中有安徽丰乐种业、新疆农科院园艺研究所、中国科学院郑州果树研究所、新疆葡萄瓜果研究开发中心、西北农林科技大学、安徽天禾西甜瓜种子公司、新疆西域种业公司、新疆华西种子公司等。

20世纪90年代初,由于许多单位为追求短期利益,急剧扩大制种面积,造成国内西甜瓜种子供大于求,大量积压,使国内西甜瓜制种业一度处于低谷。

目前我国西瓜种子制种主要集中在西北地区,新疆、甘肃、内蒙古制种量占到70%,薄皮甜瓜种子也主要由国内生产,厚皮甜瓜约1/4由国外进口。随着市场需求的变化,西甜瓜种子生产发展为品种布局区域化、种子生产专业化、加工机械化和质量标准化为代表的四化阶段,国内流通已经形成,逐步进入种子工程阶段,也就是产业化发展阶段。

西甜瓜育种、制种向品种多样化方向发展,在追求传统育种目标的基础上(如丰产性、品质、抗病、熟期、耐贮运性、抗逆性等),现今又涌现出许多特殊育种、制种目标,例如,短蔓紧凑型西瓜新品种,由新疆农六师农科所黎盛显育成的"无杈早",分枝少、节间短,可以不整枝,节约劳力。而无籽瓜、中小果型礼品瓜、新型薄皮甜瓜也迅速发展,成为一种新时尚。西甜瓜制种的栽培模式也日趋多样化,如膜下滴灌技术、高密度栽培技术、保护地立体栽培技术等在生产中已被广泛应用。

第二节　西甜瓜制种技术实训

一、基本知识

(一)西瓜生物学特性

1.植物学特征

(1)根　西瓜根系发达,分布广而深(图1-1),主要根群分布在30~40 cm的耕作层内,可以吸收利用较大容积土壤中的营养和水分,吸收水肥能力强,比较耐旱。但根系木栓化较早,再生能力差。西瓜根系不耐水涝,在土壤结构良好,空隙度大,土壤通气性好的条件下根系发达。

(2)茎　西瓜的茎蔓生,中空。幼苗期茎直立生长,节间短缩,4~5节后节间伸长,开

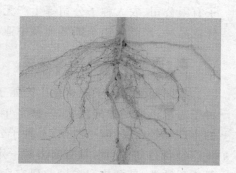

图1-1　西瓜的根系

始匍匐生长(图1-2)。西瓜瓜蔓长度因品种及栽培条件而异,一般节间长10 cm左右。节上着生叶片,叶腋间着生雄花或雌花、卷须。茎基部易发生不定根。西瓜的分枝性强,根据品种、长势可以形成3～4级侧枝,尤其基部3～5节分生的侧枝出现早,而且生长健壮,在整枝时可留作基本子蔓(图1-3)。

图1-2　西瓜茎蔓匍匐生长

图1-3　主蔓与侧蔓

(3)叶　子叶两片,椭圆形。若出苗时温度高,水分充足,则子叶肥厚。子叶的生育状况与维持时间长短是衡量幼苗素质的重要标志。真叶为单叶,互生,前两片真叶缺刻少,为基生叶(图1-4)。第3片真叶以后叶面积逐渐增大,呈现本品种固有特征,依品种不同有深裂、浅裂和全缘叶等(图1-5)。早熟品种叶片小,中晚熟品种叶片较大,叶片密生绒毛并具有蜡粉。

图1-4　子叶与真叶

图1-5　不同叶形

(4)花　西瓜的花单生,着生于叶腋,雌雄同株异花(图1-6),个别品种为两性花(图1-7),花瓣和花萼各5片,花冠黄色,子房下位,柱头3裂,侧膜胎座。雄花花药3个,呈扭曲状。西瓜雌雄花的性型分化具可塑性,环境条件和栽培措施可影响雌雄花的着生节位和比例。雄花的发生早于雌花,雄花始花节位一般为3~5节,雌花始花节位为5~11节,早熟品种在主蔓第5~7片叶出现第一雌花,晚熟品种在主蔓第7~9片叶出现第一雌花,以后每间隔3~6片叶出现一朵雌花,子蔓雌花出现节位较主蔓低;雌花柱头和雄花的花药均具蜜腺,靠昆虫传粉,清晨开放,下午闭合,为半日花。

图1-6　雌花与雄花

图1-7　雌花与两性花

(5)果实　瓠果,果实有圆形、椭圆形、筒形等,单瓜重一般1.5~15 kg;不同品种间果皮厚度及硬度差异较大,果皮有绿色、浅绿色、墨绿色或黄色等,表面有条纹、网纹或无,果面平滑或具棱沟(图1-8)。果肉由胎座发育而成,果肉颜色有大红、粉红、橘红、黄色及白色等,质地硬脆或沙瓤。果肉可溶性固形物为8%~12%(图1-9)。

图1-8　果实类型

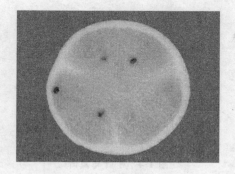

图1-9　果实横切面

(6)种子　西瓜种子扁平,卵圆或长卵圆形,着生于侧膜胎座。种皮白色、棕色、褐色、黑色等多种,单色或杂色,表面平滑或具裂纹。种子千粒重不同品种间差异较

大,小粒种子千粒重 20～25 g,大粒种子 70～100 g,
一般为 40～80 g。种子寿命 3 年(图 1-10)。

图 1-10 西瓜种子

2.生长发育周期

西瓜的生育期一般为 90～120 d,可划分为发
芽期、幼苗期、伸蔓期、结果期 4 个时期,各时期具
有不同的生长发育特点。

(1)发芽期 从种子萌动至第 1 真叶显露为
止,在 25～30℃条件需 10 d 左右。这一阶段主要
是利用种子内部贮存的养分供胚芽萌动生长和胚
根伸长。地上部干重的增长量很少,胚轴是生长
中心,根系生长较快。此期要求适宜的水分、温度和通气条件(图 1-11)。

(2)幼苗期 从第 1 片真叶显露至第 4 片真叶完全展开,在适宜条件下,通常
需要 25～30 d。此期茎蔓节间短缩,植株直立,叶片较小,地上部干、鲜重及叶面积
的增长量小,但生长速度较快。根系生长加速。侧枝、花芽的分化旺盛,此期结束
时,主蔓 17 节以内的花芽已分化完毕(图 1-12)。

图 1-11 发芽期

图 1-12 幼苗期

(3)伸蔓期 由第 4 片真叶展开开始,到留瓜节位雌花开放时结束,历时 18～
20 d。此期节间伸长,植株由直立生长转为匍匐生长,雄花开花前根系继续旺盛生
长,茎叶生长开始加快,雄花开放后植株生长逐渐转变成以茎叶生长为中心,同时
雄花、雌花陆续分化、孕蕾和开放(图 1-13)。

(4)结果期 从留瓜节位雌花开放到果实成熟,在适宜条件下需 30～40 d,一
般早熟品种 30 d 左右,中熟品种 35 d 左右,晚熟品种 40 d 及以上。此时是由营养
生长过渡到生殖生长的转折期,茎叶的增长量和生长速度仍较旺盛,果实的生长刚
刚开始,随着果实的膨大,茎叶的生长逐渐减弱,果实为全株的生长中心。此期又

可分为坐果期、膨瓜期和成熟期(图1-14)。

图1-13　伸蔓期

图1-14　结果期

坐果期　自留瓜节位雌花开放至果实褪毛(幼果表面绒毛褪净,果实开始发亮),需4～6 d,是以营养生长为主向生殖生长为主的过渡阶段。

膨瓜期　从果实褪毛到定个,在适宜条件下需18～26 d,此期以果实生长为中心,是决定产量高低的关键时期。

成熟期　从定个至果实成熟,需5～10 d。此期果实膨大已趋平缓,以果实内物质转化和种子发育为主,是决定西瓜品质和种子产量、品质的关键时期。

3.开花习性及果实的发育

(1)花芽分化　西瓜的花芽分化较早,当第1片真叶展开时,第5片叶开始分化,第3片叶的叶腋处出现雄花原基突起,花芽分化开始,到第4片真叶展平时,第15～17片叶已经分化。

播种时期温度高,植株发育速度快,花芽分化早。苗期较低的温度有利于增加雌花的数量(或比例),降低雌花着生的节位,适宜的温度白天应为20～22℃,晚上13～15℃。短日照有利于雌花的发育,长日照有利于雄花的发育。光照充足,植株生长健壮,茎蔓粗壮,叶片肥大,组织结构紧密,节间短,花芽分化早,坐果率高。较高的空气湿度有利于雌花的形成,可降低雌花的着生节位,增加雌花密度,提高雌花的比例。土壤水分不足会使雌花质量降低、数量少,土壤水分过多易引起秧苗徒长,花芽分化延迟,尤其是推迟雌花的形成,并容易引起落花落果,导致坐果困难。西瓜的营养状况与花芽分化也有密切关系。土壤营养不均衡(氮肥偏多、缺少磷钾微量元素)、营养面积小等,易引起秧苗徒长、降低植株的营养水平和养分的积累、第一雌花着生节位提高、雌花间隔叶数增加;土壤营养充分,光照充足,具有发达的根系,旺盛的吸收功能,则茎叶生长充实,有利于雌花的花芽分化,增加雌花密度,提高雌花质量。

（2）开花习性　西瓜为半日花，清晨开放，午间闭合。晴天通常在早晨 6:00～7:00 时开始开花，阴雨天或气温较低，空气湿度过大时，开花延迟。上午 12:00 时左右花瓣开始退色，15:00 时左右完全闭花。因此，正常条件下，人工授粉最适宜的时间是上午 7:00～10:00 时，11:00 时以后授粉，坐果率显著降低。西瓜的雄花在晴天适温下，开花的同时或稍晚即散出花粉，但在低温或降雨的次日，开花晚，而且即使开花，花粉散出也推迟。一般夜温越高，西瓜的开花时间越早。西瓜花蕾发育程度越高开花时间越早，因此，采摘雄花必须在开花前一天的 16:00 时以后进行，否则次日开花时间延迟，花粉数量减少。成熟的花蕾，采摘后放在黑暗条件下进行暗处理，可使次日开花时间提前。

（3）授粉受精过程　西瓜在气温 23～27℃ 时花粉萌发最旺盛，花粉管伸长能力最强；而在低温、高温、多雨和干燥条件下花粉萌发率降低，影响授粉受精过程。西瓜授粉受精过程需 12～14 h 才能完成。在适宜条件下，上午 7:00～9:00 时柱头稍带绿色，并分泌有少量的黏液，此时花粉粒落在雌花的柱头上，15～20 min 花粉开始萌发，花粉管开始伸长，约经过 2 h 花粉管伸入柱头，再经过 5 h 伸入到花柱中部分歧处，再经 5 h 可达到花柱基部，进入子房与胚珠结合，完成受精过程。

西瓜花粉的生活力与授粉时环境条件、雄花蕾的营养状况及花粉成熟度有密切关系：西瓜花粉萌发最适宜的温度是 25℃。西瓜开花当天，不同时期授粉结实率不同，刚开放的雌花柱头的生活率最旺盛，此时授粉率最高。清晨雄花散粉后至上午 10:00 时是西瓜授粉最适宜时间。

（4）果实发育　西瓜从雌花开放至果实发育成熟需 25～28 d。在开花后 3～4 d，果实生长缓慢，主要是进行细胞的分裂。此时果皮的增长速度较快，幼果绒毛脱落后 15～18 d，果实迅速生长（图 1-15），此后果实生长趋于缓慢，果实体积和重量逐渐停止生长，胎座转色，种子充分成熟。

4.对环境条件的要求

西瓜生长最适宜的气候条件是温度较高、日照充足、空气干燥的大陆性气候。

（1）温度　西瓜喜温耐热，适应温度范围为 10～35℃，不耐低温，气温降至 15℃ 时生长缓慢，10℃ 时停止生长，西瓜发芽适温为

图 1-15　褪毛后期果实膨大

25～30℃,低于 15℃或高于 40℃极少发芽。茎叶生长适宜温度为 18～30℃,低于10℃生长停滞。开花坐果期适宜温度为 25～32℃,低于 18℃,果实发育不良。果实膨大期和变色期生长适温为 30～35℃,耐热能力较强。西瓜果实发育要求较大的昼夜温差,昼夜温差大有利于糖分的积累,使茎叶生长健壮,果实的含糖量提高,种子更加饱满。

(2)光照　西瓜喜光,要求较长日照时数和较强光照强度。每天日照时数10～12 h 有利于西瓜生长发育;14～15 h 利于侧蔓形成,8 h 短日照可促进雌花形成,但不利光合产物积累。西瓜为需光较强的作物,光饱和点为 8 万 lx,光补偿点为 4 000 lx。在较高温度和连续日照下,叶数增加,总叶面积增加,单株花数、子房大小、子房内胚珠数,均随日照时数的增加而增加,但变色期如果阳光直射果面时间长,容易发生日灼;天气晴朗,表现株型紧凑,节间和叶柄较短,蔓粗,叶片大而厚实,叶色浓绿;而连续多雨、光照不足条件下,则表现为节间和叶柄较长,叶形狭长,叶薄而色淡,保护组织不发达,易感病,在坐果期严重影响养分积累和果实生长,含糖量显著下降。

(3)水分　西瓜耐干旱和干燥能力强,不耐涝,适宜的土壤湿度为 60%～80%。西瓜对土壤水分的敏感时期,一是在坐果节位雌花现蕾期,此时若水分不足,雌花蕾小,子房较小,影响坐果;二是在果实膨大期,若土壤水分不足,影响果实膨大,严重影响产量。西瓜喜空气干燥,适宜的空气相对湿度为 50%～60%。空气潮湿,则西瓜生长瘦弱,坐果率低,品质差,更重要的是诱发病害。开花坐果期要求较高空气湿度,利于花粉萌发和授粉受精。

(4)土壤营养条件　西瓜对土壤要求不严,以土层深厚、疏松透气、排灌良好的沙壤土为佳。不耐盐碱,适宜的土壤 pH 5～7,盐碱地制种容易出现"烧苗"现象,造成缺苗断垄。西瓜需肥量以钾最多,其次为氮、钙和磷。偏施氮肥会引起徒长,不利于糖分的运输和累积。

(二)西瓜的品种类型

西瓜种质资源丰富,类型与品种多种多样,根据研究和生产的需要有以下分类方法。

1. 根据生育期的长短分类

(1)早熟品种　从播种到采收需要 80～90 d。第 1 雌花发生在主蔓第 5～7节,从雌花开放到果实成熟需 25～30 d。株型小,适合密植,优良品种有京欣 1 号(图 1-16)、郑杂、早花、早春红玉、黑美人(图 1-17)等小果型品种。

图 1-16　京欣 1 号

图 1-17　黑美人

（2）中熟品种　从播种到采收需要 90～100 d。第 1 雌花发生在主蔓第 7～10 节，从雌花开放到果实成熟需 30～35 d。株型较大，长势强，瓜大皮厚，较耐贮藏和运输，如西农 8 号（图 1-18）等。

（3）晚熟品种　从播种到采收需要 100～120 d。第 1 雌花发生在主蔓第 11 节以上，从雌花开放到果实成熟需 35～40 d。栽培较少，瓜大，耐贮藏，如红优 2 号（图 1-19）等。

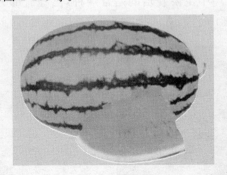

图 1-18　西农 8 号

图 1-19　红优 2 号

2.根据染色体分类

西瓜可分为二倍体、四倍体有籽西瓜和三倍体无籽西瓜。其中四倍体有籽西瓜是人工诱变二倍体有籽西瓜实现染色体加倍获得的，一般只作为培育三倍体无籽西瓜时的亲本（母本），不做栽培使用。二倍体有籽西瓜加倍常用的方法是用秋水仙碱处理西瓜种子或刚出土的幼苗，获得四倍体。三倍体有籽西瓜是以二倍体做父本，四倍体做母本杂交获得的，具有品质好、产量高、无籽的特点，国内优良品种如黑蜜(图 1-20)、新 1 号(图 1-21)等。

图 1-20　黑蜜

图 1-21　新 1 号

3.根据用途分类

根据用途可以分为普通鲜食类型和籽用类型两种。目前选育的西瓜品种多为鲜食西瓜,是西瓜栽培的主要类型,在瓜类中是应用杂种优势程度最高的;籽用西瓜适应性强,侧蔓结实率高,栽培管理较为粗放,制种技术与鲜食西瓜相同。新疆是我国籽用西瓜的主要生产地之一,目前生产中主要栽培的是常规种,已经有部分杂交种应用于生产(图 1-22,图 1-23,图 1-24)。

图 1-22　红片

(三)甜瓜的生物学特征

1.植物学特征

(1)根　甜瓜的根系粗壮发达,主要根群分布在 30 cm 以内的土层内,耐旱、耐瘠薄和适应性强;甜瓜根系易木栓化,再生能力差,不耐移植,在子叶期移植或带土坨移植容易成活。甜瓜根系要求土壤通气性良好,在低洼潮湿、积水板结的土壤中

图 1-23　黑片

图 1-24　打瓜籽

容易烂根(图 1-25)。

(2)茎　茎蔓生,中空,质脆,易折断和劈裂;甜瓜分枝力强,主蔓上每一叶腋都可分生出子蔓,子蔓上又可分生出孙蔓(图 1-26),茎蔓表面具有短刚毛,节部着生叶片,叶腋着生幼芽、卷须和花,与西瓜不同的是,甜瓜同一叶腋可以着生多个雄花或雌花,节上容易发生不定根(图 1-27)。在自然生长状态下放任生长,甜瓜主茎(蔓)生长较弱,通常长不过 1 m,但侧蔓的长势却十分旺盛,长度往往超过主蔓。

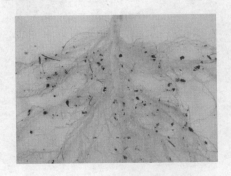

图 1-25　甜瓜的根

图 1-26　甜瓜的茎

(3)叶　甜瓜的子叶两片,对生,呈长椭圆形,真叶为单叶互生,大多为近圆形、掌形或肾形,全缘或有浅裂,叶缘锯齿状、波状或全缘,叶片的大小和颜色深浅随品种和类型而异;叶片的正反面均长有绒毛,叶背面叶脉上长有短刚毛,这些绒毛和刚毛,具有保护叶片、减少叶面蒸腾的作用(图 1-28)。

(4)花　甜瓜是雌雄同株异花植物,雄花较小,常数朵(3~5 朵)簇生,分期开

图 1-27　主蔓与子蔓

图 1-28　不同叶形与叶色

放(图 1-29);雌花大多着生在子蔓和孙蔓上,子房下位,单生,两性花或单性花,柱头三裂,两性花柱头外围有三组发育正常的雄蕊(图 1-30)。以子蔓结果为主的品种,子蔓 1～3 节上出现雌花,孙蔓雌花出现也早。以主蔓结果为主的品种,主蔓 2～3 节上即可出现雌花。甜瓜是虫媒花,异花授粉(图 1-31,图 1-32)。

图 1-29　雌花与雄花

图 1-30　两性花与雌花

图 1-31　雄花着生于主蔓

图 1-32　雌花着生于侧蔓

(5)果实 瓠果,形状圆形、椭圆形、纺锤形或长筒形等,果皮颜色有绿色、白色、黄色、橙红色或褐色等,厚薄不等,有些品种的果实表面上分布有各种条纹或花斑,果皮表面光滑或有裂纹、棱沟等(图1-33)。果肉有白、橘红、绿、黄等色,质地软或脆,具有香气。通常薄皮甜瓜果实小,单瓜重0.5 kg以下;厚皮甜瓜果实大,单瓜重1~10 kg以上(图1-34)。果柄较短,早熟类型甜瓜果柄成熟后易脱落。

图1-33 甜瓜果实

图1-34 果实横切面

(6)种子 种子扁平,有披针形或长扁圆形等,黄色、灰白色或褐色。种子大小差别较大,薄皮甜瓜种子千粒重10~20 g,厚皮甜瓜种子千粒重30~80 g,单个果实中有种子300~500粒。种子寿命在平常条件下为4~5年,干燥冷凉条件下可达15年以上(图1-35)。

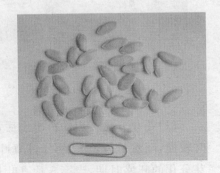

图1-35 甜瓜种子

2.生长发育周期

全生育期80~120 d,分为发芽期、幼苗期、伸蔓期和结瓜期4个时期。

(1)发芽期 从种子萌动到子叶展平第1片真叶显露,历时6~7 d(图1-36)。

(2)幼苗期 从第1片真叶显露至第5片真叶出现,历时25~30 d(图1-37)。

(3)伸蔓期 从第5片真叶出现到留瓜节位雌花开放,历时20~25 d(图1-38)。

(4)结果期 从留瓜节位雌花开放到果实成熟,一般早熟品种需25~30 d,中熟品种30~40 d,晚熟品种40~60 d(图1-39)。

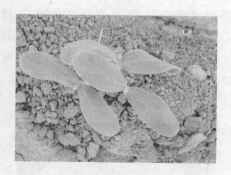

图 1-36　发芽期

图 1-37　幼苗期

图 1-38　伸蔓期

图 1-39　结果期

3.花芽分化及果实发育

(1)花芽分化　当幼苗出土后,子叶充分展开时,花芽就已开始分化。初分化时较慢,随着瓜苗长大,第 1 片真叶展开后即开始花芽分化,2～4 片真叶时期是花芽分化的旺盛时期,当第 5 片真叶长出时,厚皮甜瓜花芽分化已达 65 节,薄皮甜瓜分化花芽的节数为 46 个。甜瓜幼苗花芽分化对温度最敏感,一般在白天 30℃,晚上 25℃条件下,花芽分化最快,花枝叶数最多。甜瓜花芽分化不受日照长短的限制,但日照长短会影响出瓜节位的高低。矿质营养是甜瓜植株生长与花芽分化的物质基础,矿质营养不良,比例失调,会影响花芽分化,幼苗徒长,茎叶生长过旺,常使结实花数量减少,发育不良,黄化晚熟。

(2)开花习性　甜瓜为半日花,清晨开放,午间闭合。充分发育成熟的花开放速度与温度有关,当早晨气温 16℃时花冠开始松动,19℃花冠开放,21℃花冠盛开,花药散粉。开花与空气湿度有关,高温高湿,开花早,开放快,开放时间短。

（3）授粉受精过程　在自然条件下甜瓜花粉寿命较短，开花12 h后已有相当部分的花粉丧失活力，开花38 h后完全丧失活力。开花前12 h花蕾中的花粉有35%已能萌发并能受精结实。开花前一天的雌花柱头就有接受花粉完成受精及结实的能力，因此可以一次完成去雄、授粉、套袋的工作，授粉结实率可达90%，雄蕊的花粉以开花当天活力最强。授粉后1.5 h花粉管已到达子房上部，8 h后花粉管尖端溶解开始释放物质，24 h子房内大部分胚囊已完成双受精。

（4）果实发育　果实体积的增加先是纵向生长为主，一定阶段后转向横向生长为主。因此，如果由于环境因素或留瓜节位、营养面积等影响了果实后期膨大，则外形总是偏长。结果期以日温27～30℃、夜温15～18℃、温差13℃以上为好；同时要求日照充足。整枝合理，水肥管理恰当，温差较小也能获得品质良好的果实。

4. 对环境条件的要求

（1）温度　甜瓜是喜温、耐热作物，不耐寒。种子萌发和生长发育的适宜温度为25～35℃，幼苗期生长最适温度为20～25℃，果实发育最适温度为30～35℃。生长温度的最低限为15℃，10℃以下停止生长，7.4℃时发生冷害，出现叶肉失绿现象，而最高生长温度可达40～45℃。

按甜瓜对温度的要求，通常将15℃以上的温度作为甜瓜生长发育的有效温度。根据不同品种整个生育期间所需的有效积温，可将甜瓜分为早熟品种、中熟品种和晚熟品种。早熟品种生育期95 d以下，有效积温1 500～2 200℃；中熟品种生育期100～115 d，有效积温2 200～2 900℃；晚熟品种生育期115 d以上，有效积温3 000℃以上。新疆属典型内陆干旱地区，由于大陆性气候，盆地地形及戈壁下垫面的影响，全年温度日较差大多在10℃以上，年日较差在13～16℃之间，最大日较差在20℃以上，十分有利于甜瓜种子的生产。

（2）光照　甜瓜喜光怕阴。结瓜期日照时数要求10～12 h以上，低于8 h结瓜不良。甜瓜植株在光照充足的地区，表现生长健壮，茎粗，节间短，叶片肥厚，节间短，叶色深，病害少，果实品质好，着色佳；相反，在阴天多的寡照地区，甜瓜植株表现生长发育不良，开花坐果延迟，果实产量降低，品质低劣。在光照充足的地区，应注意保护甜瓜果实，避免长期暴晒后发生瓜面日灼。

（3）水分　耐干燥和干旱，适宜的空气相对湿度为50%～60%，坐瓜之前的营养生长阶段要求土壤最大持水量为60%～70%；开花坐果期要求80%，土壤湿度过大容易发生烂根,果实停止膨大至采收成熟期要求土壤最大持水量55%。厚皮甜瓜耐湿、耐阴能力较薄皮甜瓜强。

(4)土壤营养条件　对土壤的要求不严格,适应性强,以土层深厚、疏松透气的沙壤土为最好,适宜的土壤 pH 为 6～8,在轻度含盐土壤上种甜瓜,会增加甜瓜果实的蔗糖含量,有利于提高品质。较喜磷、钾肥,对钙、镁、硼的需求量也比较大,耐盐力中等,忌氯,不宜施用含氯肥料。

(四)甜瓜的品种类型

中国的甜瓜类型繁多,品种丰富。在栽培品种的园艺学分类上,中国瓜类科技工作者于 20 世纪 50 年代提出将甜瓜栽培品种划分为薄皮甜瓜和厚皮甜瓜两大生态型。

1.厚皮甜瓜

厚皮甜瓜主要包括网纹甜瓜、冬甜瓜、硬皮甜瓜。原产于西亚及中亚,高度进化,生长势强,蔓粗壮,叶大色浅,叶面光滑,多为雄花两性花同株,对环境条件要求严,喜干燥、炎热、大温差和强日照。果实长圆、椭圆或长椭圆、纺锤形,有或无网纹,有或无棱沟,果型较大,一般 2～5 kg,果皮厚 0.3～0.5 cm,果肉厚 2.5 cm 以上,果皮厚而粗糙,去皮而食。果肉细软或松脆多汁,芳香、醇香或无香气。可溶固形物含量 11%～15%,最多可达 20% 以上。一般单果重 1.5～5.0 kg。种子较大,不耐高温,需要充足的光照和较大的昼夜温差。中国厚皮甜瓜主要分布在新疆、甘肃等西北地区,近年来开始在华北种植。厚皮甜瓜主要品种有新疆哈密瓜中的黄蛋子、红心脆、黑眉毛、密极甘,以及甘肃白兰瓜和麻醉瓜等(图1-40)。

2.薄皮甜瓜

薄皮甜瓜又称普通甜瓜、东方甜瓜、香瓜、中国甜瓜,原产于中国。植株生长势较弱,株型小,茎蔓细,叶色深绿,叶面有皱,雄雄异花同株或雄花两性花同株。生态适应性好,耐弱光、潮湿,不耐贮运。果实圆筒形,圆球形或梨形,果实小型,果柄短,果皮黄、白、绿色,果面光滑,皮薄,肉厚 1～2 cm,肉质脆嫩多汁或面而少汁,可溶固形物含量 8%～12%,皮瓤均可食用。单瓜重多在 0.5 kg 以下,种子中等或小。中国广泛栽培,东北、华北是主产区。日本、朝鲜、印度及东南亚等地也有栽培。如黄皮品种龙甜一号、白皮品种山东益都银瓜和小籽品种芝麻粒、兰州金塔寺瓜等(图 1-41)。

图 1-40 厚皮甜瓜

图 1-41 薄皮甜瓜

(五)西甜瓜主要性状

1.植株性状

(1)分枝性 分枝性强的是显性,无权是隐性。

(2)叶片缺刻 叶片缺刻是显性或不完全显性,全缘叶是隐性。

(3)茸毛的有无 有茸毛的是显性,无茸毛的是隐性。

(4)茎叶的色素 普通西瓜茎、叶、果皮为绿色是显性,第一片真叶为黄色是隐性。

(5)长蔓型 普通长蔓型西瓜是显性,矮生的丛状型西瓜是隐性。

以上以隐性基因控制的无权、全叶缘、无毛、第 1 片真叶黄色性状均可作为幼苗鉴定标志,运用在杂种一代的制种上。

2.雌、雄花性状

(1)雌花的性状 第 1 雌花着生位置、开花期、雌花花柄长短等性状,均介于双亲之间,无明显的显隐性关系。

(2)雄性不育 据研究无毛和雄性不育的遗传基因是连锁的。

3.果实性状

(1)果皮 深色果皮对浅色果皮呈显性;有花纹条带对无花纹条带呈显性;宽条带对窄条带呈显性。

(2)瓤色 黄色对红色、粉红色、白色均呈显性。

(3)果形 圆形、椭圆形、长筒形等果实性状之间相互杂交时,杂交一代多表现中间性状。

4.种子

(1)种子大小 杂种一代倾向中间类型,但偏向小籽。

(2)种皮颜色　深色(黑、褐等色)对浅色(黄、红、白色)种皮呈显性。

(3)种皮光滑度　种皮光滑对种皮裂纹呈显性。

(六)杂交西甜瓜的混杂退化及防止

1.杂交西甜瓜品种混杂退化的原因

(1)生物学混杂　俗称"串花"或"串种",实际上就是植物的天然杂交。

(2)机械混杂　在西甜瓜收获、采种、清洗、晾晒、运输、贮藏、播种等环节出现人为疏忽和失误,从而造成异品种种子的混入。这些机械混入的种子出苗后,又会产生天然杂交,形成生物学混杂。

(3)自然变异　西甜瓜的植株生长在大自然中,经常发生的外界环境条件的变化和机械、物理因素刺激,如低温、雷电、辐射、化学物质、微量元素以及生物伤害等都会诱发基因突变。由于这些突变往往是可以遗传的,所以也会造成品种种性的混杂。此外自然突变引起的大多是肉眼难以识别的微效基因或隐性基因上的变化,故不易发现剔除。

(4)人工留种失误　植物的遗传型和表现型不易分辨,当代的遗传型下代才能表现出来。一个瓜的种子是纯种还是杂种当代不易区分。因此,人工留种易造成失误。

2.防治措施

(1)同一制种瓜田里不允许有一株异品种的存在。

(2)在雌花和雄花开放的前一天,人工用纸帽、铝片或发卡等将5片花瓣的上端束拢夹住,以免昆虫传入花粉。开花的当天清晨,取开夹片或套帽,进行人工授粉,此后再次夹花或套帽隔离。

(3)严格管理制度,把好采种、洗晒、装袋、入库、出库、播前种子处理、播种定植关,严防异品种种子混入。

(4)定期更换原种,防止因自然突变和其他不慎引起的品种退化。

相关知识

1.瓜类作物的主要类型

瓜类作物是葫芦科以食用果实为主的栽培作物,主要有南瓜属、丝瓜属、冬瓜属、葫芦属、西瓜属、甜瓜属、佛手瓜属、栝楼属和苦瓜属等9个属。瓜类作物因种类和品种不同,按照其结果习性可以分为三类:第一类以主蔓结果为主,如早熟黄瓜、西葫芦等;第二类以侧蔓结果为主,如甜瓜、瓟瓜等,侧蔓发生雌花较早,主蔓发生雌花较晚;第三类是主蔓和侧蔓都能结果,如西瓜、冬瓜、南瓜。瓜类作物根据食用部位的不同,可以分为两类,一类以嫩瓜为产品,主要包括黄瓜、西葫芦、丝瓜、苦瓜、瓠瓜等;另一类以成熟瓜为产品,主要包括西瓜、南瓜、甜瓜、冬瓜等。目前在新疆栽培、制种较为普遍的种类主要有西瓜、甜瓜、黄瓜、西葫芦和南瓜等。

2.瓜类作物生物学及栽培管理共性

(1)植物学性状　瓜类作物多为一年生草本蔓性植物,起源于亚、非、拉的热带或亚热带地区。瓜类作物除黄瓜外,均具有发达的根系,但易木质化,再生能力差,受损后不易恢复,所以在育苗时应采取护根措施,且需早移植。茎均为蔓性,可长达数米,中空,节上有卷须,分枝力强,栽培上多需进行植株调整。雌雄同株异花,一般雄花数目较多,出现较早,花梗细长;雌花的数目较少,多单生,花柄粗短,在开花前子房就已经相当发达。雌花、雄花均有蜜腺,属虫媒花,是天然异花授粉作物,品种间易发生杂交。

(2)生长发育周期　瓜类作物的生育周期大致分为发芽期、幼苗期、伸蔓期和开花结果期。

①发芽期。播种后种子萌动到幼苗破心,即第1片真叶显露,需5～6 d。

②幼苗期。从真叶出现到第4片叶展平为幼苗期,需20～30 d。

③伸蔓期。从第4片叶展平到第1雌花开放为伸蔓期。

④结果期。从第1雌花开放到拉秧为止称为结果期。

(3)对环境条件的要求　瓜类作物的生长发育要求较高的温度,不耐寒,属于喜温或耐热蔬菜,宜在温暖季节或保护地中生长,要求较大的昼夜温差;都属于需光照较强的作物,较强的光照有利于生长,尤其是果实生长。光照充足植株生长良好,果实生长快而且品质好。如果光照不足,尤其是低温寡照,植株生长不良,叶片薄而色淡,叶柄细长,容易化瓜和感染病害。在瓜类当中黄瓜比较耐弱光。瓜类属短日照作物,如果短日照和低夜温相结合则雌花数量更多,夜温为15℃的低温和8 h的短日照有利于雌花的分化。瓜类要求耕层深厚、排水良好、疏松肥沃的中性至微酸性土壤,在施氮肥同时,应注意磷、钾肥的供应。有许多共同的病虫害,栽培上需要轮作。

3.瓜类作物制种技术

目前,瓜类作物在生产中使用杂交种子比较多的有西瓜、甜瓜、西葫芦、黄瓜等,而苦瓜、丝瓜、冬瓜等品种主要应用常规品种。瓜类作物杂交种子生产大多使用人工套帽隔离、去雄、杂交授粉的方法,例如西瓜、甜瓜和西葫芦,而黄瓜杂交制种过程中除采用人工套帽隔离、杂交授粉的方法外,还可以用雌性系做母本,采用空间隔离或网室隔离,人工杂交授粉获得杂交种子。常规品种生产主要采用空间隔离或网室隔离,自然媒介传粉或人工辅助传粉获得种子。

二、职业岗位能力训练

首先,训练学生制订西甜瓜制种生产计划,并依据制种计划选择、落实制种基地,与农户签订制种合同,及时准确发放亲本种子,指导制种农户进行播前准备、播种、定苗、整枝压蔓、水肥管理、病虫害防治等工作,并训练学生识别西甜瓜父母本的生长势类型、抗病性及株型、雌花性型、母本的坐果习性及植株对肥水的反应等品种间特征特性的差异,以便在制种工作中合理安排、管理父母本,以获得制种成功,保证制种产量。其次,训练学生识别、描述亲本的特点,如叶形、子房形状、皮色、花纹、瓤色、种子的大小形状和色泽等,在制种生产过程中能准确的去杂去劣,并能监督和指导农户做好人工杂交授粉、种子消毒和晾晒等工作,保证制种西甜瓜种子的质量。

（一）制种前期工作

【工作任务与要求】

根据市场需求和当地自然条件,选择适宜的制种品种,并进行效益分析,拟订制种计划,选择和落实制种基地,和农户签定制种合同,根据拟订的制种计划准备亲本种子并发放至农户手中,做好西甜瓜制种的前期工作。

相关知识

1.西甜瓜制种田的选择与要求

（1）培育建立稳定的制种基地,制种户常年制种,技术水平高,保障制种技术落实,制种产量高、质量优。

（2）根据企业制种计划,落实制种面积　目前新疆西瓜每公顷制种产量在200～400 kg,甜瓜在300～375 kg。

（3）西甜瓜制种对前茬有严格的要求　3～5年以上未种过瓜类蔬菜的休闲地、秋翻首蓿地、小麦、玉米、豆类、棉花地均为制种瓜适宜前茬。严重盐碱地及地下水位高的地不适宜选作制种田。制种田块应选择前茬无病虫,土质疏松肥沃,灌排方便的壤土或沙壤土田块。

（4）隔离区要求　要求品种间设置100～200 m的隔离区。

2.西甜瓜亲本质量与数量要求

西瓜、甜瓜杂交制种亲本种子必须是具备原品种（系）特征特性、纯度不低于

99.7％、发芽率不低于90％的国标一级的亲本种子。

西瓜杂交制种亲本种子分父本和母本种子,父、母本种子又分大粒种子、中粒种子、小粒种子。一般母本大粒种子直播用种量为4.5～5.25 kg/hm²,中粒种子为3～3.75 kg/hm²,小粒种子为1.5～2.25 kg/hm²。父本种子一般用种量为0.3 kg/hm² 左右。父本和母本种子配备比例一般为1：20,个别品种可根据父本开花数量的多少,父、母本比例可减小至1：15,或增加至1：(30～40)。

3.西甜瓜制种亲本发放的工作程序

各生产部门提前按照合同制种户名单、面积,制订制种户亲本发放单,把父、母本种子分别称量并包装好,在外包装上写清制种户姓名、亲本种类、净重等主要信息,并严格亲本发放程序,将准备好的种子分别发到制种户手中,最好待父本全部播种后再发母本。分发亲本时,要做记录及签领,并需要双方封样,以防亲本种子质量出现问题时发生纠纷,要减少移交环节,每次移交要有交接人双方签字的交接单一式三份,双方各备一份,上报主管部门一份备案。按要求办理财务手续,严禁出错。

【田间档案与质检记录】

西甜瓜制种亲本发放单

编号：　　　　　　　　　　制种地点：

序号	品种(代号)	地号	面积	原种数量(kg)		户主签名	备注
				父本：　　母本：			

填表人：　　　　　　　　　　年　月　日

(二)土地准备与播种

【工作任务与要求】

按照西甜瓜制种栽培对土地的要求进行土地准备和播种,包括确定施用基肥的种类和数量,以及施肥的方法;平整土地,根据制种品种特点确定瓜沟的大小、深度以及瓜畦的宽度,确定播前水的灌溉定额并组织农户按要求覆膜,根据气候条件和土壤墒情进行播种,组织农户事先对亲本种子进行消毒处理和浸种,确定播种时间并及时播种。

【工作程序与方法要求】

播前整地	开沟施肥:大面积制种时可以按事先确定的沟心距确定沟距线,并做好标记,用开沟机在做好标记的两侧 45～55 cm 开施肥沟,沟宽 25 cm,深 25～30 cm,两条施肥沟相距 1 m 左右(施肥沟的大小按瓜沟的大小来定)。小面积制种时也可以在开好瓜沟后在种植穴附近人工挖坑埋施肥料。施肥种类和数量依据制种田肥力情况决定。一般每公顷施磷酸二铵 300 kg、硫酸钾复合肥 150 kg 及尿素 75～120 kg。 开瓜沟:依据当地灌溉条件、栽培习惯和制种品种对水分的需求情况确定瓜沟的大小,可用机械或人工开沟,瓜沟开好后要组织农户及时按要求修整瓜沟,技术人员做好指导和检查工作。	要求:制种地整地要求达到"六字"标准。施肥应均匀一致,修整瓜沟应做到"一直三平"(即:沟直、底平、坡平、顶平)。
灌水覆膜	灌水:播种前 2～3 d 灌播前水(也可以先覆膜再灌水,或者灌水的同时进行覆膜),灌溉量依据土壤墒情、当地气候条件和土壤质地确定,应在满沟状态中保持 30 min 左右,使水渗至距沟沿 10 cm 以外,土壤湿度均匀。 覆膜:灌水后或灌水同时覆盖地膜,根据当地栽培习惯(即瓜沟的大小、覆膜方式)选择宽幅为 90 cm 的地膜。根据瓜沟水线,人工修整瓜沟使沟顶形成 20～40 cm 宽的平面带,沟沿形成 10 cm 的播种带,在播种带上喷洒多菌灵加晶体敌百虫,以防治猝倒病、疫病以及地下害虫。清除播种带上的土块、残留杂草及硬性根茎等,然后覆膜。	要求:播种前 2～3 d 灌播前水,应小水慢浇,浇足浇透。覆膜要求平展,松紧适度,两侧压实压紧,防止透气跑墒。
播种	播种时间:一般在 5 cm 地温稳定通过 15℃时即可播种,北疆多在 4 月底至 5 月上旬,南疆在 4 月中下旬,具体时间要依据本地区多年平均晚霜期及本年度气候、土壤具体情况适时安排播种期。 种子处理:督促制种农户在播种前将亲本种子进行粒选,去除杂粒、瘪籽,并进行种子消毒处理。此项工作也可以由制种单位统一完成。 父、母本配比:父、母本配比因组合不同而不同,一般比例为 1:(15～20)为宜,个别地区或品种父、母本比例可以是 1:(20～40)。 株距:技术员可根据所定亩产量及品种特性来确定株距,大果型母本适当稀播,小果型母本适当密播。西瓜母本株距 15～20 cm,甜瓜 20～30 cm,每公顷保苗 22.5 万～37.5 万株;父本株距 18～30 cm,每公顷保苗 1 200～1 800 株。	要求:选择合适的播种时间,种子处理一定要按要求进行,株距合理,父母本配比合理,保证播种质量,达到一播全苗,以减少补种工作环节,缩短人工授粉时间。

方法：父本播种要较母本播种提早 7～10 d。人工点播，在距瓜沟边缘 3～5 cm 水线处打播种穴，穴口要小，每穴播种 1～2 粒种子，注意撕净穴口地膜，播种深度 1.5～2 cm，要使种子与土壤湿墒充分接触，上盖泥沙土或潮湿土 3～4 cm，封严穴口，以防透气跑墒。

　　施肥沟要直并深度一致，防止施肥过浅发生"烧根"现象，底肥要施足、施匀，保证西甜瓜对营养的需求，防止脱肥、早衰现象发生，瓜沟大小要合适，过大会造成土地浪费，过小不能满足西甜瓜生长需要。播前灌水量要大，以满足西甜瓜苗期生长需要（保证蹲苗期的需水量）。

　　由于近几年西甜瓜种子带菌情况普遍严重，因此必须做好种子播前消毒处理，处理可由农户进行，也可以由公司统一处理，再由制种农户分担相应费用，不同公司要求和做法不同，不论用什么方式，一定要保证种子消毒处理质量，防止病害发生。

1. 瓜沟确定方法

　　在制种田平整土地之后，根据品种特征确定沟距，新疆西甜瓜杂交制种沟心距早熟类型一般 1.6～1.8 m，中晚熟类型一般 1.8～3.5 m，行向南北向，用卷尺丈量确定（图 1-42），并用草棍插于地头作为标记，以利拖拉机开沟时参照（图 1-43），以保证瓜沟沟距一致，行向平直。

图 1-42　测量确定行距

图 1-43　插标记

图1-44　人工开穴施肥

2. 施基肥的方法

施基肥的方式有两种,一种方式是在春播前进行,沿瓜沟中心线两侧40~50 cm处开一条与瓜沟平行的施肥沟,沟深25~40 cm,根据地况每公顷施磷酸二铵300~375 kg,过磷酸钙300 kg。另一种方式是在播种前,在瓜沟两沿内侧打穴施肥,穴离沟沿20~25 cm,深20~25 cm,穴距为40~50 cm,每公顷施肥量与开沟施肥相同(图1-44)。

3. 开沟覆膜的方法

沿沟距线用开沟机或人工开瓜沟,沟向以南北向为好,具体也可根据地块平整情况和灌水排水便利为准确定沟向,瓜沟的大小根据品种和当地的栽培习惯来定,一般沟心距2.8~3.5 m(也有个别地区沟心距只有1.4 m),沟深0.3~0.4 m,沟上口宽0.8~1 m,沟底宽0.3 m(图1-45);开沟后人工进行修整(图1-46,图1-47)。播前2~3 d或播种当天灌水覆膜,可以先灌水再覆膜,可以先覆膜再灌水,也可以边灌水边覆膜,具体工作程序可以根据当地生产习惯和生产企业要求等确定(图1-48,图1-49)。

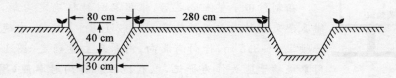

图1-45　西甜瓜瓜沟及播种带

图1-46　开沟犁开沟作业

图1-47　人工修整瓜沟

图 1-48　先灌水再覆膜

图 1-49　边灌水边覆膜

4.种子播前消毒处理方法

（1）用 300 倍敌克松或 500 倍甲基托布津或 200 倍甲醛加 600 倍乐果进行拌种；

（2）用 50～60℃的温水（即三开兑一凉）浸种 6～8 h 后清水漂洗干净；

（3）有条件的地方可以用干种子在 60～70℃恒温下处理 3 d，可以达到灭虫、杀死种传的霜霉病和枯萎病病菌的效果。

5.土壤播前处理

为防止土传病害发生，播种前要采用药剂处理，具体土壤消毒方法有：在未铺地膜前浇播前水时，在瓜沟内用水冲施敌克松或多菌灵，每公顷用药 15 kg（图 1-50，图 1-51）。药液随水渗入土壤后立即覆盖地膜，经膜内高温和药液的共同作用，可杀死大部分土壤病菌，达到预防苗期病菌浸染的目的，同时使植株吸收药液提高抗病性。也可以每 10 kg 细沙土加入 5 g 敌克松与 5 g 金雷多米尔，充分搅拌均匀，覆膜前撒于畦面，另外播种时也可将毒土对种子下铺上盖，预防猝倒、疫病的发生。

图 1-50　撒施土壤消毒

图 1-51　随水部施土壤消毒

6. 无籽西瓜播前处理方法

无籽西瓜母本种子浸种后需要破壳，方法是用牙齿或钳子轻轻磕开种脐，用力要轻，避免挤伤种胚，然后进行催芽，将种子放在湿毛巾上包好放在 28~32℃ 的条件下催芽 30 h 左右，种子露白后即可准备播种，这些措施均有利于苗齐苗壮。

7. 播种的方法

根据天气，土壤墒情确定播种时间，北疆地区春季土壤 5 cm 地温稳定在 15℃ 以上时播种，在 5 月初至 5 月中旬。西甜瓜制种时父本播种要较母本播种提早 7~10 d，这样既保证父、母本花期相遇，也可对父本进行纯度鉴定(图 1-52，图 1-53)。为防止父本遭受冻害，可以加盖小拱膜进行保护栽培(图 1-54)，遇低温加盖草帘，高温时适当放风，揭膜前要进行炼苗(图 1-55)。

图 1-52 人工点播父本

图 1-53 点播作业

图 1-54 父本加盖小拱棚

图 1-55 父本炼苗

父本播种后 7~10 d 播种母本，播种后及时覆土，覆土方式可以根据当地气候条件、土壤条件或栽培习惯确定，如果春季雨水少或土壤疏松的地块，播种时用潮湿土盖严实播种穴即可;如果春季雨水多或土壤黏重的地块,可用细沙土封盖播种穴,还可以用膜上膜,防下雨板结,以利出苗整齐(图1-56,图1-57)。

图 1-56 母本点播作业   图 1-57 父本、母本错期播种生长情况

【田间档案与质检记录】

西甜瓜制种田间档案记载表

合同户编号			户主姓名	
地块名称(编号)			制种面积	
前茬				
播前整地情况				
基肥施用量(kg)				
瓜沟大小				
父本	播期		播量(g)	
母本	播期		播量(g)	

配比

西甜瓜制种田播种质量检查记录

检查项目	检查记录	备注
播前整地质量		
瓜沟修整质量		
灌水质量		
覆膜质量		

续表

检查项目	检查记录	备注
播量(kg/hm²)		
播深(cm)		
覆土、镇压		
父母本播种质量及纠错记录		

相关知识

播种质量检查方法

（1）瓜沟大小　用卷尺测量瓜沟上口宽、底宽、深度、沟心距的长度。

（2）瓜沟修整质量　用肉眼观察法，修整后的瓜沟应做到沟直、底平、坡平、顶平。

（3）灌水质量　询问农户灌溉定额，并用肉眼观察水是否渗至距沟沿 10 cm 以外，用手刨开播种带土壤，观察湿度是否均匀。

（4）播种质量　测定株距是否符合要求并整齐一致，查看覆土厚度及是否严密，刨开播种穴查看播种深度及下籽粒数是否符合要求。

经验之谈

如何做好西甜瓜制种田播前整地工作

西甜瓜制种田瓜沟最好是秋开春种，这样既有利于土壤冻融，播种带疏松，又可争取早播，以避开高温、雨季和病虫害发生高峰期；整地、施肥要在播种前 10～15 d 完成，以提高地温，利于出苗；播前水一定要灌足，灌水时可根据地形在瓜沟内分段压坝，保证灌水均匀一致。

（三）前期管理与去杂

【工作任务与要求】

西甜瓜的雌花分化在苗期进行，瓜苗健壮利于提高雌花分化的质量，使雌花的子房大，利于坐果。另外，瓜苗整齐健壮，能够集中授粉，可在较短时间内完成授粉任务，减少授粉的工作量。当幼苗长到 3～4 片真叶时，技术管理人员要组织农户及时定苗，指导农户结合定苗去杂，首次将杂株和病弱苗剔除，督促农户及时清理干净田间杂草，瓜苗伸蔓时依品种特点按要求整枝压蔓，做好前期田间管理工作。

【工作程序与方法要求】

查苗定苗

查苗:西甜瓜播种后7～10 d即可出土,在出苗3 d内要及时对各制种户出苗情况进行调查,统计出苗率,出苗率在90％以下要及时用同一亲本进行补种,补种的种子必须消毒,再进行浸种催芽,种子露白即可播种。

间定苗:西瓜父、母本分别出苗后,当瓜苗长到3～4片真叶时进行间定苗,甜瓜2～3片真叶时进行间苗,4～5片真叶时定苗。定苗时去杂去劣,去弱留强,去病留健,每穴留1株,如遇缺苗,相邻的幼苗选留2株。

要求:查苗要认真仔细,补种要及时,按要求间定苗,结合定苗做好去杂工作和病虫害防治工作。用敌百虫拌麸皮防治地下害虫,傍晚撒施于瓜沟和幼苗附近。

病虫害防治

病虫害防治:采用亲自下地调查或询问制种农户的方法及时了解制种田病虫害发生、发展情况,发现病虫中心株及时拔除,带出田地深埋销毁。督促制种农户及时进行防治。

整枝压蔓

整枝:西甜瓜父本一般不整枝,西瓜母本每株留一条主蔓,即单蔓整枝法,甜瓜母本采用"一条龙"单蔓整枝法。

压蔓:督促农户依据西甜瓜生长情况及时护根、压蔓。

要求:整枝、压蔓要及时,方法得当。

苗期去杂

去杂:结合整枝将叶色、叶形、株型、幼果的果型、植株上刚毛的有无、有无黄化等与亲本特性不相符的杂株和病株拔除。

要求:去杂要及时、坚决、彻底。

查苗工作要及时,补种时要认清品种,用同一种子补种,并组织农户及时定苗,结合定苗去杂去劣。整枝应在晴天上午气温较高时进行,防止病害传播。摘除母本雄花要早,蕾期即可,要做到蔓蔓到顶、节节不漏。

相关知识

1.苗期田间去杂方法

结合定苗工作,将叶色、叶形、株型、植株上刚毛的有无、有无黄化等与亲本特性不相符的杂株和病株拔除,仔细选留具有品种特征且叶大、色绿、节间短、株冠大、生长势健壮的苗。

甜瓜播种后5～10 d开始出苗,出苗后分2次间苗,当幼苗长到2叶1心时进行第一次间苗,选留2～3株壮苗,当幼苗长到4片叶时选优除劣进行定苗。同时及时进行中耕除草。

2.苗期病虫害防治方法

(1)猝倒病　猝倒病是苗期毁灭性病害,在气温低、土壤湿度大时发病严重。苗期和生长后期均可发病。种子萌芽后至幼苗未出土前受害,造成烂种、烂芽。出土幼苗受害,茎基部呈现水渍状黄色病斑,后为黄褐色,缢缩成线状,倒伏。幼苗一拔就断,子叶尚未凋萎,幼苗突然猝倒死亡。湿度大时,病部会长出一层白色絮状菌丝。

生长后期,果实受害,瓜面呈水渍状大斑,严重时果实腐烂,表面长出白色絮状菌丝。

防治方法:加强田间管理,避免土壤湿度过大;在苗床或直播田间发现个别猝倒病苗而气温又较低时,应立即进行药剂防治。可选用甲霜灵锰锌、霜脲氰锰锌或敌克松喷雾。喷雾时使药液能够顺叶片流到茎基部为宜。也可选用上述药剂稀释500倍液灌根,每株用0.15～0.25 L药液。

(2)立枯病　常与猝倒病相伴发生,播种后到出苗前发病。幼苗出土后,病株在根茎基部出现黄褐色长条形或椭圆形的病斑,发病初期病苗白天萎蔫,夜晚恢复,病斑凹陷,逐渐环绕幼茎,缢缩成细腰状,病苗很快萎蔫、枯死,但病株不易倒伏呈立枯状。有时在病部及周围土面可见淡褐色蛛丝网状霉,但不显著。

防治方法:加强田间管理,土壤湿度大时,及时在幼苗周围松土,保持表土干燥;发病初期,可选用氢氧化铜、多菌灵、甲基硫菌灵或恶霉灵等喷雾防治;猝倒病、立枯病混合发生时,可用72.2%霜霉威丙酰胺(普力克)水剂800倍液和50%福美双可湿性粉剂800倍液混合喷施。隔7～10 d喷1次,连续喷洒2～3次。

(3)枯萎病　又称萎蔫病、蔓割病,是一种土传病害。苗期、伸蔓期至结果期都可发生,以开花坐果期和果实膨大期为发病高峰。其典型症状是萎蔫。幼苗发病,子叶萎蔫或全株枯萎,呈猝倒状。开花结果后发病,病株叶片逐渐萎蔫,似缺水状,中午更为明显,早晚尚能恢复,数日后整株叶片呈褐色枯萎下垂,不能再恢复正常,叶片干枯,全株死亡。患病根部褐色腐烂,稍缢缩,茎基部纵裂,裂口处有时溢出琥珀色胶状物,将病茎纵剖,可见维管束呈黄褐色。在潮湿环境下,病部表面常产生白色及粉红色霉状物。

防治方法:预防为主,加强田间管理,培育壮苗。要小水勤灌,避免大水漫灌,灌水应在早、晚进行;发现中心病株后,应立即拔除,并对拔出后的空穴撒施石灰和周围健株进行灌根处理;发病初期,可选用多菌灵胶悬剂、络氨铜锌水剂(抗枯灵)、甲基硫菌灵或百菌清等药剂灌根,每穴药液 500 mL,每隔 7～10 d 灌 1 次,连灌 2～3 次,可兼治蔓枯病。或用 75％敌磺钠可湿性粉剂 15～22.5 kg/hm²,于浇水时放入上水口处,随灌水施入瓜沟内。

(4)疫霉病　简称疫病,俗称"死秧病",发病后病株很快萎蔫死亡。

以侵害瓜根茎部为主,还可侵染叶、蔓和果实。根茎部发病初期产生暗绿色水渍状病斑,后茎基部呈软腐状,植株萎蔫青枯死亡,维管束不变色。有时在主根中下部发病,产生类似症状,病部软腐,地上部青枯,叶片染病时则生暗绿色水渍状斑点,扩展为近圆形或不规则大型黄褐色病斑,天气潮湿时全叶腐烂,干燥时病斑极易破裂。果实染病后产生暗绿色近圆形水渍状病斑,潮湿时病斑凹陷腐烂长出一层稀疏的白色霉状物。

防治方法:加强灌水管理,灌水时水位线不宜到达茎部;避免热天中午灌水;发病前和发病初期灌根预防和治疗。可选用甲霜灵锰锌、三乙膦酸铝(疫霉灵)、恶霜灵锰锌(杀毒矾)、霜脲氰锰锌(杜邦克露)等药剂 400～500 倍液灌根。每株灌药液 300 mL。视病情,连续喷洒或灌根 2～3 次。病情严重时可隔 5 d 灌 1 次。交替轮换用药,以防产生抗药性。

(5)虫害　出苗后,要及时喷洒乐果等农药防止蚜虫、蓟马等对生长点造成危害,当第 1 片真叶展开时,防治地老虎、蟋蟀、金针虫等危害幼苗,方法是用麸皮+菜叶+晶体敌百虫+辛硫磷制成毒饵,撒在播种带上诱杀害虫,农药禁止撒在瓜叶上,以免产生药害。

3.甜瓜倒蔓的方法

在甜瓜瓜苗长至 5～6 片真叶时进行倒蔓,倒蔓时将茎部靠畦内一侧的土壤轻轻拨开,使其成为一个宽 5 cm,深 5～8 cm 小槽,顺势将瓜蔓倒向槽内并抹去第 1、2 个侧蔓(芽),并在靠近瓜沟的一侧培土,填沟压蔓(用土或土块、不许压上生长点),使瓜秧按预定的方向生长(图 1-58)。

图 1-58　甜瓜倒蔓作

4.整枝的方法

西甜瓜父本一般不整枝,将枝蔓上的雄花全部保留,便于采花授粉(图1-59,图1-60)。西瓜母本一般用单蔓整枝法,要多次打杈去掉全部侧蔓,直到坐住瓜为止(图1-61,图1-62)。甜瓜母本采用单蔓整枝,有主蔓"一条龙"和子蔓"一条龙"两种方法,母本整枝将主蔓、子蔓上的雄花全部抹除干净,只留雌花进行杂交授粉。主蔓"一条龙"整枝法:摘除3～4片叶内的侧蔓,5片叶后侧蔓留一叶摘心,7片叶后侧蔓留2叶见瓜摘心,用于杂交授粉,至瓜坐住后停止整枝打杈(图1-63,图1-64)。子蔓"一条龙"整枝法:瓜苗长至3～4片真叶时,对主蔓摘心,并抹去第1节的侧芽,待第2、3节的子蔓长出后,选留1条健壮的子蔓,孙蔓长出后,将基部发出的第1～6节孙蔓留1片叶摘心,第6节以后的孙蔓有雌花的留2叶摘心,无雌花的留1叶摘心。结合整枝将母本植株每条蔓上的雄花在蕾期全部摘除,只留雌花进行杂交授粉。整枝要在晴天上午气温较高时进行,阴雨天操作易使植株伤口侵染病菌,操作时用医用酒精和磷酸三钠将手及用具进行擦洗,可杀灭病菌,防止病害传播。

图1-59　西瓜父本不整枝

图1-60　甜瓜父本不整枝

图1-61　西瓜母本单蔓整枝作业

图1-62　西瓜母本单蔓整枝

图 1-63 甜瓜母本"一条龙"整枝作业

图 1-64 甜瓜母本"一条龙"整枝

5.压蔓的方法

西瓜、甜瓜基生叶下面的节比较容易折断,所以在蔓长近 30 cm 时,应及时压蔓护根,将瓜根部埋土,加以固定,以防被风吹断,并按一定的方向把瓜蔓压住,方法是在 6～7 片真叶时,将瓜蔓理顺,用土块压住瓜蔓(也可购买西甜瓜压蔓专用的塑料卡,卡住瓜蔓),一般 5～7 节压 1 次,操作时尽量轻压,尽量避免形成伤口,以减少病菌入侵的机会。压蔓时遇到雌花,一定要在花的前后各留 1～2 节不压,以防积雨或影响授粉

图 1-65 压蔓作业

坐瓜、瓜肥大时受牵制,一般生长势强的重压、勤压,反之,可远些、轻些。另外,果实前面应该重压,果实之后的节位要轻压,有利于光合产物向果实运输(图 1-65)。

【田间档案与质检记录】

西甜瓜制种田间档案记载表

合同户编号		户主姓名	
地块名称(编号)		制种面积	
父本出苗期	幼苗特征		
母本出苗期	幼苗特征		

续表

出苗率(%)	
补种情况	
间定苗质量	
整枝质量	
压蔓质量	
病虫害发生情况	

西甜瓜制种田间检验

检验时期	母本				父本			
	被检株数	杂株数	纯度（%）	病虫害感染情况	被检株数	杂株数	纯度（%）	病虫害感染情况
苗期								
意见与建议								

检验人：　　　制种户：　　　　　　　　　　　　　年　月　日

田间档案记载及田间检验方法

（1）出苗率检查　按规定设置样点，每点抽查母本 100 穴、父本 30 穴，统计并填写出苗率。具体检查时间根据播种时间来确定。

（2）定苗情况检查　出苗率检查。按规定设置样点，每点抽查母本 100 穴、父本 30 穴。

（3）苗期去杂情况检查　按规定在检验区父、母本种植区设置样点，每点抽查 100 株，计算杂株率（图 1-66）。

（4）幼苗特征记载　在团棵期记载幼苗性状：叶色（深、浅）、叶裂（浅裂、深裂、全裂、全缘）、生长势（强、中、弱）、叶形（大、小）。

（5）整枝、压蔓情况检查　按规定在检验区父、母本种植区设置样点，每点抽查 50 株。检查时间为 6 月 20 日至 7 月 10 日。

图 1-66　苗期去杂检查

（6）病虫害发生情况检查　按规定在检验区父、母本种植区设置样点，每点抽查100株，计算发病率。

经验之谈

1.整枝工作时间选择

整枝应选择晴天上午或中午进行，此时气温较高，伤口容易干燥愈合，可减少病虫的侵染，早晚气温较低或有露水时应避免整枝。

整枝、压蔓和锄草可同时进行，以节省时间、劳力。锄草要锄小、锄早，以减少杂草对瓜苗的营养、水分竞争。

2.间定苗方法技巧

在间定苗时，为避免伤苗，淘汰瓜苗无须连根拔起，用手掐断子叶下端幼茎即可（图1-67）。

3.判断西瓜生长势强弱的方法

有经验的瓜农常用茎蔓顶端生长的不同状况和茎蔓生长点到留瓜雌花之间的距离来鉴别植株长势的强弱。植株茎蔓的生长点接近地面，生长点到雌花间的距离在20 cm以下时，表示生长过弱，生长势弱的茎蔓顶端不论中午或清晨均不向上而向下；茎蔓先端过分翘起，生长点到雌花的距离在50 cm以上，则表示营养过多，生长过旺，生长势强的茎蔓顶端不论清晨或中午，均挺立向上（图1-68）；适宜坐果的生长指标是茎蔓生长点到雌花间的距离为30～40 cm，两者之间有3～4片展开的叶片，茎蔓先端与地面形成的夹角为20°～30°，茎蔓粗、叶片大、节间较长、茎蔓顶端只有在清晨向上，而在中午的强光、高温条件下，则平伸或向下。

图1-67　掐断苗茎间定苗

图1-68　西瓜长势旺盛

（四）中期管理与去杂、杂交授粉

【工作任务与要求】

进一步做好整枝、压蔓和锄草工作,指导农户根据实际情况做好甩蔓水的灌溉,督促农户利用农闲时间准备好杂交授粉用具,检查田间去杂情况和杂交授粉工作,统计坐果情况,并监督农户在授粉结束后,彻底砍除父本,并进行一次田间清查,将未授粉的果实或标记不清的果实一律拔除,以保证杂交种的纯度。

【工作程序与方法要求】

整枝除草	整枝除草:结合授粉工作进一步整枝、压蔓和锄草。将新生出的侧蔓及时除去,减少营养消耗,以利于雌花发育、坐果。	要求:整枝及时、彻底,根据具体情况进行灌水。
适时灌溉	适时灌溉:按照西甜瓜栽培技术要求,实施沟灌。苗期浇水次数、时间依土质、瓜沟大小及气温而定,苗期在保持土壤一定湿度的情况下,适当控水蹲苗,以利幼苗扎根。伸蔓期水分要求充足,一般情况下,7～10 d浇水 1 次,避免中午浇水,浇水深度以沟深的 2/3～3/4 为宜。灌溉时沟内水线与种植行保持 10 cm 以下的距离,以免引发根茎部病害。	
授粉用具准备 整枝压蔓	督促农户在农闲期间和授粉之前准备好下列授粉工具: 　纸帽:可用废旧书报杂志卷成口径为1.5～2 cm,高 2.5～3 cm 的纸帽,帽顶须封严,以免昆虫钻入。每公顷准备 3 万个。 　橡胶圈、镊子:在商店购买,镊子每人一个。 　采花器皿:每人一个,有盖的饭盒或茶缸、罐都可以。 　消毒药品:75％酒精溶液若干。 　标志记号材料:用红毛线剪成 8～10 cm 短节,也可用红油漆涂抹瓜秧或瓜柄,目前较常用的还有在瓜柄套橡胶圈的做法。此外还需要准备高 30～40 cm 的树枝或芨芨草棍用于标记授粉雌花。	要求:做好计划,用具充足,标记材料应易于发现。
授粉前去杂	去杂:根据叶形、叶色、瓜蔓、茸毛、幼果形状及颜色等特征,及时拔除杂株、劣株及可疑株。对父、母本瓜株均应逐株检查,确定杂株全部清除后,方可选花授粉。在采雄花之前,需要认真鉴定父本,将株型不一、叶型不一、子房形态不一的杂株全部拔除,确保父本植株纯正,方可采花进行杂交授粉。	要求:去杂要坚决、彻底,父本杂株必须拔除干净。

去雄隔离	去雄（针对母本是两性花而言）：在授粉前一天18：00左右选择第二天即将开放的雌花，用镊子去除雄蕊，然后套帽隔离。 套帽隔离：选择第二天即将开放的母本雌花和父本雄花轻轻将纸帽套好，做好标记。	要求：去雄要及时、干净彻底，纸帽要套牢，防止风吹掉落。
采花	采花：采摘前一天套帽隔离、刚刚开放的雄花，放进采花器皿中，盖好盖子防止昆虫进入。	要求：注意不要采摘前一天开放过的雄花。
杂交授粉	授粉时间：西瓜、甜瓜都属于半日花，一般晴天早上 7：30～10：00 是适宜的授粉时间，最迟不迟于11：00。 授粉方法：取出雄花，右手拿着雄花花柄，剥去或撕下花冠，左手食指和中指轻轻夹着雌花花托，将雄蕊花药轻轻地抹在母本雌花柱头上（肉眼见有均匀黄色花粉即可）。授粉后立即套上纸帽，并将橡胶圈套在瓜柄上，杂交标记明显，标记位置应做到一致。 授粉后 3～5 d 检查坐瓜情况，未坐瓜者继续选雌花授粉，直至坐瓜为止。	要求：授粉必须严格、认真及时地按制种技术规范操作，并要有专人负责检查，以确保授粉质量和坐果率。
坐果期去杂	去杂：人工授粉结束，果实 80％～90％鸡蛋大小时对没有授粉标记的果实，必须坚决彻底清除，以绝后患；对于果实形状、条纹、叶形等与母本不一致的也要拔除。	要求：去杂时要仔细、坚决、彻底。
铲除父本	铲除父本：杂交西甜瓜制种田母本授粉工作结束后1周内，要立即将整个制种田的父本全部铲除干净，严禁父本植株坐果留种。	要求：1 株不留，彻底铲除。
病虫害防治	病虫害防治：及早调查田间病虫害发生发展情况，采取生物防治和化学防治相结合，"前防后治、前稀后浓"的原则，防治病虫害的同时，加入适量磷酸二氢钾或氯化钙等微肥配合使用，以提高西甜瓜自身抗病能力。	要求：早发现早防治，防止病虫害发展蔓延。

此时瓜蔓生长迅速，应及时压蔓，防止风害。出苗到授粉期间应根据情况进行蹲苗，以促进形成强大的根系，扩大吸收面积，增强抗旱、抗病能力，如遇干旱或土壤保水力差，幼苗出现缺水症状，应适量灌水。

　　父本在采摘雄花之前，要逐株进行确认，这是非常重要的，父本万一有错，采其雄花进行杂交授粉，其损失将无法挽回。

相关知识

1.西甜瓜杂株识别方法

　　父本去杂应在杂交授粉前，根据叶片（叶色、叶形、叶裂）、茎蔓（有无茸（刚）毛、是否短缩）、子房（形状、大小、颜色、花纹的有无、茸毛的有无、长短）、是否黄化等性状方面与亲本性状表现不同的即为杂株。同一田块种子的父、母亲本，除极少数的杂苗、异品种苗、劣苗外，绝大多数苗长相应该一致。初次接触制种的亲本时，除参阅相关资料了解苗期特性外，注意观察苗期长相，很容易区别杂、病、劣苗。有些杂株在苗期不易识别，到结果期以后才能表现出来。

2.母本套帽隔离及去雄的方法

　　目前，西瓜用于杂交制种的亲本一般都是单性花，但甜瓜多为双性花，需进行人工去雄。去雄一般于授粉前一天18：00进行，从制种地的一头开始，逐株寻找花冠呈明显黄色松散状，子房较大的雌蕾及第二天早晨要开的雌花（图1-69）。甜瓜选择第3～5子蔓上子房大、颜色正、发育正常、次日即将开放的雌花，西瓜选择第2或第3朵雌蕾，将其花冠剥去，用镊子或其他适用的牙签等工具小心除净紧贴在柱头上边上的3个乳黄色雄蕊，去雄动作要轻避免损伤柱头，每去一朵花镊子都要在酒精溶液中清洗，以防镊子携带花粉，去除的花药带出田外掩埋，不得随手丢弃，以免散粉引起混杂（图1-70）。去雄后的雌蕾要带上纸帽，将柱头盖住，避免昆虫干扰（图1-71）。不需去雄的母本植株亦需将次日要开的雌蕾戴上纸帽。甜瓜雌花较多，一株上常有2朵以上的雌花同时开放，可将健壮的雌蕾去雄套帽，其余摘除。同时在该株前插一根长30～40 cm的细树枝或芨芨草棍作为标记，以利于次日清晨授粉时醒目好找提高工作效率（图1-72）。对第二天要开放的父本雄花也要用纸帽套住或在当天下午直接采摘，第二天用以授粉。因为坐果节位低，果实产籽量低，节位适中果实产籽量高，所以杂交西瓜一般选择第2、3朵雌花套帽授粉，甜瓜一般选择在第3～5子蔓上坐瓜。

图 1-69　母本田找寻雌花

图 1-70　母本两性花去雄

图 1-71　去雄后套帽隔离

图 1-72　母本雌花套帽标记

　　两性花去雄一定要及时、彻底,对授粉时母本雌花中有双性花或去雄不完全的、前一天未套帽的雌花要将子房去除,不能杂交授粉,以防影响种子质量。

　　3.采集父本雄花的方法

　　方法一是在采花前一天下午把次日将开的父本花蕾采下(花冠已呈淡黄色),放置盆中喷洒少许雾化水后盖上报纸,或放入到保温盒中,放在较暖处,促其提早成熟散粉,第二天一早即可供粉(图 1-73)。

图 1-73　父本田采集的雄花

　　方法二是在授粉前一天 18:00 后,把次日将开的父本雄蕾套帽,第二天一早采摘雄花,待雄花散粉后即可供粉。

　　两种方法最好是同时采用,这样可保证

从开始到授粉结束都有充足的雄花供粉。如当天气温高,授粉时间又较长,也可就地把一早采的部分雄蕾放在挖得较深的渠道阴沟处,以防雄花过早散粉,影响授粉受精。

4. 授粉时间、方法和要求

杂交授粉工作是制种生产过程中最关键的环节,良好的授粉质量才能保证种子质优量多,授粉一方面供给花粉,完成受精过程;另一方面提供激素,保证坐果,所以一定要按技术要求进行。对不易坐果的植株要反复授粉直至坐果,减少空秧数量,提高制种产量。

西甜瓜都属于半日花,一般情况下,在开花 4 h 后柱头即开始分泌黏液,雄花也散粉将尽,花粉的萌发率降低,所以授粉时间应在母本花冠开放,花粉能散开时授粉效果最好,开花后 4 h 内要授粉完毕。西瓜一般晴天早上 7:30~10:00 是适宜的授粉时间,最迟不迟于 11:00,多云或阴天时,可适当延迟,以 8:00~12:00 较好,雨天因空气湿度大,花药的出粉率低,花粉的萌发率亦低,一般不进行授粉,须将当日开的雌花全部摘除。甜瓜花冠开放的早晚与当天气温高低有关。北疆早上 8:00~12:00 即可授粉,最佳授粉时间是 8:30~11:00,气温偏高雌花柱头丧失活力,这时授粉效果明显降低。

授粉时应将子房三裂柱头均匀地抹满花粉,尤其无籽西瓜授粉时花粉量一定要足,以免某一边柱头没粘上花粉或花粉较少,造成子房内部分胚珠没有受精,不能发育成种子而产生畸形果或种子数量减少,严重时果实不能继续膨大而脱落,以致降低种子产量(图 1-74)。授粉后在花柄上套上橡胶圈或在坐瓜节叶片上涂上红油漆或在瓜前打上明显的杂交标记,标记位置应做到一致(图 1-75),并立即套上纸帽,防治串粉(图 1-76,图 1-77)。若雌花柱头出水,就必须停止授粉,并及时摘除未授粉或未套帽的雌花。一朵雄花可授 3~4 朵雌花,西瓜每株杂交坐果一个即可,个别难以坐瓜的需授 2~3 个瓜,甜瓜一般要集中同时授 2~4 个瓜。最终保证西瓜每株坐果 1 个,甜瓜大果型品种坐瓜 1~2 个,小果型品种坐瓜 2~3 个即可。采花器皿不同品种间不可混用,纸帽放置 3~5 d 之后才可以重复使用。

5. 授粉标记的方法

在杂交授粉工作中对已授粉的瓜做标记时,可以采用塑料圈或细铁丝、铝片等作授过粉的标记(图 1-78)。授粉标记也可采用掐茎法。方法是:授完一朵花后随手再距授粉瓜前端 1 节或 2 节处用手将瓜蔓轻轻掐成纵裂,这样有利于养分较多地供应到授粉瓜上,阻碍养分往茎尖输送,促进坐瓜,尤其对生长势较强的品种更好,纵裂的伤痕易木质化,留下的伤疤比较明显、易辨认,即使瓜秧后期干枯死亡,

图 1-74　授粉作业

图 1-75　授粉后套环标记

图 1-76　标记后套帽隔离

图 1-77　授粉完成

这一伤痕仍清晰可辨。标记物不宜采用布条、毛线,以免鼠害,失去标记。

6.病虫害防治方法

杂交授粉前后是西甜瓜制种过程中病虫害发生最严重,最集中的时候,每天要仔细观察,一旦发现有某种病害侵染,要及时防治。

(1)白粉病　俗称"白毛病"、"粉霉病",发病初期,叶片的正面或背面长出小圆形白色粉状霉点,逐渐扩大成较大的白色粉状霉斑,严重时整个植株叶片被白色粉状霉层所覆盖,叶发黄变褐、质地变脆。后期有时白粉层中出现黄色后变成黑褐色的小粒点。

图 1-78　甜瓜杂交授粉标记

防治方法：增施磷钾肥和微量元素肥，促进西瓜植株健康生长；适期预防，调查到白粉病在田间零星发生情况，也可于6月下旬在全田喷洒保护剂。可选用硫黄粉、硫黄悬浮剂、百菌清（达科宁）等；田间普发时，使用治疗性药剂进行防治。可选用三唑酮、甲基硫菌灵、腈菌唑、氟硅唑等药剂轮流均匀喷施。7～10 d喷1次，连喷2～3次即可。

（2）霜霉病　甜瓜的毁灭性病害，在整个生育期均可发病，主要为害叶片。苗期发病，叶片正面出现不均匀的褪绿黄化，子叶失绿干枯，并逐渐向真叶发展，使幼苗枯死。成株期发病，初期叶片上呈水渍状淡黄色小斑点，后病斑逐渐扩大，呈多角形，黄绿或淡褐色，当田间湿度大时，叶背面长出灰黑色霉层。病情由植株下部逐渐向上蔓延发展。当环境条件适宜时，病斑迅速扩展增多，连成一片，除心叶外全株叶片干枯卷缩。

防治方法：加强田间管理，保持通风透光；以预防为主，阴雨来临之前喷药预防，雨后及时补喷；发现中心病株后要及时摘除病叶，并立即喷药防治；可选用代森锰锌、波尔多液、甲霜灵锰锌、百菌清等喷雾防治。注意喷施到叶片的正反两面。

（3）病毒病　新叶表现出明显的褪绿斑驳形花叶或皱缩叶，节间缩短，植株矮化。或新叶狭长，皱缩扭曲。

防治方法：发病初期及时拔除病株；在整枝、压蔓、授粉等田间作业时，先进行健株后进行病株；蚜虫是病毒病的主要传播者，应以治蚜防病为主。可选用吡虫啉、啶虫脒等；喷施盐酸吗啉胍防治病毒病；喷施磷酸二氢钾增强抵抗力。

（4）美洲斑潜蝇　幼虫生活方式隐蔽，潜食叶肉，形成先细后宽的蛇形弯曲或蛇形盘绕虫道，其内有交错排列整齐的黑色虫粪。一般一虫一道，1头老熟幼虫1 d可潜食3 cm。以老熟幼虫在叶片正面潜道末端1 cm处咬一半圆形小孔爬出，多数从叶面滚落土中化蛹，少数在叶片或叶柄上化蛹。

美洲斑潜蝇成虫有飞翔能力，但飞行距离仅100 m左右，自然扩散能力不大。

防治方法：严格检疫，防止斑潜蝇远距离传播；定期清除有虫叶，可减少虫源。化蛹期摘除带蛹老叶，落地蛹结合田园管理，及时刮除地表浮土；采用黄板或粘虫纸诱杀成虫，也可采用灯光诱杀；保护利用天敌；在成虫羽化高峰期可选用40.7%乐斯本乳油1 000倍液，或10%氯氰菊酯乳油2 000～3 000倍液，或18%杀虫双水剂500倍液，或50%蝇蛆净粉剂2 000倍液等药剂进行防治。

7. 化瓜的原因及防止措施

西甜瓜雌花开放后，子房不能迅速膨大，2～3 d后开始萎缩、变黄，最后干枯或烂掉就是化瓜（图1-79）。

图 1-79　化瓜

引起化瓜的原因很多,归纳起来有以下几方面:温度忽高忽低或湿度过大过小都影响花粉发育和花粉管伸长;连续阴冷低温天气,植株不能进行光合作用;土壤水肥条件不好,雌花发育不良或植株生长过弱;栽培过密,氮肥施入过多,整枝摘心不及时等,造成植株生长过旺,营养生长和生殖生长不协调;授粉不良以及柱头机械损伤等,导致雌花授粉不良。为了防止化瓜,提高坐果率,可以采取合理密植,科学开展水肥管理,及时整枝摘心等措施。

经验之谈

1. 父本砍除后处理的方法

授粉结束后 1 周内必须砍除父本,对砍除的父本可以带出田外深埋,也可以饲喂家禽家畜,还可以就地掩埋于父本瓜沟内(图1-80)。总之,父本必须彻底砍除,一株不留。

2. 促进坐果的方法

坐果与植株的生长势关系密切。生长势与坐果能力均较强时,在坐果前应控制氮肥的施用,摘除生长势旺的主蔓、扭枝,在坐果节前 3～5 叶打顶,以抑制植株长势,并使用人工辅助授粉,促进坐果。一经坐果,由于植株的生长中心转向果实,就解决了"疯秧"矛盾。当出现"坠秧"时,应及早摘除基部幼果,增施氮肥,促进营养生长,待有一定叶量时再促进结果。

图 1-80　父本砍除后就地掩埋

3. 坐瓜情况调查

授粉开始 2～3 d 后,就须注意保护已授粉膨大的幼瓜。方法是在寻找雌蕾去雄或授粉同时,逐株检查,发现某株已有 2～3 个明显膨大、又新鲜嫩绿的授粉幼瓜,该株即可停止授粉,同时将未授粉的雌花或幼果及未开放的雌蕾一并摘除,并将主蔓摘心,检查授粉标记是否牢固。

【田间档案与质检记录】

西甜瓜制种田间档案记载表

合同户编号			户主姓名	
地块名称（编号）			制种面积	
开花日期	父本			
	母本			
授粉日期	开始			
	结束			
追肥		日期：	施肥量（kg/hm²）：	
去杂	父本			
	母本			
灌溉	第　水	日期：	灌量（m³）：	
	第　水	日期：	灌量（m³）：	
	第　水	日期：	灌量（m³）：	
病虫害防治		种类：	防治方法：	
		种类：	防治方法：	
		种类：	防治方法：	
坐果率（%）				
去雄质量				
父本砍除情况				

西甜瓜制种田间检验

检验时期	母本				父本			
	被检株数	杂株数	纯度（%）	病虫害感染情况	被检株数	杂株数	纯度（%）	病虫害感染情况
开花后授粉前								
坐果期								
意见与建议								

检验人：　　　　制种户：　　　　　　　　　　　　　　年　月　日

相关知识

1.坐果率调查方法

按规定在检验区父、母本种植区设置样点，每点抽查 100
株。检查时间为 7 月 1 日至 7 月 15 日。

2.去雄田检

对两性花为主的品种，授粉前在父、母本种植区设置样
点，每点抽查 100 株，查看雄蕊是否去除干净。

3.授粉方法抽查

在制种农户授粉时查看是否采摘了未套帽的雄花用来授粉，是否给未套帽的
或去雄不干净的雌花授粉，授粉标记是否清晰一致。

经验之谈

1.判断坐瓜的方法

杂交授粉的西瓜子房在 3～4 d 后迅速膨大发育（鸡蛋大
小），果实具有光泽，绒毛开始褪去，子房向下弯曲，表明该果实已
坐住，可停止该株授粉（图 1-81）。

2.促进生长过旺母本坐瓜的方法

西瓜母本植株生长过旺时，可在主蔓上
留 2～3 个侧蔓，侧蔓长出 2～3 叶时摘心并
抹去腋芽，摘除其余侧枝，目的是利用侧蔓控
制主蔓生长，以利主蔓坐瓜。授粉瓜坐果后，
以后节位上的雌花应及时摘除，以防坐瓜导
致营养竞争而使授粉瓜化瓜，或引起混杂。

图 1-81　坐瓜

3.提高无籽西瓜坐果率的方法

无籽西瓜在生长期用 0.4% 尿素或
0.2% 磷酸二氢钾根外追肥，每 7～10 d 喷 1 次，连喷 3 次，有利于花蕾发育；始花
期用 0.1% 或 0.2% 硼酸水溶液每 5 d 喷 1 次，连喷 3 次，可有效地防止落花落果，
提高授粉坐果率。

4.西甜瓜授粉时间冲突的解决方法

家中同时种植制种西瓜、甜瓜且授粉时间冲突、劳力不足时，可根据情况先授
西瓜，后授甜瓜。

5.西甜瓜制种过程中父本雄花开花过晚或花粉不足的处理方法

在制种过程中遇到父本开花太迟，应减少对父本水分和营养的供应，促使雄花
发生；花粉不足时，可将父本主蔓摘心，抑制顶端优势，促使侧枝生长，增加花数以
满足授粉需要。

（五）后期管理

【职业岗位工作】

人工杂交授粉以后,应及时做好瓜田管理工作。主要是根据制种西甜瓜的长势、土壤水分状况及时灌水,确定合适的灌水定额,既能满足果实生长的需要又不会造成灌水过多而化瓜。依据品种特征,对长势过旺的植株进行摘心,打去多余的枝杈,减少营养消耗,促进同化产物向果实运输。结合整枝打杈进行翻瓜、去杂,翻瓜有利于果实均匀受光,促进种子发育。同时督促农户将标记不清、性状不一的杂株拔除。

【工作程序与方法要求】

灌溉追肥	灌水:人工授粉5~7 d后,全田70%以上幼果坐稳(瓜如鸡蛋大小)时浇水,以促使果实及种子充分发育。果实迅速膨大至成熟应酌情浇水2~3次,在果实成熟前10~15 d停止浇水,以利种子充分生理成熟,显现品种固有色泽。 追肥:在膨瓜期结合浇水,每公顷追施尿素75~120 kg加磷酸二铵150 kg则可促进生长,防止早衰,并能提高种子产量、质量。	要求:每次灌水都应酌情适量,小水勤灌,严禁漫垄、积水,诱发病害。
摘心打叉	摘心:当瓜秧已经铺满行间,瓜已经坐住,进入肥大期时,为了防止营养生长与果实争夺养分,可进行摘心。 打杈:瓜蔓条数留定后,在生长期间再出现的侧枝即可打去,对于短蔓、生长势弱、叶小而少的品种应区别对待,最好不摘心,不打杈,以增加其同化面积,尤其是无籽瓜一般都用此法进行。	要求:要根据西甜瓜生长势的强弱和坐瓜情况适时摘心、打杈。
翻瓜	翻瓜:结合摘心与打杈进行翻瓜。一般大型品种从2~3 kg,小型品种从1~1.5 kg开始,于下午瓜柄水分减少不易折断时,将瓜轻轻转动,共进行2~3次。	要求:每次翻瓜角度不要过大,使阴面见光即可。
清田去杂	去杂:全田授粉结束后,应该按品种特性选留适当的坐果数,尤其是甜瓜需及时把多余的或不正常的幼果摘除,彻底清除无授粉标记的自然瓜和杂瓜,拔除病株、劣株等。	要求:1株不留、彻底去杂。
病虫害防治	病虫害防治:此阶段气温高、降雨多,是西甜瓜果实膨大生长的关键时期,也是病虫害发生的高峰期,一定要做好病虫害的防治工作,及时发现及时防治,一般在发病初期拔除病株,然后喷药防治。	要求:早发现早防治,防止病虫害发展蔓延。

相关知识

1. 西甜瓜后期病虫害防治方法

（1）蔓枯病　蔓枯病也叫黑腐病、黑斑病、褐斑病，因引起蔓枯而得名。在瓜的整个生育期，地上各部位均可受害。病株幼苗初现水渍状小斑，后呈环状黑色或棕黄色斑痕，不久全株软腐死亡。感染叶片初为浅褐色水渍状小点，后逐渐扩大成直径为1～2 cm的圆形、近圆形或不规则的黑褐色大斑，常见叶缘受害，形成黑褐色弧形、楔形大斑，病部干枯，表面散生有黑色小粒点。蔓茎多发生在茎基部的分权处，呈水渍状灰绿色斑，后逐渐沿茎扩展到各节部，病斑呈短条状褐色凹陷斑、环状黑色斑，密生黑色小粒点。在龟裂处有黄色胶汁分泌物，干涸后凝结成深红色至黑红色的颗粒状胶质物，附着在病部表面，蔓叶枯萎。横切病茎，可见病茎表皮一圈变褐，其维管束不变色，仍维持绿色。

防治方法：保持田间通风透光；发现中心病株应立即喷药防治；可选用咪鲜胺、百菌清、甲基托布津、多菌灵等药剂交替喷雾，每隔5～7 d喷1次，连喷2～3次，重点喷施植株中下部；整蔓后及时对伤口及蔓部喷药；病害严重时，可用上述药剂使用量加倍后涂抹病茎的流胶处，可促进伤口愈合。

（2）白绢病　主要侵害近地面的茎蔓和果实，茎基部或贴地面茎蔓染病，初呈暗褐色，其上长出白色辐射状菌丝体，果实染病，病部变褐，边缘明显，病部亦长出白色绢丝状菌丝体，菌丝向果实靠近的地表扩展，后期病部产出茶褐色萝卜籽状小菌核，湿度大时病部腐烂（图1-82）。

防治方法：农业防治，病田应与玉米、小麦等实行3～4年轮作，收获后深翻土壤，把带有病菌的土表层翻至15 cm以下，促使病菌死亡；药剂防治，发病初期用噻霉酮1份，加细干土100～200份拌均匀制成毒土，撒于病部根茎处。也可在植株茎蔓基部及周围土壤浇灌或喷施噻霉酮，或西大华特苯醚甲环唑3 000倍液，或枯可因恶霉灵800倍液，每隔7～10 d灌1次，共防治3～4次。

（3）虫害　螨虫一般在7月份发生，可用阿维菌素、虫螨克、虱螨净、克螨特、等进行喷雾防治（图1-83）。

2. 坐果期水肥及田间管理技术

坐果期灌溉水量以当时降水为参考，水量不宜过大，以土壤见干见湿为原则，以免引起徒长，造成化瓜。高温季节应在早晚进行浇水。

打权时结瓜节内的那条侧枝可留下，使该枝的同化产物优先供应果实，此外还可以防止化瓜和遮阳防晒。

做好水肥管理和果实管理的同时，一定要做好病虫害防治工作，生物防治和化学防治相结合，早发现早处理，严防病虫害蔓延。

图 1-82　西瓜白绢病

图 1-83　螨虫为害西瓜叶片

经验之谈

1. 制种田植株早衰的管理方法

对植株长势弱,有早衰症状的西甜瓜植株要及时进行磷酸二氢钾叶面追肥,以促生长,提高产量。

2. 摘心打杈在何时进行

摘心打杈要在晴天上午进行,有利于植株伤口愈合,严禁在阴雨天进行,以避免病虫侵染。

【田间档案与质检记录】

西甜瓜制种田间档案记载表

合同户编号			户主姓名	
地块名称（编号）			制种面积	
追肥		日期：	施肥量（kg/hm²）：	
去杂				
灌溉	第　水	日期：	灌量（m³）：	
	第　水	日期：	灌量（m³）：	
	第　水	日期：	灌量（m³）：	
病虫害防治		种类：	防治方法：	
		种类：	防治方法：	
		种类：	防治方法：	
摘心情况				
翻瓜情况				

西甜瓜制种田间检验

检验时期	母本			
	被检株数	杂株数	纯度(%)	病虫害感染情况
成熟期				
意见与建议				

检验人：　　　　　　　　　制种户：　　　　　　　　年　月　日

（六）检验，收获与晾晒

【职业岗位工作】

根据制种品种生育期长短、授粉时间等判断，果实成熟即可采收。采收时要事先对全田果实进行一次去杂，将与品种特性不相符的杂瓜一律清除，然后再由负责制种的农户将符合标准的瓜统一采收、统一堆放。剖瓜取籽时再将瓤色、籽粒与品种特性不符的杂瓜淘汰，将掏出的种子进行适当的发酵，然后淘洗，并进行种子消毒处理。将漂洗干净的种子晾晒至安全水分，装袋待检。

【工作程序与方法要求】

沟选	沟选：采收前3 d应再清田一次，将无标记的瓜摘除，对果形不一、皮色不一、条纹色不一、形状不一和植株不具备母本特性的果实以及有病腐烂的果实全部清除，对于一些似是而非有疑问的瓜也应坚决摘除，严防混杂。	要求：去杂要坚决彻底，严防混杂。
采收	采收：根据授粉日期推断，当杂交授粉果实内的种子达到生理和形态完全成熟时进行采收，将与母本特征特性一致的杂交果实，根据一次标记和二次标记进行统一采收、统一堆放。	要求：果实成熟、性状一致。
剖瓜去杂	去杂：剖瓜时仔细地观察、鉴别每一个果实剖面，对瓤色不一、种子大小、颜色、形状不一的果实进行再一次清理，严防有混杂、变异的果实种子混入。	要求：认真鉴别，去杂坚决、准确。
淘洗	淘洗：漂洗之前可适当发酵，漂洗种子时，将分离出的瓜瓤、秕籽、杂质全部漂洗干净，将种子表面的黏液用手搓干净，再用清水漂洗干净，将水滤尽，去除对种子发芽有抑制作用的物质。	要求：禁止用污水或渠道里的灌溉用水清洗种子，一般采用井水洗种。

种子药物消毒	消毒:细菌性病害发生严重,特别是西瓜果腐病的危害,在国内外引起极高的重视,种子带菌是一种病菌传播途径,因此,工作人员要指导和监督制种农户做好种子消毒工作,使种子充分消毒。	要求:方法得当,消毒彻底。
晾晒清选	晾晒:晾晒种子要放置在干净的布单、席子及麻袋等物上,场所要通风,厚度不超过 2 cm,需经常翻动,晚上收起时,放在凉处,不可堆积过厚,在炎热的晴天下晒 2～3 d,即可将种子晒至安全水分。有条件的地方也可以用烘干法。 清选:晾干的种子用簸箕、风车、筛子等工具选去秕籽、石粒、小粒后,再手工挑除畸形籽、霉籽、其他品种种子。	要求:水分达到国标规定8%,净度99%。
装袋待检	待检:将清选干净的种子存放在麻袋、布袋或编织袋内,同时将每一包装袋内外均放置标牌,写明品种、袋号、产地、户名、数量、年份,紧牢袋口,将种子袋放在干燥、无污染、无虫鼠害的地方(切忌将种子袋放在地面),以待交售。	要求:不同品种要单装、单收,经常查看,防止种子混杂、霉变。

采瓜时由负责制种的农户本人采收有授粉标记的符合本品种特征的成熟果实(外人一律不得采收),采收到过熟的瓜须立即掏种,腐烂瓜、病瓜及瓜内种子发芽的瓜必须淘汰。剖瓜取种时,把好最后一道质量关,发酵时严禁在炎热高温的阳光下进行(2 h 搅拌 1 次),以免影响种子的发芽率。漂洗种子最好用井水。晾晒种子要迅速,切忌将种子摊置在塑料膜和金属制品上或直接摊置在水泥地和土砖地上,以免造成种子色泽、发芽率、净度与质量标准降低。清选种子前清理干净清选用具,防止种子机械混杂。

相关知识

1.西甜瓜采收时间的确定

根据果实发育期,西瓜一般授粉后早熟种 30～32 d、中熟种 35～40 d、晚熟种 40～45 d 采瓜,甜瓜从雌花开放到果实成熟,一般早熟种约 30 d,中熟种 35 d 左右,晚熟种多在 40 d 以上即可成熟,当杂交授粉果实内的种子达到生理和形态完全成熟时进行收获,对制种田区的杂交果依所做的二次记号标记,进行采收。采收时,对果形不一、皮色不一、条纹色不一、形状不一和植株不具备母本特性的果实以及有病腐烂的果实全部清除,严防混杂。对与母本特征特性一致的杂交果实,统一采收、堆放、鉴别、破瓜取种。要根据天气预报,选择好天气,采瓜应在晴天上午进行(图1-84)。

图 1-84　制种西瓜采收期

2.对杂交授粉果实作第二次标记

当授粉果实生长发育至碗口大小时,对母本果实翻瓜,以利于果实见光均匀,发育正常,同时认真检查杂交授粉果实,对果实上有授粉标记的,用油漆或记号笔在杂交果实上做二次标记,再次确认是人工杂交授粉的果实(图 1-85,图 1-86)。对未有记号标记的"自交果",或标记不清楚的果实严格摘除,并连同瓜秧一起拔除,确保田区内没有"自交果"。

图 1-85　杂交果实二次标记作业

图 1-86　杂交果实二次标记

3.剖瓜去杂、发酵清洗的方法

将采摘的杂交果实堆放在田间,大面积制种时可以采用机械采收的方法,小面积制种时也可以采用人工采收的方法(图 1-87,图 1-88)。逐个破开,认真仔细地观察、鉴别每一个果实剖面,对瓤色不一、种子大小、颜色、形状不一的果实进行再一次清理,严防有混杂、变异的种子混入。鉴别之后,将符合要求的杂交果实瓜瓤连同种子一同掏入塑料容器或编织袋内,在阴凉环境下进行 12 h 以内自然发酵(无籽西瓜应该随时掏瓜随时淘洗,严禁发酵,以免降低发芽率),发酵时严禁在炎热高温的阳光下进行,以免影响种子的发芽率,发酵种子不能沾水,否则易造成种子发芽(图1-89)。杂交西瓜种子经过自然发酵过程后,能将种子表皮的病菌全部或部分杀死,降低了种子带菌的可能性,同时经过发酵过程,种子和瓜瓢自动分离,利于种子的漂洗。

　　漂洗种子要用干净的井水,禁止用污水或渠道里的灌溉用水清洗。漂洗种子时,将分离出的瓜瓢、秕籽、杂质全部漂洗干净,将种子表面的黏液用手搓干净,再用清水漂洗干净,将水滤尽。摘瓜取种、发酵、清洗、晾晒等过程,操作所用器具必须是塑料或木、竹、瓷制品,严禁使用金属器具,以免污染种子表皮,影响种子外观色泽(图1-90)。

图1-87　人工采种

图1-88　机械采种

图1-89　发酵

图1-90　清洗

4.种子药物消毒方法

　　近年来,由于细菌性病害的发生,特别是西瓜果腐病的危害,在国内外瓜界引起极高的重视,种子带菌是一种病菌传播途径,为此,目前国内外瓜类制种新采用了种子药物消毒方法。具体是将消毒液（1％盐酸或双氧水或次氯酸钠，也可以用苏纳米溶液或过氧乙酸）与水按 1∶79 配比，种子∶药液＝1∶2，将经发酵后用清水洗净的种子放入配好药液中浸泡 15 min，并不断搅动，然后沥净药液进行晾晒。种子消毒过程中，操作人员必须配戴眼镜、胶手套、围裙，防止对人体造成危害（图 1-91）。

图 1-91　种子消毒

5.种子晾晒的要求

晾晒种子要放置在用塑料纱网制作的木制筛上，距地面 1 m 高处晾晒，勤翻动，以利于种子干燥均匀（图 1-92）。（晾晒种子时切勿放置在塑料膜、铁器制品和水泥地面上，防止高温暴晒将种子胚烫死烧伤，而致使种子丧失发芽能力。适宜的晾晒物是塑料纱网筛、竹筛、帆布、床单等通气良好的物品。若遇阴雨天气，有条件的地方可采用风干机风干种子（图 1-93））在炎热的晴天下，晒 2～3 d，即可将种子晒干至安全水分，达到国标规定 8％ 以内。种子干燥后将种子存放在干燥的环境中，种子切勿放置在潮湿的环境中，以免吸潮变质。

图 1-92　种子高架晾晒

图 1-93　风干机风干种子

6.种子清选

种子晾干后，随即进行机械清选或簸扬、筛选，将瘪籽、泥粒、沙子、枯叶等杂质一律清洗干净（图 1-94），并将种子进行人工粒选，将杂籽、畸形籽、色泽不一籽清除（图 1-95）。然后存放在洁净的麻袋、布袋或编织袋内，同时将每一包装袋内外均放置标牌,写明品种、袋号、户名、数量、年份,以待进行种子田间纯度和室内检验。

图 1-94　种子机械清选

图 1-95　人工粒选

经验之谈

1. 如何判别甜瓜生理成熟

(1)根据品种特点和授粉时间判断。

(2)察看果实成熟的特征,果皮显现出该品种固有的颜色,光滑发亮,或网纹、裂纹干燥,布满果面有较浓的香味。

(3)指弹发出混浊的"扑扑"声。

(4)用手轻捏或轻压感到有弹性或较软。

(5)有的品种瓜蒂落离,或果柄与果实连接处四周有裂痕。

2. 采前估产

在西甜瓜即将成熟收获时,要及时进行估产,要每户都估到,认真记录并告知制种农户估产结果,目的是防止种子被套购、流失。

3. 种子快速晾晒的方法

晾晒种子时切勿放置在塑料膜、铁器制品和水泥地面上,防止高温暴晒将种子胚烫死烧伤,而致使种子丧失发芽能力。适宜的晾晒物是塑料纱网筛、竹筛、帆布、床单等通气良好的物品,采用高架晾晒的方法,即将网筛、竹筛、帆布、床单等架起,离地面 0.8～1 m,有利于空气流通,使种子迅速干燥。

4. 解决无籽西瓜"三低"问题的方法

为解决无籽西瓜"三低"问题(采种量低、发芽率低、成苗率低),可在其 8～9 成成熟时收获,立即剖瓜淘洗,不进行发酵,并快速烘干。

【田间档案与质检记录】

西甜瓜制种田间档案记载表

合同户编号				户主姓名		
地块名称(编号)				制种面积		
估产		日期:				
		产量(kg):				
去杂	采前沟选					
	剖瓜去杂					
采收时间		开始日期:			结束日期:	
种子消毒		药品:	用量:		处理时间:	
清选方法						
产量(kg)						

西甜瓜制种田间检验

检验时期	母本			
	被检株数	杂株数	纯度(%)	病虫害感染情况
采前沟选				
剖瓜去杂				
意见与建议				

检验人: 　　　　　　　　制种户: 　　　　　　　　年　月　日

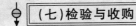

(七)检验与收购

【职业岗位工作】

在制种农户晾晒合格的种子中抽取有代表性的样品上交报检,检验内容主要包括发芽率、水分、净度、纯度等,检验合格的种子即可组织农户进行交售,公司便可以进一步进行包装、销售工作。

【工作程序与方法要求】

取样报检	报检：将制种户的全部种子充分混匀后，摊成2 cm厚的方形，按棋盘式取样，"四分法"编排样本至规定量。为确保公平应一式三份，即制收种双方各密封保存样品一份上交种子管理部门鉴定一份，编号报检。	要求：取样须有代表性和真实性，制种双方报检前要封样。
检验	检验：西瓜种子检验依GB 16715.1标准执行，甜瓜种子依据NY 474—2002标准执行，在田间去杂的基础上进一步进行室内鉴定和南繁种植鉴定。室内鉴定包括种子发芽率、水分、千粒重、净度检验，南繁种植鉴定主要测定杂交率。西瓜种子国标规定：西瓜杂交种一级纯度不低于98%，二级纯度不低于95%，发芽率不低于90%，水分不高于8%，净度不低于99%。甜瓜杂交种一级纯度不低于98%，二级纯度不低于95%，发芽率一级不低于90%，二级不低于85%，水分不高于8%，净度不低于99%。	要求：种子经过鉴定检验，达到国家规定的种子质量标准后，方可收购。
收购包装	收购：对检验合格的种子要及时组织农户进行定量包装并交售。按照种子管理规程和本公司要求统一进行包装、销售。	要求：执行国标。

相关知识

西甜瓜种子含水量和净度检验方法

按照西甜瓜种子检验的规定，用扦样器在交售的种子袋中随机取样，并混合。种子含水量检测目前基本都是用快速水分速测仪，测定三个分样，结果数据差距在0.2%以内，求平均值。否则，重新测定。净度测定选用0.7 cm筛子，按要求进行测试（图1-96）。

图1-96 装袋待检的种子

【田间档案与质检记录】

西甜瓜制种田间档案记载表

合同户编号		户主姓名	
地块名称（编号）		制种面积	
取样	日期：	编号：	
封样	日期：	编号：	
收购	日期：	数量（kg）：	

西甜瓜种子检验记录

检验项目	检验记录	检验人
发芽率（%）		
水分（%）		
净度（%）		
纯度（%）		

经验之谈　　种子取样和检验的要求

取样一定要有普遍性，并做好封样工作，以免对检验结果发生纠纷。种子检验速度要快、结果准确，以便及时收购包装合格种子，防止种子流失，并可抢先进入市场销售。

三、知识延伸

1.参阅相关资料，就国内外西甜瓜育种、制种技术发展动向撰写一份报告。

2.查阅资料系统了解西甜瓜种子含水量、净度、纯度检测技术和数据计算方法。

四、问题思考

1.综述新疆西甜瓜制种的优势与劣势。

2.如何提高新疆制种西甜瓜的产量？应在制种工作中注意哪些问题？

3.提高西甜瓜杂交种纯度的具体方法有哪些？

4.综述西甜瓜制种工作成败的关键技术。

5.如何提高西甜瓜杂交制种效益？

第三节	知识拓展

西甜瓜田间试验记载标准

1　物候期

1.1　播种期

实际播种的日期(以日/月表示,下同)。

1.2　出苗期

目测全区有 50% 的幼苗子叶平展的日期。

1.3　伸蔓期

目测全区有 50% 的植株伸蔓 2 cm 或出现 5～6 片真叶的日期。

1.4　第一雌花开放期

目测全区有 50% 的植株第 1 雌花开放的日期。

1.5　第一雌花着生节位

从伸蔓节至第 1 雌花着生的节数,调查有代表性的 10 株平均之。

1.6　坐果期

目测全区 50% 的果实直径达到 8～10 cm 的日期。

1.7　成熟期

以全区 60% 的瓜达到 8 成熟或第 1 茬瓜采收结束的日期。

1.8　果实发育期

坐果至成熟的总天数。

1.9　生育期

出苗至成熟的总天数。

2　生长势、抗逆性和抗病性

2.1　生长势

伸蔓期、坐果期和果实成熟期分 3 次用目测法调查各品种的生长势,分强、中、弱 3 级。

2.2　抗逆性

伸蔓期、坐果期和果实成熟期分 3 次用目测法调查各品种的抗逆性,分强、中、弱 3 级。

2.3　抗病性

苗期、坐果期和果实成熟期分 3 次用目测法调查各品种的抗综合病性,抗病性分强、中、弱 3 级。

2.3.1　炭疽病　在西瓜生长中后期用目测法调查 1 次,记载病死株数,发病程度分为 4 级。

0 级:生长正常,无病。

轻:病叶面积占叶面积 20%。

中:病叶面积占叶面积 21%～50%。

重:病叶面积占叶面积 50%以上。

2.3.2　枯萎病　在西瓜生育期间调查死苗株数和死株率。

3　果实品质性状

每个品种每小区选 10 个有代表性的果实进行考种调查。

3.1　果实形状

分扁圆、圆、高圆、短椭圆、椭圆和长椭圆 6 种,对应的果型指数分别为<1,=1,1∽1.1,1.1∽1.2,1.2∽1.4, >1.4。

3.2　果实纵、横径

成熟后取有代表性的果实 10 颗,切开后量其纵、横直径,取平均数,以厘米表示。

3.3　果皮颜色

分黑、白、花皮、黄绿 4 种。

3.4　果面条带

成熟后调查,分锯齿状,黑桃纹状 2 种。

3.5　果皮厚度

成熟后取有代表性的果实 10 颗,切开后量其不可食用的表皮部分。取平均值,以厘米表示。

3.6　贮运性

分耐贮、较耐贮、不耐贮 3 种。

3.7　果实剖面

分好、中、差 3 种。

3.8　果肉颜色

分红、黄、白 3 种。

3.9　果肉质地

分脆、沙、硬、软、绵 5 种。

3.10　果肉汁液

分多、中、少 3 种。

3.11　口感

分好、中、差 3 种。

3.12　籽粒颜色

分白、黑、花、红 4 种。

3.13　籽粒的多少

分多、中、少 3 种。

3.14　果肉含糖量

成熟后取有代表性的果实 10 颗，用锤度计测定中心、边缘含糖，求平均数。

4　经济性状

4.1　单株坐果数

总果数/总株数（个）。

4.2　单株商品果数

商品果总数/坐果总株数（个）。

4.3　商品果率

商品果总数/总果数（%）。

4.4　田间整齐性

包括坐瓜节位、果实大小、果实形状等方面的一致程度（田间目测）。

4.5　平均单瓜重

成熟后取有代表性的果实 10 颗，分别称其重量，求平均值，以 kg 表示。

4.6　小区实产

成熟后选有代表性的果实 10 颗称其重量，按小区实有株数计算其小区实产，以 kg 表示。

4.7　折合亩产量

用小区实际产量除以小区实际面积折算亩产量，以 kg 表示。

5　西瓜试验品种评定标准

5.1　评分原则

客观评价各品种的特性，充分考虑品种的生产适用性和市场接受程度。为减少人为评分不准，能用仪器测量或有标准可循的项目（如中糖、产量），级别间分值差距大；依个人感官评分的项目（如瓤质、口感等），级别间分值差距较小。

5.2　评分标准

以 CK 品种得分为中间分值，各参试品种与之相比而增减。

5.2.1　抗逆抗病性（20%）　对不良土壤、气候条件适应性及病源侵染的抗性；以 CK 品种为 10 分，根据综合指标分 5 级，其他品种较 CK 每增、减 1 级加、扣

2分,最多加、扣10分。

5.2.2 坐果性(10%) 一般环境与管理条件下的坐果难易与整齐程度以CK品种为5分,根据综合指标分3级,其他品种较CK每增、减1级加、扣2分,最多加、扣4分。

5.2.3 商品果率(10%) 一般环境与管理条件下的正常商品果率以CK品种为5分,较CK每增、减5%加、扣1分,最多加、扣5分。

5.2.4 熟性 (略)

5.2.5 产量(15%) 以CK品种为10分,较CK每增、减5%加、扣1分,最多加、扣5分。

5.2.6 果实含糖量(15%) 以CK品种为10分,较CK每增、减0.5%加、扣1分,最多加、扣5分。

5.2.7 果实口感风味(5%) 以CK品种为5分,根据综合指标分3级,其他品种较CK每增、减1级加、扣2分,最多加、扣4分。

5.2.8 果实外观(5%) 以CK品种为3分,根据综合指标分3级,其他品种较CK每增、减1级加、扣1分,最多加、扣2分。

5.2.9 果实剖面(10%) 以CK品种为5分,根据综合指标分3级,其他品种较CK每增、减1级加、扣2分,最多加、扣4分。

5.2.10 果实耐贮运性(10%) 以CK品种为5分,根据综合指标分3级,其他品种较CK每增、减1级加、扣2分,最多加、扣4分。

无籽西瓜杂交制种技术

1 播前准备

1.1 亲本选择

用于杂交制种的亲本要求母本纯度≥99.0%,父本纯度,父、母本发芽率≥99.9%。播种前需将亲本种子粒选,以确保苗齐苗壮、集中授粉。

1.2 选地

选择3年以上未种过葫芦科作物、土质疏松肥沃的壤土或沙壤土,盐碱地及地下水位高的地不宜选作制种田。制种田要求灌排方便,四周设置100~500 m隔离带,开春每公顷施磷酸二铵300~450 kg,有条件的地区可基施优质农家肥1~2 t。

2 播种

2.1 父、母本配比

父、母本配比一般为1:(15~25)。

2.2　适期播种

新疆北疆地区宜在 4 月底至 5 月上旬播种,为了确保足够的雄花供粉,父本应比母本提前 10 d 播种。

2.3　适量播种

西瓜制种要求合理密植,行株距一般为 1.5 m×(0.20～0.25) m,单粒穴播,每公顷保苗 2.25 万～3 万株。父本因株数少,生长势强,故株距多为 0.2～0.4 cm,双粒穴播,一般出苗后不间苗。

2.4　播种方法

父本采用小拱棚栽培,出苗后不需整枝,把瓜蔓理顺放到垄背上即可;母本采用地膜栽培,在距瓜沟 10 cm 处挖穴播种,穴深 2 cm 左右,因泥沙土易增温、遇雨水后不板结,所以最好用泥沙土覆盖。

3　田间管理

3.1　肥水管理

制种田一般浇 5～7 次水,即播前水、播种水、甩蔓水、果实膨大水及生长后期水等,甩蔓水和果实膨大水较为关键。施肥要结合灌水,授粉前 3～7 d,瓜苗营养、生殖生长都很旺盛,需肥量较大,此期要结合灌水,每公顷追尿素 150～300 kg。授粉 20 d 后果实易裂,此时应以磷、钾肥为主。

图 1-97　无籽西瓜单蔓整枝

3.2　植株管理

无籽西瓜制种采用单蔓整枝法,保留主蔓,将全部侧蔓去除,直到坐瓜为止。一般保留第 2 朵雌花坐瓜较好。在整枝的同时用土块压蔓,以防大风吹翻瓜蔓,影响授粉坐瓜(图 1-97)。

3.3　病害防治

雨前,用 58% 甲霜灵锰锌、72.7% 普力克和 40% 乙磷铝可湿性粉剂防治疫霉病。枯萎病应以预防为主,个别病株应及时拔除,地外挖坑深埋;对病田可用敌克松、甲基托布津、多菌灵灌根。细菌性果斑病一般用 500 倍液农用链霉素、30% 二元醇铜或可杀得 2 000 倍液等药剂防治。

3.4　虫害防治

地下害虫主要是地老虎和金针虫,可用敌百虫等毒饵诱杀。对蚜虫、红蜘蛛以 50% 的乐果乳油或 70% 克螨特 3 000 倍液喷雾防治。

4　杂交授粉

杂交授粉是制种生产过程中最关键的环节,良好的授粉才能做到种子质优量多,必须严格、认真、及时地按制种技术进行操作,确保授粉质量。

4.1　授粉时间

西瓜属半日花,一般情况下,在开花 4 h 后柱头即开始分泌黏液,雄花也散粉将尽,所以应在开花后 4 h 内授粉完毕。

一般晴天上午 8:00～10:00 是最佳授粉时间,多云或阴天时,可适当延迟,雨天因空气湿度大,花药的出粉率低,花粉萌发率也低,可以进行强制授粉,也可将当日开的雌花全部摘除。

4.2　授粉质量

为了保证有足够的单瓜种子数,须授粉全面,应将子房 3 裂柱头均匀地抹满花粉,某一裂没黏上花粉或花粉较少,可造成部分胚珠受精不良,产生畸形果,严重时造成落果,降低种子产量。

授粉后应立即套上纸帽,并用大头针或红线绳(橡胶圈)等在瓜前打上明显的杂交标记。1 朵雄花可授 3～4 朵雌花,每株杂交 1 个瓜即可,个别难以坐瓜的需保留 2～3 个瓜。

5　后期田间管理

全田授粉结束后,需进行清田工作,彻底清除无授粉标记的自然瓜和杂瓜,拔除病株、劣株和全部父本,以确保制种质量。

6　种子采收

6.1　采瓜

采瓜应在晴天上午进行,根据果实发育期,最好能根据不同的授粉标记日期或熟性外观进行分批采收。

6.2　晾晒

用掏种器将瓜种取出,进行淘洗,洗净的种子应晾晒在干净的布单、席子及麻袋等物上,场所要通风,种子摊铺厚度不超过 2 cm,不宜直接摊晾在热水泥地或其他不透气物体上,避免高温、高湿状态下种子窒息而降低发芽率和发芽势。

6.3　精选

晾干的种子用簸箕、风车、筛子等工具选去秕籽、石粒和小粒,手工挑除畸形籽、霉籽,挂上标签,注明品种代号、生产者姓名及重量,分装入库。

西葫芦杂交制种技术

西葫芦又称搅瓜,原产于南美洲。其营养丰富,在瓜菜中,栽培规模仅次于黄瓜,也是设施栽培的主要蔬菜之一。近年来,栽培面积逐年扩大,品种退化日趋严重,种子需求旺盛。

1　制种地的选择

选择连续 3 年未种植过瓜类、蔬菜并且耕层深厚、土质疏松、排灌良好的地块。要求距同类作物采种田不少于 1 000 m,采用扎花或套纸帽等保护措施,隔离不少于 200~300 m。在此区域内严禁种植葫芦科作物及马铃薯、棉花等。前茬作物应选小麦、豆类等,并严禁同类作物连作、套作或种在葡萄等果树下。

2　播种前的准备

2.1　整地、施肥

前茬作物收获后,对土壤进行深耕翻晒,整平灌水,第 2 年春结合开沟施腐熟的优质有机肥 60~75 t/hm²,过磷酸钙 3.5 t/hm²,尿素 0.3 t/hm²。

2.2　开沟

根据本地区的自然条件以及制种的经验,一般采用开沟起垄覆膜的方式种植。南北方向做畦,父本沟心距 1.6 m,母本(母本一般要求种在浇水进口处)按沟心距 1.8 m 划线,在距线 30 cm 处顺线施入基肥,然后开沟,垄宽 1.6 m,沟宽 0.4 m,要求垄面为鱼脊壮,光平、无土块,浇水后喷杀虫药剂,覆膜宽 80 cm。

3　播种方法

3.1　播种期

播种时期要求晚霜期已过,气温稳定在 10℃以上。本区适宜播种期一般在 4 月底或 5 月初播父本,80%父本出苗后,再播母本。

图 1-98　西葫芦杂交制种田
(左母本,右父本)

3.2　播种方法

制种田父、母本的播种比例为 1:(5~7),父本株距 30~35 cm;母本株距 40~45 cm,播种穴距沟沿 15 cm,种子平放或侧放在穴内,播深 1.5~2.0 cm,覆土后再盖沙,以防板结,要求播深一致,穴距一致,7~8 d 即可出苗(图 1-98)。

4　田间管理

4.1　苗期管理

苗期管理要突出"早、勤、细",具体要做好:查苗、补苗、培土、防冻、防风、防病等工作。在 1~2 片真叶时间苗,选 1 株生长健壮苗,拔除病苗和畸形苗。为了防止春季地温的影响,促进幼苗生长,可在夜间做帽状覆盖物防寒(如扣纸杯),白天再将其揭开见光。如果土壤墒情好,苗期一般不浇水,但应在穴的四周进行多次中耕松土,并向幼苗周围培土,如果表现缺水、缺肥,可在穴的周围开浅沟施少量化肥并浇水,随后覆土。

4.2　水肥管理

西葫芦在生长发育过程中,如果管理不当,就会产生种种问题。例如,氮肥、水分施用过多,引起植株徒长,雌花的分化和坐果便会受到影响,不是雌花出现晚,就是产生化瓜现象。西葫芦徒长苗的表现为,叶片较大而薄,叶色淡绿,叶柄长,株高超过 13 cm。相反,如果根瓜不摘或植株长势弱小就已坐瓜,生殖生长占优势,营养生长受到抑制,就会产生坠秧现象,从而瓜秧生长不良,导致早衰,病害丛生,果实小,籽秕而少。所以必须从管理方面调节好营养生长和生殖生长之间的矛盾,使两种生长平衡发展。当幼苗生长到 4～5 片叶时追肥、浇水,施用硝铵 0.4 t/hm²,磷酸二铵 0.2 t/hm²,也可结合浇水叶面喷 0.5% 的尿素加磷酸二氢钾溶液。在杂交授粉之前根据苗的长势决定是否追肥,追肥时在两株苗中间偏下 7～10 cm 处开穴,放进肥料后用土盖严,以防肥料挥发及杂草生长。

4.3　整枝

父本不整枝,母本采取主蔓留瓜,其他侧枝全部摘除(图 1-99)。

5　制种技术

5.1　田间去杂

在授粉开始前结合田间管理进行严格去杂,由技术员组织制种农户认真检查,杂株、异株要彻底清除,一株不留,特别是父本的杂株应在授粉前彻底清除,确保花粉纯度。

图 1-99　母本主蔓留瓜

5.2　杂交授粉

5.2.1　清花清果　在授粉前认真检查一遍,将母本植株上的雌花及根瓜(即第 1 个雌花)全部清除干净。

5.2.2　套帽隔离　18:00 以后在母本植株中选雌花蕾夹花或套袋,并进行整枝打杈等农事操作。授粉前应将母本株上雄花、雄花蕾和已经开放而未套袋的雌花及时摘除。授粉前 1 d 傍晚选择主蔓上第 2 天能开放的第 2～3 朵雌蕾(图 1-100),用小塑料夹将雌花花瓣夹住或套上纸帽(图 1-101),并在植株旁插上明显的标记物,以方便第 2 天进行授粉(图 1-102)。

5.2.3　父本花的采集　授粉前,把父本田植株上已开放的雄花(图 1-103)、雌花蕾和雌花(图 1-104)全部摘除。将第 2 天能开放的父本雄花连同花柄一起摘回,放在阴凉处用水桶或盆装少许凉水,将花柄浸入水中,上面盖上湿布或毛巾备用。授粉期间随时清除父本田里的自交果,授粉结束后拔除全田父本植株。

图 1-100　适宜套帽的大蕾

图 1-101　母本雌花套帽隔离

图 1-102　套帽后标记

图 1-103　西葫芦的雄花

图 1-104　西葫芦的雌花

5.2.4　授粉　早晨露水未干时先清理母本田中漏掉的雄花蕾,田间露水干后再进行授粉操作,授粉最佳时间为上午 7:00～12:00 时。授粉时取下纸帽,撕去花冠(花冠不能撕得太彻底,以免纸帽沾去柱头上的花粉),将父本雄花的花粉轻轻地、均匀地涂在雌花的柱头上(图 1-105,图 1-106),一般一朵雄花可授 2～3 朵雌花(授粉时要将雄花放置在凉爽的瓜秧底下防晒,否则影响花粉质量),授粉后套上杂交标记环和纸帽(图 1-107)。等果实膨大坐稳后(图 1-108),约有 15 cm 长时在瓜上浅刻"＋"字作二次标记。授粉结束后,要及时将父本植株全部拔除。

图 1-105　去除父本雄花

图 1-106　涂抹雌花柱头

图 1-107　授粉后套标记环、套帽

图 1-108　果实发育

5.3　采种

授粉结束后 40～50 d,即可采收。采收前要彻底清除田间的自交瓜、标记不清的瓜、病瓜等。采收后将好果和伤果分开,后熟 10 d,用刀将瓜剖开,将种子掏出,用清水搓洗干净后立即薄薄铺开在纱网上,尽快晒干,搓去膜质,精选收存,防止霉变。在掏籽时要注意随掏随洗,否则会影响种子色泽;阴天下雨时最好不要掏籽。

一般每公顷可产种子 750 kg 左右,高的可产 1 050 kg 左右。

6　病虫害防治

6.1　地下病虫害的防治

整垄覆膜前在垄面喷施甲基异硫磷或甲胺磷等,然后立即盖膜。出苗后长到 3～4 片叶时用西瓜重茬剂 600～700 倍液、50％甲基托布津 800 倍液、70％代森锰锌 500 倍液、75％百菌清 400 倍液等灌根,防止根部病害发生。

6.2　防蚜、避蚜

在田间地边悬挂银灰色薄膜避蚜。在蚜虫发生时要及时喷施敌杀死、40％乐果 1 000 倍液、10％天王星、20～80 mg/kg 瑞劲特等。

6.3　白粉病的防治

西葫芦的白粉病发生很普遍且危害严重。在杂交授粉开始后即要喷药防治,以 15％三唑酮 800～1 000 倍液、50％硫黄悬浮剂 1 000 倍液、京 2B 等药效果好。施药时叶面、背、茎、秆都要喷到,特别是叶背一定要注意。

6.4　病毒病的防治

病毒病是一种检疫性病害,在生产中主要采用春提前或秋延后的办法减轻病毒病的危害。病毒病主要是蚜虫传播,所以在生产中要注意防治蚜虫,同时定期喷施 20％病毒 A 400 倍液,5％菌毒清 400 倍液,20％毒克新 400～500 倍液,72％农用链霉素 300～400 倍液等预防。

6.5　疫病的防治

生粪、重茬、大水浸灌都易引起西葫芦疫病,对产量影响很大,防治方法是用杀毒矾和代森锰锌混合液灌根、喷雾,连续防治 2～3 次。

第二章　番茄制种技术实训

第一节　岗位技术概述

一、番茄制种生产现状

番茄 16 世纪开始种植,起初只是作为观赏和药用植物,之后开始作为蔬菜进行栽培,直至 18 世纪中叶西西里岛成为世界上最大的番茄生产基地,时至今日,意大利仍是当今世界最大的番茄生产和加工出口国。

我国番茄由东南亚传入,在清代初期开始有记载,20 世纪 40 年代开始少量生产,20 世纪 70 年代遍布全国。20 世纪 50 年代以前,我国先后从美国、苏联及东欧等国引入一大批番茄稳定品种,如卡德大红、粉红甜肉、真善美、翻天印等。20 世纪 60～70 年代,中国农业科学院及分院、各省市农科院及高等学校先后成立蔬菜科研机构和园艺专业,开始积极开展番茄品种的系统选育、杂交育种和杂种一代的组合工作。选育出北京 10 号、蔬研 11 号、罗红、农大 23 等稳定品种,并开始试配杂交一代组合,但这些杂交一代均未成为主栽品种。进入 20 世纪 70 年代,我国和国际间的交流日益扩大,一些番茄新品种、新材料不断引入我国,如 1972 年从日本引进的强力米寿,1974 年引进的特罗皮克等,1983 年国家科学技术委员会、国家计划委员会首次将包括番茄在内的蔬菜抗病育种列入了"六五"国家重点科技攻关项目。目前,番茄的抗病育种已经完成了"九五"目标。四届攻关已使我国番茄多抗、优质、丰产育种走向健康发展的新时代,现已育成适合于露地和保护地栽培的鲜食、加工、早中晚熟配套的新品种 50 余个,如强丰、中蔬 4 号、苏抗系列、早魁、早丰、西粉 3 号、毛粉 802、中杂系列、东农 709、佳粉 10 号、L402 等均为高抗病虫的鲜食番茄品种,其中综合性状表现好的有:苏抗 4 号、苏抗 5 号、苏抗 9 号、早丰、西粉 3 号等早熟品种;苏抗 3 号、苏抗 7 号、强丰、佳粉 10 号、中蔬 4 号、毛粉 802、L402、中杂 4 号、中杂 9 号等中晚熟品种,这些品种不仅已经大面积推广,也成为我国不同时期番茄的主栽品种。我国加工番茄的栽培历史比鲜食番茄短,20 世纪 60 年代开始从意大利、荷兰等国引进罗城 1 号、罗城 3 号和沙玛瑙等加工专业品种,在局部地区栽培、加工,到 20 世纪 70～80 年代,我国一批农业科研院所开始加工番茄品种选育,育成罗红、圆红、红玛瑙 140、浙红 20、渝红、红杂系列、里格尔 87-5、新番 4 号等罐藏加工番茄品种。适宜鲜食的樱桃番茄品种也层出不穷,在生产中应用较为普遍的例如一串红、七仙女、串珠番茄、京丹系列、红珍珠、黄珍珠等。

据农业部统计资料显示,1991 年我国番茄栽培面积为 21.7 万 hm^2,在栽培蔬菜面积中占第四位。到 2006 年番茄栽培面积 70 万 hm^2,总产量 2 247 万 t,成为世界上最大的番茄生产国之一。目前,各级种子公司和科研单位建立了大型而稳定的番茄良繁基地,种子加工包装体系也已逐步完善。

目前,我国番茄杂交制种主要采用人工交配的办法。在专业化的种子生产过程中,人工交配制种消耗大量劳力,生产成本较高。自 1980 年开始,我国与美国、法国、意大利、荷兰和日本等签订代繁合同,在北京、上海、辽宁、江苏、河南、河北和内蒙古等地试繁少量番茄种子。近年来,我国制种技术发展迅速,种子质量好,单产水平高,制种成本低,所产种子在国际市场上具有较强的竞争力,取得了国外制种单位的信誉,制种规模逐年扩大。

番茄杂交制种是一项劳动密集型和技术密集型的工作。在我国耕地少、劳动力多的地区发展茄果类蔬菜制种工作十分有利。每公顷制种田可安排 105～120 名劳动力。另外,这也是一项投资少、投产早,当年收益,资金回收快的项目。而且可以了解国外种子生产动态,学习先进技术,开拓国际市场,发展对外贸易。

随着我国蔬菜栽培水平的提高,番茄杂交种子的国内生产得到快速发展。目前全国绝大部分地区的番茄生产已普遍应用了杂种一代,每年番茄杂交种子的制种量超过 100 t。西北地区,尤其是酒泉地区已经成为我国对外繁育番茄杂交种子的主要基地,番茄杂交制种面积上万亩,成为我国茄果类蔬菜制种的最大基地,也是我国外贸蔬菜种子生产的最大基地。

番茄杂交种子的生产水平,因组合、制种技术和生产地区不同而异。据报道,番茄每公顷种子产量在保加利亚为 171 kg,美国、法国等为 120～180 kg,日本多在大棚内生产,每公顷产量达 150～247.5 kg。番茄杂交种子增产潜力很大,只要认真操作,加强管理,每公顷产量可稳定达到 150 kg。

新疆地处内陆地区,光热资源丰富,是我国加工番茄的主要生产基地和加工番茄种子的生产基地,其中加工番茄生产面积占全国 80% 以上。杂交番茄制种尚未大面积推广、种植。

二、番茄制种技术发展

番茄杂种优势明显,利用番茄杂交优势进行番茄生产是番茄品种选育、制种的方向。改革开放以来,我国番茄杂种优势利用的研究和杂交种的推广应用得到了突飞猛进的发展,目前番茄杂交一代种子生产主要采用的手段有化学药剂杀雄、人工去雄等措施,其中化学去雄剂在小麦等作物的杂交制种中得到了广泛应用,曾有学者应用化学杀雄剂如 FW-450(2,3-二氯-2-甲基丙酸钠)对番茄制种,结果结实率为 86%,未能达到 98% 商业纯度的要求。一般化学杀雄剂不仅去雄不彻底,而且对雌蕊的影响也很大,其使用效果还受气候影响而表现不稳定,加之番茄的连续开花习性而使用困难,故未能用于制种生产实践。到目前为止,国内外利用番茄杂种优势的途径仍为人工去雄授粉。

番茄的人工去雄授粉制种技术是一项劳动密集型和技术密集型的工作,存在很多弊端:一是对制种工人的技术要求高,制种工人必须准确判断开花状态,一旦去雄不彻底,就会人为造成假杂种,因此,制种工人不仅技术熟练程度高,而且还要具备高度责任心;二是杂交种子产量低,一般仅为 150～300 kg/hm²,其结籽数仅为自然结籽数的 70%～80%;三是制种成本高,制种过程既包括去雄、授粉、标记等关键制种技术,也有一般农事操作和田间管理(如整枝打杈、施肥浇水及病虫草害的防治等),1 个熟练工人 1 d 可操作 400～600 株,制种用工为 90～120 个/hm²。由此可见,这种费工、费时、低效、高成本的制种技术完全不能满足现代高效农业对种子的需求,为了更好更有效地利用杂种优势、简化杂交制种程序、提高制种产量、保证种子纯度,人们寄希望于现代分子生物学技术对新品种选育和制种技术的革新。

随着科学技术的发展,为解决人工去雄存在的问题,雄性不育系的利用、单倍体育种、基因工程的应用将成为番茄杂交制种技术的主要方式。

第二节　番茄制种技术实训

一、基本知识

(一)番茄生物学特性

1.植物学特征

(1)根　番茄植株长势强,根系发达,再生能力强,主要根群分布在 30 cm 的耕层内,最深可达 1.5 m(图 2-1)。茎基部极易产生不定根,若苗期徒长可将下胚轴多栽一些于土中,促进发生不定根,有促进壮苗形成的作用。

(2)茎　茎半蔓生或半直立生长,基部木质化,合轴分枝,表面着生茸毛和腺毛,幼茎呈现紫色或绿色(图2-2)。分为有限生长和无限生长两种类型,小果型番茄分枝强,在同一植株中花序下面的分枝较其他叶腋长出的分枝强,在双干整枝时保留第一花序下的侧枝,有利于两个主枝的平衡生长。

图2-1　番茄的根

图2-2　番茄的茎

　　(3)叶　叶互生,是具有深缺刻与深裂的单叶,由一枚顶生裂片、3～4对侧生裂片组成,裂片卵形或椭圆形,叶色浅绿或深绿色。茎、叶上密被短腺毛,分泌汁液,散发特殊气味,具有驱虫作用。栽培品种有3种形态的叶片,分别为花叶型(普通叶,大部分番茄)、皱缩型(直立茎类型番茄)和薯叶型。

　　(4)花　花两性,自花授粉,天然异交率在4%以下。花序有总状、复总状和不规则花序3种(图2-3),序内花数因品种、花序类型、营养状况不同而不同。一般每序6～10朵花,小果型及樱桃番茄达到10～60个,或更多;植株每隔1～3叶着生一个花序。花黄色,随花朵开放的程度不同而有颜色深浅的变化,初开放的蕾为浅绿色,盛开时为鲜黄色,花谢时为黄白色。花的大小应品种而异,从1.5～3 cm,小果型花小,变化也较小,大果型花大,变化也较大。花萼绿色,5～7片,分离,随果实发育而增大,具永存性。花瓣合生为合瓣花,先端缺刻(图2-4)。

　　(5)果实　果实为多汁浆果,由外果皮、中果皮、内果皮组成。果实形状多种多样,按果形指数分扁圆(果形指数0.7以下)、高扁圆(0.71～0.85)、扁圆球(0.8～1.00)和长圆形(1.01以上);按果实形状有扁柿形、桃形、苹果形、牛心形、李形、梨形、樱桃形等。果实形状即使同一品种因栽培条件不同,果实发育好坏而有很大差异,在制种田进行去杂去劣时要注意。果实有心室多个,心室的多少与果实大小密切相关,小果型品种一般2～3心室,排列整齐;中果型品种3～6心室,一般也较整齐;大果型品种心室较多,排列多不整齐。就同一品种来讲,尤其是大果型品种心室数的多少与栽培条件、开花时的环境条件和营养优劣有直接关系。番茄心室数

图 2-3　番茄花序

图 2-4　番茄的花

与单果种子数密切相关,一般来说,同一品种在同时开花的条件下,心室数越多,则种子数越多(图 2-5)。

(6)种子　种子扁平卵圆形,表面覆盖绒毛,种子颜色由于采种时的处理条件造成的差别往往大于品种间的差别,种子的大小因种和品种而异,千粒重 2.7～3.5 g,寿命 3～4 年(图 2-6)。

图 2-5　番茄的果实

图 2-6　番茄的种子

番茄种子尚未充分成熟时,即有发芽能力,从未熟果实中取出的种子发芽速度要比同时从成熟番茄果实中取出的种子要快,出苗也早,但充分成熟的千粒重大的种子叶苗更加粗壮,对以后的生长发育更有利。

2.生长发育周期

番茄可分为发芽期、幼苗期、开花期、结果期等 4 个时期。

(1)发芽期　种子发芽至第 1 片真叶出现,适宜条件下需要 7～9 d(图 2-7)。番茄种子小,营养物质少,所以应选择粒大饱满的种子播种。

(2)幼苗期　第 1 片真叶出现至第一花序现蕾,需要 50～60 d,幼苗 2～3 片真叶时开始花序分化(图2-8)。在日温21~25℃条件下,夜温15~20℃条件下,花芽分化的小花多,质量好。

图2-7　番茄发芽期

图2-8　番茄幼苗期

(3)开花期　第1花序现大蕾至坐果,需10 d,是营养生长向生殖生长过渡与并进时期(图2-9)。这一时期管理的重点是及时调节营养生长和生殖生长的关系,既要保证植株有足够的营养开花结果,又要防止植株发生徒长。此期需肥量较大,是肥水调节的关键时期。另外,开花坐果期对温度反应十分敏感,日温不高于30℃,夜温不低于15℃时有利于开花坐果。

(4)结果期　第1花序坐果至全株结果结束,从开花授粉到成熟需40~50 d(图2-10)。番茄为连续开花、陆续结果的作物,只要条件适宜,无限生长型品种结果期可无限延长。结果期植株进入以生殖生长为主,生殖生长和营养生长并重的阶段,两者虽有矛盾,又相互依存,本阶段进入大量需水、需肥期,制种时应通过植株调整,维持合理叶面积,调整好秧果关系,以达到高产。

图2-9　番茄开花期

图2-10　番茄结果期

3. 开花习性及果实的发育

(1)花器构造　番茄花为完全花,萼片 5～6 枚,谢花坐果后不脱落,花冠黄色,基部合生,先端 5～6 裂。雄蕊 5～7 枚,花丝短,花药长,连接成圆锥状药筒,成熟后从药筒内壁各个花药中心线两侧纵裂散粉。雌蕊包围在药筒中央,在开花过程中花柱伸长,突出药筒,沾上花粉,完成自花授粉。部分品种花柱很长,授粉之前就突出药筒,称为"长柱花",异交率较高。个别花朵中花柱数枚呈复合状,结畸形果,不做杂交。个别品种花药连接松散,药筒尖端开裂较大,对判断去雄时间造成影响。雌蕊子房 2 心室至多心室,内生胚珠数百粒,中轴胎座,通常制种产量随心室数增加而提高。

(2)开花习性　番茄开花时间与温度有关,温度高时开花时间较短,通常在 22～25℃时花朵自花冠外露至开放需要 3～4 d。开花多在 4:00～9:00,14:00 以后少开花,温度低于 12℃时停止开花,高于 35℃易落花落蕾。在 21～31℃,相对湿度 90%～99.3%开花最多。在花药未自然开裂前,人工取出的花粉没有受精能力,花药裂开时花粉成熟,成熟的花粉粒可以保持两周的生活力。雌蕊在花药开裂前 2 d 已具有受精能力。在开花前进行蕾期授粉能获得 45%～50%的结实率。

番茄开花顺序是从基部向上顺次开放。通常第 1 序花没开完,第 2 序已开始开放。花芽分化为播种后 25～30 d。番茄的花开放前,花冠迅速生长,当冠端与花萼尖大致齐平时,花萼顶端分离外张,逐渐露出淡绿嫩黄的花冠,称"露冠"。当花冠继续伸长时顶端分离开张,花瓣间展开达到 30°,雌蕊成熟,开始具有受精结实能力。花瓣间展开达 90°称为"开放",达到 180°时为盛开期。此时花瓣鲜黄,花药成熟并散粉,花柱迅速伸长突出药筒,柱头分泌黏液接受花粉(图 2-11)。

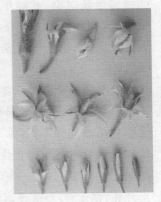

图 2-11　番茄开花过程

(3)授粉受精过程　当花粉粒黏附到柱头上 1 h 后花粉管开始伸长,在 25℃条件下,12 h 内花粉管达到子房的珠孔处,20℃条件下 18 h 后可看到受精现象,30 h 内大部分胚珠完成受精,从一个受精子房发育成一个成熟的番茄果实需要 7～9 周,时间的长短取决于品种,在果穗上的位置及环境条件。

花开放后 1～2 d 为授粉最佳时期,盛开期结籽能力最强。采用蕾期去雄(图 2-12),盛开期授粉的方法制种,能明显提高坐果率和单果结籽数。雌蕊受精能力可保持 4～6 d,此后花瓣逐渐向后翻卷、凋萎、谢落。番茄在一日当中开花无定时,一般 4:00～8:00 最多,14:00 后很少。晴天开花多,阴天开花少,下雨天基本不开花,雨后初晴开花最集中。番茄花在适宜条件下授粉,数小时后花粉管萌发,两天后完成受精,果实开始膨大(图 2-13)。

图 2-12　去雄后 2 d 花盛开　　　　　　图 2-13　授粉后果实开始膨大

(4)果实生长　番茄的果实生长过程可分为三个阶段,第一阶段为 2～3 周的缓慢生长时期,此时生长量少于总产量的 10%;第二阶段为 3～5 周的快速生长时期,即在开花后 20～25 d,日生长量达到最大,等到果实绿熟期时,果重已接近其最大值;第三阶段是最后 2 周,生长又很慢,果重没有增长,但增加了代谢强度。

4.对环境条件的要求

(1)温度　番茄喜温暖,不耐炎热。生长发育适温 20～25℃,低于 15℃授粉、受精和花器发育不良,低于 10℃植株生长停止,-2～-1℃下植株死亡;30～35℃植株生理受阻甚至停止生长。种子发芽适温 25～30℃,幼苗期适温 20～25℃,开花期适宜的昼温 20～25℃,夜温 15～18℃,空气相对湿度 90% 以上;低于 15℃停止开花,高于 35℃落花落蕾。结果期适宜温度 25～28℃。

(2)光照　番茄喜光,光饱和点是 7.0 万～7.5 万 lx,光补偿点是 0.4 万 lx,光照不足或遮阳会发生徒长,坐果率下降。在日长 16 h,照度 8 400 lx 下茎长、鲜重和干物质增长速度最快。光照强度不足或光照时间过长都会使幼苗生育不良,幼苗黄化衰弱,导致抗病性等降低。

(3)水分　植株根系发达,吸水力强,地上部生有绒毛,叶片深裂,减少水分蒸腾,属于半耐旱性蔬菜;适宜的空气湿度为 45%～55%,土壤湿度为 60%～80%。番茄幼苗期根系小,吸收能力弱,要求土壤水分保持在较高水平。进入营养生长盛期,随植株的长大,总需水量比苗期显著增多。从定植后到第一穗果实迅速膨大前,是番茄营养生长盛期向生殖生长盛期的过渡期和转折期,是用土壤水分调控秧果关系的主要时期。定植后要充分灌水,缓苗后再灌一次水就要精细中耕,以促进根系向深、广方向发展,植株茎粗叶大,为以后大量开花结果打好基础。此期土壤湿度相应保持在 60%～70%,否则,引起茎叶徒长,落花落果。结果期是番茄需水最多的时期,土壤水分保持在 70%～80%,要经常保持土壤表面湿润,也就是"大水大肥"时期。

(4)土壤营养条件 番茄对土壤要求不太严格,但制种田最好选择土层深厚、排水良好、富含有机质的肥沃土壤。生育前期需较多的氮、适量的磷、钾;坐果以后,需较多的磷和钾,增施钙、镁等肥料有助于番茄长势良好,提高其抗性。

(二)番茄的品种类型

番茄属是由普通栽培种和与之关系密切的几个种组成,又分为普通番茄和秘鲁番茄两个复合体种群。普通番茄群包括:普通番茄、细叶番茄、奇士曼尼番茄、小花番茄、奇美留斯凯番茄、多毛番茄等;秘鲁番茄群包括智利番茄和秘鲁番茄。番茄的亚种包括有色番茄亚种和绿色番茄亚种。

普通番茄有 5 个变种:栽培番茄、樱桃番茄(cherry tomato)、大叶番茄、梨形番茄、直立番茄。栽培番茄的祖先是樱桃番茄,栽培番茄的品种有 3 大系统:意大利系统、英国系统、美国系统,各系统品种都很普遍。

目前,在生产中应用的番茄品种类型也比较丰富,常用分类方法有以下几种。

1. 按株型分类

(1)无限生长型 茎无限生长,植株高大,茎蔓生,多数品种在第 7～9 节着生第一花序,以后每隔 3 个叶着生一个花序。果实采收期长,产量较高,栽培最为普遍。

(2)有限生长型 植株矮小,茎有限生长,节间短,茎粗壮,主茎着生 2～4 花序后,顶端变为花序,不再继续向上生长,成熟早,成熟集中。

2. 按用途分类

(1)加工番茄品种 适于制酱、制汁品种,如:红杂系列、里格尔 87-5、新番 4 号等。

(2)鲜食番茄品种 露地栽培鲜食品种,如:中蔬 4 号、苏抗 8 号等,包括现今大多数番茄品种。保护地鲜食番茄品种,如:桃太郎等。

(三)番茄的主要性状

番茄相对性状的显、隐性遗传规律见下表。

亲本的相对性状	F₁的性状表现（显性）
植株直立性×非直立性	非直立性
植株矮生性×蔓性（高性）	蔓性（高性）
有限生长×无限生长	无限生长
薯叶形×普通叶形	普通叶形
紫色茎×绿色茎	紫色茎
小叶不分裂×分裂	小叶分裂
花序非总状×总状花序	总状花序
复花×单花	近于单花
黄果×红果	红果
橘黄色×红色	红色
粉红色×红色	红色
黄色×粉红色	粉红色
黄果皮×透明果皮	黄果皮
小果×大果	中等或近于小果（1）
果实无棱褶×有棱褶	接近无棱褶
圆果×扁果	圆果
卵形果×扁果	圆果
少心室×多心室	近少心室
多种子×少种子	近多种子
多肉×少肉	中等
早熟×晚熟	中间偏早熟（2）
抗病×不抗病	多数抗病（3）
幼果绿色×幼果淡绿色	绿色
绿色果肩×着色一致	绿色果肩
茎光滑×茎有绒毛	茎光滑
正常育性×雄性不育	正常育性

注：1、2：倾向某一亲本的程度因具体组合而异；3：同上，并因病害种类而异。

（四）番茄杂交种子生产的技术路线

目前生产上使用的番茄杂交种子，主要采用人工去雄、授粉的方法生产，多为单交种。在人工去雄、授粉过程中，人工去雄花费工时约占杂交授粉工作的2/3，劳动力成本很高，也是杂交番茄制种价格持续走高的主要原因之一。长期以来，许多科技工作者对不去雄授粉进行了大量研究，取得了一定进展。方法有：利用苗期标志性状不去雄授粉；利用长柱花系统不去雄授粉；化学杀雄、人工授粉；利用雄性不育两用系制种等。但这些方法的真杂种率（约80％）与国际标准98％相差甚远，在生产中尚未能大面积使用。

1. 利用苗期标志性状不去雄授粉

包特（1951）报道，用开放1/4～1/3的花朵不去雄授粉，F₁有90％～95％的真杂种；诺维卡亚（1964）报道，去雄授粉的真杂种率94％，不取去雄授粉的为82％。国内外利用薯叶、绿茎、黄苗等作为标志性状，可在苗期识别并淘汰F1中自花授粉的假杂种。要用这种方法制种，必须准确掌握母本系统的开药规律，适时授粉，才能使杂种率达到可以实用的水平。

2. 利用长柱花系统不取去雄授粉

用可稳定遗传的长柱花系统作母本制种，提高不取去雄授粉的真杂种率。由于长柱花遗传复杂，至今尚未育成可稳定遗传的、可用于制种的系统。

3. 化学杀雄、人工授粉制种

用50～100 mg/kg青鲜素（顺丁烯二酸酰肼）在开花前1周喷洒番茄花蕾，能使花药皱缩且不能开裂散粉，从而达到去雄的目的。也可用0.3％DCIB（$\alpha\beta$-二氯异丁酸钠）水溶液喷洒番茄植株，经过1～2 d出现雄性不育，27 d后恢复育性，处理后20 d以内进行不去雄授粉，可靠性较大。国内外一些单位对化学杀雄剂进行了大量研究，如乙烯利、稻脚青、杀雄剂2号（甲基砷酸钠）等应用在水稻化学杀雄上；乙烯利、津奥林（SC 2053）应用在小麦上，但番茄上化学杀雄剂目前尚未大面积推广使用。

4. 雄性不育两用系制种

番茄中目前发现的雄性不育系是核不育单隐性基因控制的两用系。制种中用薯叶、绿茎、黄化等苗期隐性标记性状的两用系做母本，以另一个自交系做父本，生产一代杂种。两用系制种有两个繁种区。

（1）杂交制种区　繁殖杂交种子，技术要点是：

①两用系在苗期根据标记性状，淘汰可育株，只保留不育株。

②父本与两用系的不育株按1∶（5～8）定植于制种田，母本垄作，双行定植，与人工去雄定植方法相同。父本集中定植于制种田方便灌水、管理的一角。

③在父母本开花授粉期，不去雄直接杂交授粉。授粉操作与人工去雄授粉方法相同。

④杂交果实成熟后，从两用系中的不育株上采收种子，即为杂交一代种子。

（2）亲本繁殖区　繁殖父本和两用系。

①父本的繁殖，可在隔离区内（隔离200 m）按常规品种的制种技术进行。

②雄性不育两用系的繁殖,在隔离区内(隔离200 m),两用系在育苗时按1∶5的比例选留系内的可育株和不育株,定植方法与杂交制种相同。在开花期用可育株花粉给两用系中的不育株授粉,并进行标记。从标记的不育株上采收的种子,一部分供应次年生产一代杂种的母本,一部分留作次年繁殖两用系用种。其他制种技术参照番茄人工杂交制种技术进行。

5.人工去雄、授粉杂交制种技术

人工取雄、授粉杂交制种技术是目前番茄杂交制种的主要方法,经过人工去雄,人工授粉,有效地保证了杂交种的杂交率,是目前番茄杂交种子生产中普遍应用的方法。

相关知识

1.茄果类蔬菜的主要类型

茄果类蔬菜为茄科植物果菜类的通称。茄果类蔬菜包括番茄、茄子及辣椒,此外枸杞、酸浆等也属茄果类。茄果类蔬菜的食用部分是果实。其中番茄及红辣椒,食用其生物学成熟的果实,而茄子及青辣椒,食用其幼嫩的果实。因此,在生理上,要有一定的环境,使植株适时地通过发育。在栽培上要尽量满足它们在生长发育上对外界环境的要求,满足的程度越好,生长发育就越快。

2.茄果类蔬菜生物学及栽培管理共性

(1)植物学性状　茄果类蔬菜根系较发达,有一定的耐旱力,但在育苗栽培中,根系发展受到限制,必须注意水分的供给,特别在旺盛结果期,需水量较大。不耐较高的土壤及空气湿度。

(2)对环境条件的要求　原产于热带,要求温暖的气候条件,不耐霜冻。要求较强的光照及良好的通风条件,生长迅速,生长量大,生长及结果期长,要求较多而全面的营养,茄果类虽然都是喜温的蔬菜,但各种类间由于对温度、光照及土壤营养等的要求不尽相同,故栽培季节及过程也有所不同。一般地讲,番茄及辣椒比茄子较能耐寒,而辣椒又比番茄耐寒。至于耐热性,则番茄不如茄子及辣椒。由于茄果类蔬菜对光周期的反应不敏感,只要温度适宜,从春到秋,均能开花结实。新疆冬季利用温室大棚栽培的,可以在秋冬开花结实,营养条件对于花芽分化的影响,比光周期的影响更为明显。

(3)栽培管理共性　茄果类蔬菜同属茄科,有一些共同的病虫害,应与非茄科蔬菜实行3～5年轮作,有明显的杂种优势,利用一代杂种,增产潜力大。

花芽分化在幼苗期完成,培育壮苗大苗是栽培的重要环节,营养生长和生殖生长矛盾突出,平衡生长,植株调整技术是夺取高产、稳产的关键。番茄、茄子、辣椒,为了延长生长及结果期,提高产量,一般都是在早春,甚至在冬前就在温床或温室里播种育苗,等到春暖以后,才定植到露地田间。育苗期间有 3 个多月,甚至更长的时间。茄果类蔬菜产量高,生长季节长,因而对肥水的要求量也大,不但要有充足的氮肥及磷、钾肥作为基肥,而且要早施追肥,第一穗果实结果以后,要重施追肥,这对于有限生长的番茄品种更为必要。

植株调整是茄果类栽培的一个特点。辣椒及茄子的主茎直立,很少整株;而番茄的茎蔓生或半蔓生,要立支柱,进行整枝。

茄果类蔬菜栽培过程中病害是影响产量的一个重要因素。病害中大部分是寄生性的,包括青枯病、早疫病、病毒病等;但也有生理性病害,如畸形果,裂果、褐心、着色不良,以及断梢、卷叶等,都是生理反常引起的。

3.茄果类蔬菜制种技术

茄果类蔬菜杂种优势明显,目前生产中杂种利用率较高,尤其是番茄和辣椒,茄子除杂交种外,还有相当一部分常规种应用于生产。茄果类蔬菜杂交种制种主要采用人工去雄、杂交授粉的方法,常规种生产主要采用空间隔离、田间多次去杂去劣的方法。

二、职业岗位能力训练

训练学生依据制种计划选择、落实制种基地,与农户签订制种合同,及时准确发放亲本种子,并指导制种农户进行育苗、定植、搭架绑蔓、整枝、水肥管理、病虫害防治等工作,以获得制种成功,保证制种产量。并训练学生识别、掌握番茄的生长势类型、株型等特征特性,识别、描述番茄的特点,如叶形、叶色、果实形状、颜色等,在制种生产过程中能指导农户准确地去杂去劣,并能开展制种番茄田间检验工作。其次,训练学生具备发现问题、解决问题的能力,能监督和指导农户做好人工杂交授粉、种子消毒和晾晒等工作,保证制种番茄种子的质量,完成承担的制种生产任务。

♀ (一)制种前期工作

【工作任务与要求】

根据制种计划,选择和落实制种基地,和农户签订制种合同,准备亲本种子并发放至农户手中,做好番茄制种的前期工作。

相关知识

1.番茄制种田的选择与要求

（1）培育建立稳定的制种基地　制种户常年制种,技术水平高,保障制种技术落实,制种产量高、质量优。

（2）根据企业制种的计划,落实制种面积。目前杂交番茄大棚制种每 $0.05\ \mathrm{hm^2}$（标准棚）种子产量为 $8\sim15\ \mathrm{kg}$,露地杂交制种每公顷制种产量在 $75\sim150\ \mathrm{kg}$。

（3）番茄制种对前茬有严格的要求　$3\sim5$ 年以上未种过茄果类蔬菜的休闲地、小麦、玉米、豆类、葱蒜地均为制种番茄适宜前茬。制种田块应选择前茬无病虫,土质疏松肥沃,灌排方便的微酸性土壤田块。

（4）隔离区要求　杂交制种要求品种间设置 $30\sim50\ \mathrm{m}$ 的隔离区。

2.番茄杂交制种亲本质量与数量要求

番茄杂交制种亲本种子必须是具备原品种（系）特征特性、纯度不低于99.9%、发芽率不低于 85% 的国标一级的亲本种子。

番茄杂交制种亲本种子分父本和母本种子,一般母本种子穴盘育苗用种量为 $9\sim10\ \mathrm{g/hm^2}$,父本种子一般用种量为 $2.5\sim3.5\ \mathrm{g/hm^2}$。父本和母本种子配备比例为 $1:(3\sim4)$。

【田间档案与质检记录】

番茄制种亲本发放单

编号：　　　　　　　　　制种地点：

序号	品种（代号）	地号	面积	原种数量(kg)		户主签名	备注
				父本：	母本：		

填表人：　　　　　　　　　　　　　　　　年　　月　　日

（二）培育壮苗

【工作任务与要求】

根据杂交制种亲本特征特性,确定适宜的播种时间,指导农户适时播种育苗,做好父母本错期播种工作。指导、检查制种农户准备育苗基质、苗床或穴盘,及时开展育苗播种工作,保证播种质量,出苗后,按照要求开展幼苗管理,保证苗齐、苗壮。

【工作程序与方法要求】

苗床准备

准备工作:用小拱棚或温室育苗,温室在使用完一季后,应在夏季高温季节闷棚杀菌。每 180~225 m² 苗床可定植大田面积每公顷,苗床精细耕翻平整做畦,父、母本分别做畦,畦宽 1.2 m,长 10 m 左右。也可以采用 128 穴、50 穴穴盘等进行育苗。

基质配制:30%优质腐熟有机肥,70%未种过茄科作物的疏松园土,过筛后掺匀,用 40%多硫悬浮剂 800 倍液对床土消毒。加入复合肥 0.05 kg/m²,草木灰 0.1 kg/m²,在温棚中预热 3~4 d 均匀撒在苗床上或装填于穴盘中。也直接购买基质,装盘育苗。

做床(装盘):将育苗土填装至苗床,用刮板刮平床面浇透底水待播。或将基质填装至穴盘适宜高度,并进行压盘。

要求:育苗场所设施齐备,管理方便,育苗基质、容器数量充足、质量合格。压盘深度适宜,以免压盘太深影响出苗,压盘太浅,洒水时冲出种子。

错期播种

播种时间:播种时期的确定根据各地番茄幼苗定植时保证苗龄达到 50~60 d。母本与父本错期播种,父本一般在 3 月上中旬播种,母本较父本晚播 10~15 d。

种子处理:将待播亲本种子浸入 50~55℃的温水中,均匀搅动,至水温降至 30℃时停止搅动,浸泡 6~8 h。用手轻搓种子表皮,除去黏液,然后捞出置于 30℃的恒温箱中直至种子露白,即可播种。

播种方法:穴盘点播、苗床撒播育苗。播种前将催好芽的种子掺入少量的细沙混合均匀,避免用力搓擦,然后播种。播种后覆 1.0~1.5 cm 河沙,灌透水,保持床温 25~30℃,5~7 d 即可出苗。出苗缓慢需再灌一次水。

父、母本分别育苗,父、母本比例为 1:(3~4),种子一经播种,及时挂牌注明组合号,以防混淆。

要求:父、母本错期播种,时间适宜,配比合理。种子处理及时、方法正确,播种质量合格,保证一播全苗。

幼苗管理

温度管理:温度的调节主要依赖于棚内生火棚外通风,白天温度保持在 20~25℃,夜间为 15~18℃,苗出齐后适当的通风透光,应注意白天高,夜间低;晴天高,阴天低;前期高,后期低。蹲苗前加大通风量,保证空气充分对流。当苗龄达 50~60 d,大田定植前要加强幼苗锻炼,依据幼苗大小先小面积揭开棚膜,而后逐渐向上推移。定植前 10~15 d 即可全部掀起棚膜,使之适应外部环境,并严格控制水肥,防止徒长。

水分管理:出苗后,根据棚内的情况控制湿度,苗床出现干燥应及时浇灌,且应小畦小浇,严防猛灌,浇灌时间应选择在下午或晚上,如遇阴雨(雪)天气棚内应及时架设电灯增加光照,降低湿度。

要求:依据苗情进行温度、水分管理,温度管理应该缓慢过渡,防止闪苗;根据幼苗需水情况适时浇水,加强光照,防止出现幼苗老化或徒长;及时分苗,加强管理,保证幼苗成活。

分苗:幼苗1叶1心或2叶1心时及时分苗。分苗床面积每公顷不低于750 m²,为培育壮苗株距以8 cm×9 cm或10 cm×10 cm为宜,移栽时间尽可能不伤根、茎、叶,为提高成活率,移植后要及时灌水,如遇晴天应遮阳。用50孔穴盘育苗的可以不分苗。分苗前,提高棚内温度与湿度,分苗后5～6 d为缓苗期,应加强温度和水分管理。当苗龄50～60 d,制种田定植前加强幼苗锻炼,并严格控制水肥,防止徒长。

病虫害防治:幼苗生长期间易受病害侵染发生病害,或因环境条件不适宜造成生理性病害,严重影响幼苗生长。技术人员应经常查看苗床,指导农户及时做好病虫害防治工作,保证苗齐苗壮。

病虫害防治

要求:提前预防,发病期及早发现,及时防治。

番茄育苗适宜的苗龄为从播种到定植的时间50～60 d,壮苗的标准是:茎粗0.5 cm以上,上下茎粗相近,节间短并且各节一致;苗形健壮,子叶健全,7～9片真叶,地上部和地下部长势均衡,根系发达须根多,叶片肥厚,叶色浓绿,带大花蕾;第一花序着生在第7～9节,无病虫害。

相关知识

1.父、母本错期播种的时期

番茄花器小,花粉量少,为保证杂交过程中有充足花粉供应,通常父本应较母本早播。父、母本始花期相同的组合,父本较母本早播6～7 d;父本始花期晚于母本5～7 d的组合,父本较母本早播15～20 d,母本按当地正常播期播种育苗。新疆各地区父本播种期通常在2月下旬至3月上中旬。

2.番茄种子播前消毒处理的方法

番茄播前进行种子处理,可以有效减少种子带菌。常用方法有:

(1)温汤浸种　将待播番茄亲本种子放入50～55℃温水中,不断搅拌20～30 min至室温。此法可有效杀死种子表面及内部病菌,去除种子萌发抑制物质,增加种皮通透性,有利于种子萌发一致。

(2)药剂处理　10%磷酸三钠溶液浸泡20 min后充分洗净,或用1%高锰酸钾溶液浸泡20～30 min,可去除种皮表面病毒;40%福尔马林100～300倍液浸泡

15 min,可预防番茄早疫病。

(3)干热处理 将完全干燥的种子放入70℃干燥箱(或恒温箱)中干热处理72 h,可杀死种子所带病菌,特别是对病毒病防治效果较好。正确掌握处理的时间和温度,不会影响种子的发芽率。

除此之外,还可以采用低温处理、种子包衣等措施对番茄种子进行播前处理,以提高种子的发芽率或抗病性、抗逆性。

3. 番茄种子催芽的方法

将预处理过的番茄种子洗净后置于恒温25~28℃下催芽。催芽过程中每天要用同温度的水冲洗、翻动一次。2~3 d后,种子萌动露白时,将温度降到22℃左右,以使芽健壮。待多数种子出芽,芽长与种子纵径等长时即可播种。

4. 育苗床的准备与播种

在温室中准备宽1~1.5 m的育苗畦,长度根据需要确定。翻土耙平后踩实,撒一层药土,上铺5~10 cm厚营养土(图2-14,图2-15)。播种前7~10 d铺地膜并扣小拱棚,播种时揭开地膜,播种后再盖上。最好采用地热线加热育苗,可提高苗床的地温。

图 2-14 准备基质 　　　　　　　　图 2-15 刮平苗床

一般选择晴天的上午进行播种。播种前先将苗床灌足底水(图2-16),也可用开水浇烫苗床,可以提高地温。待水下渗后撒一层极薄的底土,防止播种后种子直接沾到湿漉漉的畦土上,发生糊种。催芽的种子表面潮湿,不易撒开,播种时掺上少量细沙土,易于撒匀。播种一定要均匀,不能过密,在充分利用苗床的前提下,以适当稀播为原则(图2-17)。播种后随即覆盖过筛的细土(图2-18),厚1~1.5 cm,并用薄膜覆盖畦面(图2-19)。覆土要均匀,厚度一致。覆土过薄,苗床内水分易蒸发,土壤易干燥,且容易造成"戴帽"出土,影响出苗和子叶展开,不利于幼苗光合作用和生长。覆土过厚幼苗出土困难,甚至会导致烂种或出土后幼苗瘦弱黄化。

图 2-16　浇底水

图 2-17　撒播种子

图 2-18　覆土

图 2-19　播种后覆膜

5. 穴盘的填装与播种

可用 50 穴、128 穴等穴盘育苗。在装盘前先将基质用水搅拌潮湿并混合均匀,将盘平放,将基质装入盘中并用木板抹平至显露出网格状边缘,并抹去盘四周多余的基质(图 2-20)。

营养钵或营养袋装至 4/5 即可。

盘装满后将穴盘 6～8 个为一组对齐摆起来,盘与盘间对齐,从顶部用手用力均匀往下压(图 2-21),压出 0.5 cm 的深度,形成锥体(图 2-22),压好的盘,深度应一致,以保证出苗整齐。

播种前浇透底水,等水下渗后再覆盖一层薄的底土,之后每穴点播催芽种子 1 粒,把种子摆放在穴孔中央(图 2-23),播种后立即覆盖基质 1～1.5 cm,并适当镇压。多品种育苗时，在穴盘上挂小标牌，注明品种号及播种时间。

图 2-20 装盘

图 2-21 压盘

图 2-22 压好的穴盘

图 2-23 播种

播种结束后，把穴盘摆放到准备好的苗畦内，每畦内插牌，标清品种号、播种时间及数量，不同品种间要有明显的隔离区（图 2-24，图 2-25）。

图 2-24 摆盘

图 2-25 出苗

6. 分苗技术

苗床育苗或128穴盘育苗时(50穴穴盘育苗的不用分苗),为防止幼苗过于拥挤,改善幼苗生长的通风透光条件,使幼苗生长的健壮,一般在幼苗1叶1心或2叶1心时进行分苗。分苗过早,幼苗根系太弱,难以成活;分苗过晚,幼苗过于拥挤长的细弱,且易徒长,若湿度过大,易发生猝倒病。

分苗可以切断主根以利侧根发生(图2-26)。分苗应在晴天进行。分苗前准备好营养土,一般草炭和蛭石按4∶1或3∶1混合。分苗前一天,幼苗浇起苗水,以利于起苗时少伤根,促进缓苗。起苗时尽量带少量土,一株一穴放入穴盘或分苗床,浅栽,以不埋没子叶节为准。栽后浇足水(浇水时从下面灌水,让水分从营养钵底部渗透上来,以免基质板结或降低温度),之后覆盖小拱棚,以保温保湿。

采用分苗床分苗时,每穴栽1株,株行距10 cm×10 cm栽植,浇水不宜过多,以免降低地温(图2-27)。

图 2-26　分苗

图 2-27　喷水

分苗后3~4 d不通风,白天温度保持在25~30℃,夜间温度保持在15℃左右,地温保持在16℃左右,如遇高温强光,应用草帘或遮阳网遮阳。缓苗后白天温度控制在25~32℃,不能高于35℃,晚间保持在12~15℃,不能低于10℃。分苗床表土发白时选择晴暖天气浇小水,苗长到5片叶后,适当控水。当叶面出现黄绿色等缺肥症状时可在晴天喷0.2%尿素或磷酸二氢钾或二者混合液。分苗后15~20 d左右移动营养钵,控制其生长,同时加大放风量进行炼苗。

7. 育苗障碍及防治方法

(1)出苗不整齐　出苗不整齐有两种情况:一是出苗时间不一致;二是苗床内幼苗分布不均匀。前者产生的主要原因:一是种子质量差,成熟不一致或新籽陈籽混杂等；二是苗床环境不均匀，局部间差异过大；三是播种深浅不一致。后者产生的主要原因是由于播种技术和苗床管理不好而造成的，如播种不均匀、覆土过浅等。

预防措施：选用质量高的亲本种子；精细整地，均匀播种，提高播种质量；保持苗床环境均匀一致；加强苗期病虫害防治等。

(2)子叶"戴帽"出土 幼苗出土后，种皮不脱落而夹住子叶，俗称"戴帽"。产生的主要原因有覆土过薄、盖土变干，播种方法不当，种子生活力弱等。

预防措施：一是要足墒播种；二是播种深度要适宜，高温期播后覆盖薄膜或草苫保湿；三是种子播种时，尽量要平放。

(3)沤根 根部发锈，严重时表皮腐烂，不长新根，幼苗变黄萎蔫。主要原因苗床湿度长时间过大，土壤透气不良。

预防措施：改善育苗条件，避免土壤湿度长时间过高。

(4)徒长苗，高脚苗 产生的主要原因是光照不足、夜间温度过高、氮肥和水分过多。

预防措施：增加光照；保持适当的昼夜温差；播种量不要过大，并及时间苗、分苗，避免幼苗拥挤；不偏施氮肥。

经验之谈

1.提高育苗效率的方法

育苗工作可由制种农户自行完成，也可以由制种公司统一完成，公司根据制种户制种面积按量将育成杂交番茄亲本幼苗分发至农户，可有效地提高出苗率、成苗率和壮苗率。

2.提高分苗成活率的方法

一是注意秧苗分级：由于播种前催芽不整齐，播种时深浅有差异，播种后种子距离热源有远有近，长出的秧苗大小也不一致。因此，分苗时要把大苗分到温室南侧，把小苗分到温室北侧，小苗在距热源较近的地方，中等苗分在温室中部。二是植苗深度要讲究：为保证缓苗一致，在分苗时要调整幼苗栽植的深度。在靠近热源的地方栽得深些，稍微过子叶节；距热源远的地方栽得浅些，露出子叶；距离热源适中的地方，移栽后幼苗的子叶节应与地面保持水平。三是不要用手捏苗茎：幼苗茎秆较嫩，容易造成损伤。正确的移苗方法是：用手轻捏幼苗子叶，把它放进苗穴内。

3.育苗温室消毒的方法

播种前，在温室室温升温阶段进行室内消毒，用90%晶体敌百虫1 000倍液喷洒地面和墙壁，或用百菌清烟雾剂3～4.5 kg/hm²，分成45～75份均匀地放在棚室,从一端用暗火点燃,产生浓烟后熏蒸密闭棚室进行熏蒸消毒一晚上,第二天清晨放风,可有效杀灭温室内病虫,减少后期病虫为害。

【田间档案与质检记录】

番茄制种田间档案记载表

合同户编号			户主姓名	
地块名称(编号)			制种面积	
育苗设施	种类:	面积(m²):		数量:
育苗基质	种类:	配比:		用量(kg):
种子处理	日期:	方法:		比例:
父本	播期	播量(g)		配比
母本	播期	播量(g)		配比
分苗	日期:	方式:		
水肥管理				
病虫害发生及防治				

番茄制种田播种质量检查记录

检查项目	检查记录	备注
育苗设施准备质量		
播种质量		
出苗率(%)		
分苗成活率(%)		
父、母本育苗质量		

⊕ (三)定植及前期管理

【工作任务与要求】

　　按照番茄制种栽培对土地的要求进行土地准备和定植。平整土地,根据制种品种特点确定垄间距、高度以及垄的宽度,组织农户按要求覆膜,根据气候条件和亲本特性进行移栽定植,结合定植做好去杂去劣工作,组织农户及时开展水肥管理及病虫害预防,提前准备搭架、绑蔓材料,根据植株长势及时搭架,并进行父母本植株整枝和绑蔓,保证植株营养生长和生殖生长旺盛、协调。

【工作程序与方法要求】

土地准备

选地:番茄是自花授粉作物,天然异交率为 4‰,制种时需要和其他番茄隔离,常规制种隔离 50～70 m;杂交制种 200 m。制种田应选择 3～5 年内未种过茄果类蔬菜、远离病区的地块。

整地:督促制种农户冬前深翻土地,冻前浇冻水,开春后再浅耕细耙。移栽前结合耕翻整地施入底肥。采取垄作覆膜栽培,有利于提高地温,保肥,保墒。

要求:制种地块土壤肥沃,交通便利,整地及时,底肥充足,垄间距、宽度、高度符合要求。

定植

定植时间:在预防终霜的前提下,早移栽定植可促进早熟,减轻病虫害,提高产量。5 月上中旬晚霜结束,地温稳定在 10℃ 以上即可定植。父本可提前定植 5～7 d,也可以同期定植,对父本采取加盖小拱棚等措施,保证有足够花粉用于授粉。定植时大小苗分开,便于管理和操作。

定植密度:每垄两行,株距 25～35 cm,"T"字形移栽,母本密度依品种而异,无限生长型母本定植密度 18 万～30 万株/hm²,有限生长型品种定植密度为 25.5 万～37.5 万株/hm²。弱苗浅栽,细高苗顺风向斜深栽,穴盘移栽的深没于移栽穴下,覆土压实。

父、母本配比:父母本按 1:（4～5）的株数比定植。父本与母本相邻定植在同一地块,父本单独种一个区域,要求水肥条件良好,以保证花粉供应;母本密度依品种而异,父本株距 25 cm,母本株距 40 cm,定植管理与常规制种基本相同。

要求:定植时间适宜,方法正确,父、母本定植密度、配比合理,分别定植,防止混杂。

水肥管理

水肥管理:栽后灌透水,5～7 d 再灌一次。缓苗后及时中耕保墒,提高地温,促进根系发展。结合中耕在幼苗基部培土,压实地膜,防止杂草生长。10～15 d 后植株发棵,灌水,施尿素 225 kg/hm²,多元复合肥 225～300 kg/hm²,在果实膨大期再追肥一次。番茄结果期需水量大,每隔 10～15 d 灌水一次,保持土壤湿润。

要求:根据苗情适时浇水、施肥,保证植株健壮生长。

整枝

整枝:番茄杂交制种母本植株调整要结合栽培密度、母本生长发育特性、开花特性和授粉劳动力等进行。一般有限生长型品种多采用 3～4 干整枝,无限生长型品种多采用双干整枝。

为了多发侧枝、多开花、多供花粉,父本一般只需轻度整枝打杈或不整枝。

要求:多次、及时整枝,留枝数量、位置适宜,促进种株营养生长与生殖生长协调。

搭架绑蔓	搭架：定植后 20 d 开始搭架，一般在第 2 次中耕培土后，株高约 33 cm 时进行。自封顶矮秆直立型亲本可不设立支架，无限生长型亲本需要搭架。父本不挂果，只需要搭建人字架即可，不需要加横杆。 　　绑蔓：搭架后及时进行绑蔓，用尼龙绳、布条等结实的材料将茎秆绑在支架上，为减少植株损伤一般采用"8"字扣，绑蔓位置应在每穗果实下方。绑蔓工作随植株生长要进行 2～3 次。	要求：及时搭架，架高适宜，材料坚固、绑缚牢固。分次绑蔓，工作及时，方法正确，使植株茎蔓合理分布。
病虫害防治	病虫害防治：采用亲自下地调查或询问制种农户的方法及时了解制种田病虫害发生、发展情况，发现病虫中心株及时拔除，带出田地深埋销毁。督促制种农户及时进行防治。	要求：预防为主，综合防治。
去杂去劣	去杂：开花前根据植株长势、叶形、叶色、叶脉透明程度等特征淘汰杂劣株。	要求：去杂要及时、坚决、彻底。

　　番茄制种田以葱蒜类、芹菜、白菜等作物的茬口为好。定植前应对番茄秧苗进行分级，选适宜苗龄壮苗定植。

　　整枝摘芽应在晴暖天气进行，以利于伤口愈合。在侧芽开叶以前进行整枝摘芽较为适宜，应将整个侧芽彻底摘除。

相关知识

1.定植前去杂方法

　　结合定植工作，将叶色、叶形、株型、茎色等与亲本特性不相符的杂株和病株拔除，仔细选留具有品种特征且叶大、色绿、节间短、株冠大、生长势健壮的苗。

2.定植技术

　　定植前结合耕翻整地施入优质有机肥 75 t/hm^2，过磷酸钙 750 kg，草木灰 1 500 kg 或硫酸钾 225 kg（图 2-28）。采取垄作覆膜栽培，南北方向划线起垄（图 2-29），父本垄宽 100 cm，母本垄宽 110 cm，即宽行 60 cm，窄行 40 cm，垄高 20 cm，定植前 7～10 d 覆膜，有利于提高地温，保肥，保墒（图 2-30）。

　　为避免浇水降低地温，定植时先在打好的定植穴内浇水，等水下渗后将苗栽入,之后覆土(图 2-31)。

图 2-28 撒施底肥

图 2-29 划线起垄

图 2-30 覆膜

图 2-31 定植

3.苗期病虫害防治方法

(1)叶霉病 俗称黑毛,仅危害番茄,主要为害叶片,严重时也能为害花、茎和果实。

叶片染病,叶面出现不规则形或椭圆形淡黄色褪绿斑,叶背病部初生白色霉层,后霉层变为灰褐色或黑褐色绒状,条件适宜时,病斑正面也可长出黑霉,随病情扩展,叶片由下向上逐渐卷曲,植株呈黄褐色干枯。嫩茎及果柄病斑与叶片相似,并延至花部,引起花器凋萎和幼果脱落。果实上病斑常环绕蒂部,呈黑色圆形或不规则形斑块,硬化凹陷,不能食用。

防治方法:合理密植,加强田间管理;按配方施肥、避免氮肥过多,以提高植株抗性;勤检查,及时摘除病叶;发病初期喷药防治。可选用 1:1:200 倍等量式波尔多液、甲基硫菌灵(甲基托布津)、多硫悬浮剂等防治,每隔 7~10 d 喷 1 次,交替用药,共喷 2~3 次。

（2）白粉病　为害番茄叶片、叶柄、茎及果实。初在叶面现褪绿小点，扩大后呈不规则粉斑，上生白色絮状物。初期霉层较稀疏，渐稠密后呈毡状，病斑扩大连片覆满整个叶面。有的病斑发生于叶背，则病部正面出现黄绿色边缘不明显斑块，后整叶变褐枯死。

防治方法：加强肥水管理，保持通风透光；发病初期可用甲基托布津、粉锈宁或0.1波美度石硫合剂防治。每隔7～10 d喷1次，连喷3～4次。

（3）病毒病　叶片表面现花叶或斑驳。叶脉坏死或散布黑色油浸状坏死斑。顺叶柄蔓延至茎秆，初生暗绿色下陷的短条纹，后变为深褐色下陷的坏死条斑。果实上产生不同形状的褐色病斑块。蕨叶型，病叶黄绿色，叶肉组织退化而形成扭曲的线状叶片，植株丛生矮化。

防治方法：苗期喷施高锰酸钾1 000倍液或1％过磷酸钙浸出液，提高抗性；蚜虫是病毒病传播的主要途径，消灭蚜虫等传毒媒介是防治病毒病的关键措施。可选用噻虫嗪、吡虫啉等药剂防治；发病前可喷施0.1％～0.3％硫酸锌溶液预防。在发病初期可选用盐酸吗啉胍·铜（病毒A）、菌毒清等，每隔10 d喷施1次，连续喷3～4次。

（4）虫害防治　潜叶蝇、蚜虫、飞虱用1.8％阿维菌素3 000倍液，或40％绿菜宝1 000～1 500倍液，或10％蚜虱净4 000～5 000倍液，或20％灭扫利乳油3 000倍液，或2.5％的功夫乳油3 000倍液等喷雾防治。地下害虫用20％杀灭菊酯2 000倍液喷雾，或用50％辛硫磷乳油800倍液灌根。

4.母本整枝技术

番茄杂交制种母本根据其长势和栽培密度一般采用单干整枝、一干半整枝、双干或多干整枝。一般对栽培密度大、侧枝发生多、花序间距小、开花快的品种，采用单干整枝或一干半整枝；栽培密度小、侧枝发生少、花序间距大、开花慢的品种，采用两干或多干整枝。结合整枝将第一花序彻底摘除，以促进营养生长。具体的方法是：

（1）单干整枝　只留主干向上生长，随时摘除全部侧芽（图2-32）。单干式整枝一般适合于种植密度大、侧枝发生多、花序间距小、开花快的品种。

（2）一干半整枝　开始时作双干整枝，待侧枝结1～2穗果实后进行摘心（打顶），只留主干向上生长。一干半整枝也适合于种植密度大、侧枝发生多、花序间距小、开花快的品种。

（3）双干整枝　除主干外再留第1花序下叶腋所生的1个侧枝与主枝同时向上生长，其余侧枝全部摘除。双干整枝一般适合于栽培密度小、侧枝发生少、花序间距大、开花慢的品种(图 2-33)。

图 2-32　整枝适期

图 2-33　双干整枝

5.搭架的方法

父、母本均需搭架,在父、母本缓苗后至开花期结合整枝进行搭架。用竹竿和木条搭成"人"字形支架,立杆高 1.2～1.8 m,搭成"人"字形架,架杆要求既光又直,立杆间距为 1.5 m。母本因要挂果支架必须要结实、牢固,在人字架的中部分次绑上横杆,横杆统一采用竹竿,不论哪种架材必须用生石灰水涂涮消毒;有限生长型品种只需要搭一层横杆,无限生长型品种第一层横杆距地面 60 cm,第二层距地面 1.2 m 处,第三层距地面 1.5 m 处,以固定番茄植株,防止倒伏(图 2-34,图 2-35)。

6.绑(吊)蔓的方法

番茄秧苗长到第一层横杆时,用尼龙绳等结实的材料将秧苗吊在架杆内,待秧苗长到第 2、第 3 层横杆时,将秧苗绑在横杆外面,便于杂交操作和检查。每次绑蔓时最好采用"8"字扣,以防茎秆受伤感染病害(图 2-36)。

图 2-34　高架杆

图 2-35　矮架杆
(左父本,右母本)

图 2-36　绑蔓作业

经验之谈

1.整枝留干的技巧

紧靠第1花序下着生的侧枝节间短,出现花序早,易坐果,其次为第2花序和第3花序下的侧枝,习惯上称为强侧枝。主茎上从子叶至第一强侧枝之间的侧枝较细,节间长,着生花序少且迟,应及时去除。

2.整枝工作时间选择

整枝应选择晴天上午或中午进行,此时气温较高,伤口容易干燥愈合,可减少病虫的侵染。整枝、绑蔓工作可同时进行,以节省时间、劳力。

【田间档案与质检记录】

番茄制种田间档案记载表

合同户编号				户主姓名		
地块名称(编号)				制种面积		
隔离距离						
垄		宽度(cm):		高度(cm):		
定植	父本	日期:		株距(cm):	配比	
	母本	日期:		株距(cm):		
灌水	第　次	日期:		灌量(m³):		
	第　次	日期:		灌量(m³):		
	第　次	日期:		灌量(m³):		
追肥		日期:	种类:		数量(kg):	
整枝方式						
搭架		日期:		架式:		
病虫害防治		种类:		防治措施:		

番茄制种田间检验

检验时期	母本				父本			
	被检株数	杂株数	纯度(%)	病虫害感染情况	被检株数	杂株数	纯度(%)	病虫害感染情况
定植期								
开花前								
意见与建议								

检验人:　　　制种户:　　　年　月　日

（四）杂交授粉

【工作任务与要求】

进一步做好整枝、绑蔓和除草工作，指导农户根据实际情况做好水肥管理，督促农户利用农闲时间准备好杂交授粉用具，检查田间去杂情况和杂交授粉工作，统计坐果情况，并监督农户在授粉结束后，彻底拔除父本，并进行一次田间清查，将未授粉的果实、花序、蕾或标记不清的果实一律清除，以保证杂交种的纯度。

【工作程序与方法要求】

整枝绑蔓	整枝绑蔓：结合授粉工作进一步整枝、绑蔓。将新生出的侧蔓及时除去，减少营养消耗，以利于坐果。授粉结束后可根据结果数量和叶片数目确定是否有必要保留一些分枝，以增加功能叶片的数量。	要求：整枝绑蔓及时、多次进行，留蔓合理，绑蔓结实。
授粉用具准备	人员培训：授粉前对挑选的授粉工（无限生长型品种每 667 m² 需要 30～45 人，有限生长型品种每公顷需要 90～120 人）进行相关技术和操作规程培训。 督促农户在农闲期间和授粉之前提前准备好下列授粉工具： 镊子：供人工去雄使用。一般选用普通小号不锈钢镊子或医用眼科镊子。镊子尖端要尖要细，但不要过尖，以免去雄时容易碰破子房。每人一把。 花粉筛：铜底或尼龙纱底，筛眼 100～150 目，用以筛取花粉。 干燥器：玻璃干燥器，供花药干燥及花粉贮存。 干燥剂：可以变色硅胶，吸湿后经过干燥可以重复使用。普通生石灰效果也很好，吸湿潮解后即要更换。 授粉工具：供授粉用，包括铅笔的橡皮头、弯头带小孔的玻璃管（直径为 0.5 cm 的细玻璃管吹制）、泡沫授粉棒、火柴棍等，每人一个。 盛粉器：供田间使用及贮存花粉之用，可根据需要选用适当大小的玻璃瓶、玻璃皿或塑料盒等。 酒精与药棉：将脱脂棉撕成小块，放在广口瓶内，用 75％酒精浸泡，用于用具及授粉者双手的消毒。	要求：用具充足，人员齐备。

| 去杂清花 | 去杂去劣:在杂交授粉前对亲本的纯度进行严格检查,根据双亲各自特征、特性,如株型、叶形、叶色、茎色、长势、分枝习性及果柄是否有节等特点拔除杂株、病株和弱株。对母本植株上已结的自交果和已开放的花朵也要摘除干净,对畸形花蕾包括双柱头带状花、长柱花等也要摘除。采集父本花粉前还要对父本再进行逐株检查,对可疑株宁拔勿漏。 | 要求:及时、严格、彻底。尤其父本宁可错拔,不可遗漏。 |

| 选花 | 选花:主干多从2~6花序中选花,侧枝从1~5花序中选花。每个花序中第1~4朵花坐果良好,从第5朵花开始,坐果率明显下降。因此,杂交制种时,大果型品种多选用花序基部1~4朵花杂交,中果型品种可选用花序基部1~6朵花杂交,小果型品种选用花序基部1~10朵花杂交,其余摘除。若要提高产量,可增加杂交花序数,而不宜增加每序花朵数。 | 要求:选花留果数量恰当。 |

| 采集花粉 | 时间:父本清杂后,就可以每天选花、采花制粉。一般在晴天上午10:00以后或阴天中午,露水干后最适宜,选花瓣180°展开,花瓣、花药呈鲜黄色的花朵。花瓣翻卷、颜色变淡花朵,幼龄花朵花粉活性低。采粉时根据授粉需要适时采集,随采随用。 方法:专人采集当日盛开发育正常的花,采用人工筛取花粉的方法制取花粉,用于杂交授粉。也可以采用花粉器采粉、直接采粉等方式。 | 要求:注意不要采摘前一天开放过的雄花。大面积制种时,花粉应集中采集,统一授粉。取出乳白色花粉,以不带黄色为佳。 |

| 人工去雄 | 选花:去雄授粉前先将全田已开放的花(跑花)摘除干净。选用开花前1~2 d的肥大花蕾去雄,此时萼片彼此分离向外展开,淡绿微黄的花冠露出少许,花瓣的瓣尖尚未分离或微开,花药呈黄绿色,但未开裂散粉。 时间:全天可去雄,但以下午为好。 方法:常用的方法是左手固定花蕾,右手用镊子拨开花瓣后从药筒基部插入,轻轻放松对镊子的挟持力,把药筒撑开。镊子尖夹住花药将其雄蕊全部摘除,或将花药撑开后用镊子下压去除雄蕊。去除的雄蕊装入小盒带出田外,严禁随意丢弃,防止散粉发生自交。 | 要求:去雄要求花药摘除干净,不留残药,不伤子房和花柱,尽量保持花冠完整,镊子及时消毒。 |

人工授粉	时间：6月中旬开始，去雄后1～3 d授粉，此时花冠鲜黄色、花瓣180°展开，是授粉的最佳时期。每天9:00～11:00授粉效果好，16:00～18:00效果稍差，有露水、雨天、雨后几小时不宜授粉，可以集中去雄。 方法：在取雄后第2～3天，当花开成鲜黄色，形状似喇叭口时即可授粉，先从基部撕去两枚萼片，作为授粉标记，以免授粉后忘记。授粉时将柱头伸进授粉管小孔内，待柱头上完全沾上花粉即可，授粉要小心细致，涂抹花粉均匀一致，不能擦伤花柱。当天没有用完的花粉保存在冰箱中冷藏第2天使用。在每花序授粉5～6朵或已结果4～5个之后，可将花序尾端花蕾摘除。若同时进行两个或两个以上杂交组合授粉时，在做完一个杂交组合的授粉工作后，必须将授粉工具和手用酒精棉花擦拭干净，杀死残留花粉，再进行下一组合的授粉。	要求：授粉必须严格、认真、及时、小心谨慎、足量授粉，按制种技术规范操作，并要有专人负责检查，以确保授粉质量和坐果率。萼片的撕取要干净彻底，以免标记真伪难辨，影响纯度。
清花留果	清花留果：母本植株全部花序授完粉1周后，等上部果实膨大即可进行封顶，在最后一个花序后留3～4片叶进行摘心，摘除多余的腋芽及徒长枝，摘除未开放的花蕾、花序以及未做标记的果实，集中养分供应杂交果实生长。在坐果期根据生长习性、叶型、花序（包括着生节位、类型、花数）、幼果特征等典型性状选择；在第一穗果实成熟期根据抗病性、生长势、熟期、果实性状（色泽、形状、心室、种子数量）等选择。	要求：去杂要坚决、彻底，随时、多次反复进行。
拔除父本	拔除父本：杂交番茄制种田母本授粉工作结束后1周内，要立即将整个田区的父本全部拔除干净，严禁父本植株坐果留种或食用。	要求：1株不留、彻底铲除。
病虫害防治	病虫害防治：及早调查田间病虫害发生发展情况，采取生物防治和化学防治相结合、"前防后治、前稀后浓"的原则，防治病虫害的同时，加入适量磷酸二氢钾或氯化钙等微肥配合使用，以提高番茄自身抗病能力。	要求：早发现早防治，防止病虫害发展蔓延。

授粉前去杂去劣极其重要,尤其是父本绝对不能有杂株遗漏,否则在制种开始后再发现杂株就很被动。为确保无遗漏杂株,此项工作应由几个人一同进行。

番茄人工去雄费工费时,正确选择去雄时间是提高种子纯度的关键所在,目前主要是蕾期去雄。具体时机还要依据当地的气候条件和品种特性,一般气温较高时,选择较嫩的花蕾去雄,温度较低时则可以稍迟去雄。昼温达到25~30℃,夜温达到15~20℃时,是杂交制种适宜时间。温度高于32℃,夜温高于24℃或低于12℃结实率下降。

相关知识

1. 授粉管的制作方法

用直径1~1.5 cm玻璃管前端在酒精灯上熔化封口,然后吹制成前端膨大,一侧吹开直径0.5~1.0 mm小孔的状态,吹制好后用小砂轮切片切开玻璃管。也可以用冷饮吸管,牙签缠绕医用胶带或棉花将吸管两端堵塞,授粉时,将一端牙签拔出,另一端轻轻向里推压,使花粉到达吸管口,以便授粉(图2-37)。

2. 花粉采集的方法

除人工筛取花粉的方法外,父本花粉的采集方法还有花粉器采粉、直接采粉等。

(1)人工筛取花粉　摘取盛开的父本花(图2-38),取出花药放在油光纸上,晾在干燥通风处,3~4 h花药开始干燥开裂散粉(图2-39),用玻璃杯、瓷碗收集花药,杯口绷细密网纱摇制过滤花粉,将晾好的雄蕊放在小杯内用滤布盖住摇粉,杯

图2-37　自制吸管授粉用具

图2-38　制粉选花标准

口盖小碗，花粉落入小碗，用毛刷刷出杯内花粉，不可在摇粉器内放置附属物，应直接由雄蕊摇出花粉，摇粉时间不可过长，以免摇出杂质（图2-40）。若遇阴雨天气，可放在电灯下干燥。制好的花粉用玻璃花粉管收集，当天使用或第二天使用。

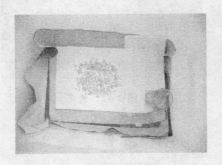

图2-39　阴干花药　　　　　　　　　图2-40　摇粉

（2）花粉器采粉　用手持式电动采粉器，将振动针插入父本花药筒中，花药筒开口处向下，经振动，花粉自动落入采粉器。这种方法无须将花朵摘下，效率高，花粉活力强，但单位面积采粉量较少。

（3）直接采粉　取当日完全开放的花朵，摘下花药筒，将其平展于左手食指上，以拇指压住基部，右手持锋利尖头的小扁钢锥沿花粉囊散粉口的内侧刮取花粉。这种方法简便快捷，但速度很慢，适合于小规模多品种杂交制种用。

3.人工去雄的方法和要求

在母本花序上第1～4朵花蕾中，选择乳白色花苞，雄蕊绿中带黄的花蕾（图2-41，图2-42），去雄时左手食指和拇指抓住花蕾基部，右手持镊子在花蕾鼓起的地方插入，感觉插入后利用镊子的张力将花蕾撑开，将花药全部夹住去除（图2-43至图2-46）。还可以采用下压的方法，即用镊子将花药筒分成两体后，再用镊子尖端夹住花药中下部，向侧下方一推，借下压的力将花药去掉。还可以采用徒手去雄，在母本花朵现喇叭口，达到渐开阶段，用左手拇指和食指稳持花蕾基部，右手拇指和食指的指甲夹住花朵的花瓣和雄蕊药筒的一角，向上提拔，即可将花瓣连同药筒一同拔掉。随即用右手中指或火柴棍等蘸取花粉，点授于母本去雄花的柱头上，然后用右手拇指与食指掐断两萼片做标记。这种方法操作简便，一次完成，省工省时，尤其适于小果型、小花蕾品种。

图 2-41　去雄作业

图 2-42　选花

图 2-43　撑开花冠

图 2-44　挑开花药

图 2-45　夹去雄蕊

图 2-46　去雄完成

　　在操作过程中要特别小心,防止碰伤、折断雌蕊,要把花药摘净,基部不留残雄,可折断两枚萼片做标记。

4.影响番茄杂交授粉结实的因素

影响番茄杂交授粉结果率及种子数的因素很多,如当日的天气情况(晴天、阴天、雨天)、授粉的具体时间(上午、下午)、雌蕊的发育状况(蕾期、花期)及授粉的方式(一次授粉、重复授粉)等。

通过对天气情况调查发现,授粉以晴天为好,结果率以雨后初晴为最好。授粉12 h内,若遇雨,应该在花朵上雨水稍干或第2天进行重复授粉。

对授粉的具体时间,一般以每天母本田露水干后开始授粉为宜,晴天多在8:00左右开始,温度低于15℃或高于30℃应该暂停授粉。番茄蕾期去雄,花期人工授粉,即在去雄后1~2 d授粉,坐果率可达70%~80%,如果蕾期去雄随即授粉坐果率只有60%左右。花期重复授粉比一次授粉可提高结实率10%~50%,增加单果种子数20~90粒或更多。

5.授粉的方法

授粉的方法很多,常用的方法有以下4种:

(1)橡皮头授粉　即用橡皮头蘸取少量父本花粉点授于母本已经去雄花朵的柱头上。可将普通铅笔的橡皮头连同固定铁皮一同拔下,然后再固定在镊子尾端,悬置橡皮头于掌心,以免花粉碰落或受潮,去雄后反转镊子即可授粉。

(2)徒手授粉　直接用右手食指和拇指夹住花药顶端去雄,用右手小拇指蘸取花粉授粉。

(3)玻璃管授粉　即将花粉盛装于外径为5 mm、长度为50~60 mm、顶端稍弯曲并有授粉口的授粉器中,选择去雄后盛开的花朵(图2-47),以左手拇指和食指持花,以右手拇指和食指持玻璃管授粉器,并以拇指按压在授粉口上,防止花粉散出。同时右手拇指与食指将母本花萼去掉两片(图2-48),要注意去的彻底,之后将花柱伸入授粉口使柱头蘸到花粉即可(图2-49,图2-50)。授粉结束后将授粉器中的花粉倒回花粉瓶并放在低温干燥处贮存。

图 2-47　去雄后盛开的花朵

图 2-48　去除两枚萼片标记

图 2-49 授粉完成   图 2-50 果实发育

（4）火柴棒授粉　用医用小瓶子盛装花粉，火柴头向下放入其中，左手持瓶子，右手去雄后，将蘸有花粉的火柴头轻轻触及柱头授粉，动作要轻，避免碰伤柱头。

6.病虫害防治方法

（1）番茄早疫病　又名轮纹病，主要为害叶片。叶部受害，初生暗褐色水浸状小斑点，以后扩大成圆形或椭圆形病斑，边缘深褐色，中央灰褐色，有同心轮纹，潮湿时生黑色绒毛状霉，严重时早期造成落叶。茎上病斑多在分枝处发生，灰褐色，椭圆形，稍凹陷，易折断。果实上病斑多在蒂部和裂缝处发生，圆形，褐色，稍凹陷，上生黑色绒毛状霉。病果常提早脱落或受杂菌侵染而腐烂。

防治方法：分苗后和定植前各喷一次（0.5：0.5：150）波尔多液或代森锰锌可湿性粉剂，预防苗期患病；发病前或发病初期，喷施百菌清（达科宁）可湿性粉剂；发病后喷施噁醚唑（世高）或甲基硫菌灵（甲基托布津）等杀菌剂。每隔 7～10 d 喷 1次，连续喷施 2～3 次。

（2）根腐疫病　俗称"烂脖根死棵病"。结果初期发病严重，死秧多，甚至毁秧绝产。以根部、茎基部或淹水的果枝发病较多，病斑环绕茎基或果枝，呈黄褐色或灰褐色，腐烂后干枯，病部以上枝叶萎蔫枯死。该病在灌溉为主的地区，侧根或主根最易发病，在土表高湿条件下可蔓延到茎的基部。此外亦可引起果枝发病，病斑下面的木质部和维管束变褐腐烂植株逐渐萎蔫枯死。

防治方法：科学灌水；在发病前或发病初期喷施百菌清或达科宁可湿性粉剂；发病初期用甲霜灵锰锌喷雾或将甲霜灵锰锌稀释 500～600 倍液灌根。每隔 7～10 d 喷（灌）1 次，一般连续喷（灌）2～3 次。

（3）果腐疫病　该病多发生在长成的绿果、刚开始着色或接近成熟的果实上。发病初期病部呈褐色，有同心轮纹，1～2 d 后病斑迅速扩大，形成 2～3 cm 水浸状浅灰色大斑,3~4 d后全果变软腐烂。在潮湿条件下,果面有灰白色粉状霉层,后干缩变黑形成僵果。

防治方法:合理密植,科学施肥,细流沟灌,严禁大水漫灌;雨天禁止浇水,雨后地表干燥后再浇水;在发病前或发病初期,喷施甲霜灵或百菌清;发病后不要随意在田间摘除病果。用噁霜灵锰锌(杀毒矾)喷雾,7~10 d喷1次,雨后立即喷药。药液最好能够喷到病果上。

(4)晚疫病　番茄幼苗、叶片、茎和果实均可发病,以叶片和处于绿熟期的果实受害最重。幼苗期叶片出现暗绿色水浸状病斑,叶柄处腐烂,病部呈黑褐色。幼茎基部呈水浸状缢缩,导致幼苗萎蔫或倒伏。果实上的病斑有时有不规则形云纹,最初为暗绿色油渍状,后变为暗褐色至棕褐色,边缘明显,微凹陷。果实质地坚硬,不变软,在潮湿条件下,病斑长有少量白霉。

防治方法:选择地势高燥、排灌方便的地块种植,合理密植。切忌大水漫灌,雨后及时排水。加强通风透光,保护地栽培时要及时放风;及时施药防治。可喷洒40%乙磷铝可湿性粉剂200倍液,或40%甲霜铜可湿性粉剂800倍液,或72.2%普力克水剂800倍液,或65%代森锌可湿性粉剂500倍液,或95%硫酸铜1 000倍液,或1∶1∶(160~200)波尔多液等药液,每隔5~7 d喷1次,连喷3次或采用熏蒸的方法(图2-51)。

7.花粉贮存的方法

贮存花粉应该放在比较干燥和低温的地方,避免阳光直射。可将盛放花粉的容器盖严密封,再置于冰箱、干燥箱或石灰筒内,可贮存和连续使用2~3 d,若夏季温度较高,又无石灰筒、干燥器等设备,可因地制宜将盛放花粉的瓶子用蜡纸包好,吊在井内,距离水面30~80 cm,可延长花粉的有效期(图2-52)。

图2-51　熏蒸防治病害

图2-52　干燥器贮藏花粉

8. 提高结果率和种子数的方法

杂交制种母本单株结果数多,则相应的单株种子数也多,单株种子重量也大,两者呈正相关。但随单株结果数增多,种子千粒重降低,影响种子质量。在实际生产中,应该根据采种果实大小控制适当的结果数,以使种子发育充实。因此,一般大果型每序授粉3～4朵,中果型4～6朵,小果型5～10朵,为提高坐果率可增加杂交花序数。近几年试验发现,采取宽垄密植,进行3～4干整枝,可有效提高单株结果数。

单果种子数与授粉质量密切相关,授粉受精不良的条件下,单果种子数少,条件良好每果种子数可达百粒以上。生产上除应用生活力强的新鲜花粉外,效果最明显的是二次授粉。

经验之谈

1. 母本选留花序坐果的方法

番茄母本植株第1花序的花朵开放时,往往植株还未充分发育,一旦坐果就不利于其进一步发育,而且这些花朵的发育多处于较低的温度环境,以畸形花居多,不适宜杂交制种。另外,早期气温偏低,不易结果,即使结果,单果种子数也很少,所以主茎第1花序一般都予以摘除,不留用坐果。

2. 杂交授粉时间安排

具体杂交授粉日期的确定与当地的气候条件和栽培方式有关,还要根据植株的生长发育情况而定。总的原则是将杂交制种安排在最适合开花、授粉、受精和结实的季节和环境中进行。番茄适宜开花的温度范围,尤其是夜间温度范围较窄,夜间温度低于15℃或高于22℃,都易造成落花落果。此外,开花期气温高低对杂交结实率、单果种子数及种子质量也都有明显影响。新疆在6月杂交授粉比较适宜。

3. 去雄期间判断植株是否缺水的方法

早晨去雄时若感觉花药柔软,不易去除,则说明植株缺水,需要灌溉。若花药脆嫩,易脱落,说明植株水分充足。

【田间档案与质检记录】

番茄制种田间档案记载表

合同户编号			户主姓名	
地块名称(编号)			制种面积	
开花时间	父本			
	母本			

续表

授粉时间	开始	
	结束	
单株留果数(个)		
追肥	日期：	施肥量(kg/hm²)：
去杂	父本	
	母本	
灌溉	第　次	日期：　　　灌量(m³)：
	第　次	日期：　　　灌量(m³)：
病虫害防治	种类：　　　防治方法：	
	种类：　　　防治方法：	
	种类：　　　防治方法：	
父本制药质量		
母本去雄质量		
父本砍除情况		

番茄制种田间检验

检验时期	母本				父本			
	被检株数	杂株数	纯度(%)	病虫害感染情况	被检株数	杂株数	纯度(%)	病虫害感染情况
授粉前								
坐果期								
意见与建议								

检验人：　　　　　　　　　制种户：　　　　　　　　　年　月　日

相关知识

1. 坐果率调查方法

按规定在母本检验区设置样点,每点抽查 10 株。检查时间为 8 月 1～20 日。

2. 去雄田检

母本在授粉前对检验区母本种植区设置样点,每点抽查10 株,查看雄蕊是否去除干净。

3.授粉方法抽查

在制种农户授粉时询问所使用花药的制取时间,查看是否给未去雄或去雄不彻底的花授粉,授粉标记是否清晰一致。

（五）结果期管理

【职业岗位工作】

人工杂交授粉以后,做好制种田管理工作。主要是根据制种番茄的长势、土壤水分状况,及时组织制种农户灌水、追肥。依据品种特征,及时打除老叶,减少营养消耗,促进同化产物向果实运输。及时检查、预防、防治病虫害。同时督促农户将标记不清、性状不一的杂株拔除。

【工作程序与方法要求】

灌溉追肥	灌水追肥:授粉结束后及时浇水、施肥,结果期是杂交番茄需水最多的时期,应根据植株生长情况及时浇水,经常保持地面湿润,并根据植株生长情况及时追肥。	要求:每次灌水都应酌情适量,严禁漫垄、积水,诱发病害。
去老叶	去老叶:在杂交授粉15 d之后,将第一花序下面的叶片全部打去,提高田间通风透光性,减轻病害发生。	要求:及时、彻底,将打下老叶带出田外。
摘心打叉	摘心打杈:对长势过强或无限生长的类型,在最后一穗果实后留3~4片叶打顶,以减少营养消耗,保证果实生长对营养的需求。	要求:及时、彻底。
病虫害防治	病虫害防治:此阶段气温高、降雨多,是番茄果实膨大生长的关键时期,也是病虫害发生的高峰期,一定要做好病虫害的防治工作。	要求:早发现早防治,防止病虫害发展蔓延。

相关知识

1.病虫害防治方法

脐腐病是一种生理性病害。初在幼果脐部出现水渍状斑,后逐渐扩大,至果实顶部凹陷、变褐。在果实顶部以落花的部分为中心,发生暗绿色水渍状病斑,通常直径1~2 cm,严重时扩展到小半个果实;果实底部呈扁平状或凹陷,受害果实提早变色,后期遇湿度大时腐生霉菌寄生其上呈现黑色或绿色等霉状物,污染果实,导致品质下降。

防治方法:在番茄第 1 穗果坐果后,要均匀浇水,不可间隔过长造成土壤缺水。夏季灌水宜在清晨或傍晚进行,宜勤浇、浅浇;避免施氮过多,特别是速效氮,不要一次施用过量,注意氮、磷、钾适当配合,要多施腐熟有机肥;发病时,用 1% 过磷酸钙、0.1% 氯化钙进行根外施肥,每 7 d 喷施 1 次,具有良好防治效果。

2. 坐果期水肥及田间管理技术

授粉结束后 2~3 d 追施复合肥 5~10 kg,并浇小水,结果期是杂交番茄需水最多的时期,应根据植株生长情况及时浇水,经常保持地面湿润,浇水切忌忽干忽湿,导致裂果。根据植株生长情况及时追肥,以速效肥为主,也可根据需要采用叶面追肥的方式,每隔 1 周喷施 1 次磷酸二氢钾,磷酸二氢钾的使用浓度可根据苗情从 0.1%~0.3% 逐次增加。

经验之谈

1. 制种田植株早衰的管理方法

对植株长势弱,有早衰症状的番茄植株要及时进行磷酸二氢钾叶面追肥,以促生长,提高产量。

2. 摘心打杈

摘心打杈要在晴天上午进行,有利于植株伤口愈合,严禁在阴雨天进行,以避免病虫侵染。结合摘心打杈及时去除植株下部老叶,提高田间通风透光(图 2-53)。

图 2-53 去除下部老叶

【田间档案与质检记录】

番茄制种田间档案记载表

合同户编号			户主姓名	
地块名称(编号)			制种面积	
追肥		日期:	施肥量(kg/hm²):	
结果期去杂				
灌溉	第 次	日期:	灌量(m³):	
	第 次	日期:	灌量(m³):	
	第 次	日期:	灌量(m³):	

续表

病虫害防治	种类：	防治方法：
	种类：	防治方法：
	种类：	防治方法：
摘心、打杈情况		

（六）果实采收及种子处理

【职业岗位工作】

根据制种品种生育期长短、授粉时间、当地气候条件等判断，果实成熟即可分批采收。组织制种农户在采收前对全田果实进行一次去杂，将与品种特性不相符的杂株一律清除，经检查去杂合格后，进行杂交果实的采摘，采摘的果实进行适当后熟，再进行剖果取种、适当的发酵，然后进行淘洗、种子消毒处理。将漂洗干净的种子晾晒至安全水分，装袋待检。

【工作程序与方法要求】

去杂去劣	去杂去劣：采收前根据果形、果色、果肩颜色、果柄是否有节以及果实上有无去雄、授粉标记去除不符合品种特性的杂株、劣株和自交果实。	要求：及时、严格。
测产	测产：采收前选点，每点选择 10 株，逐株数单株果数，选择植株有代表性的下部、中部及上部花序中的果实各 3～5 个，剥开果实，数出单果种子数，计算产量。	要求：及时、方法准确。
采收	收获留种：番茄绿熟期种子即具有发芽能力，但活力、千粒重、贮藏性差，果实采收应在红熟期。个别品种有胎内发芽现象，为防止发芽率下降，不能过熟。　　采摘时只采集符合品种特性、有明确杂交标记的果实，不能采集无标记的果实、落地果、畸形果和病虫果。	要求：适期采收，果实成熟、性状一致。
后熟	后熟：果实采收后堆放在阴凉通风的地方，经 1～2 d 后熟后进行取籽。	要求：不同品种分开进行，防止混杂。

		要求
剖果取种	剖果取种：可以用人工或机械取籽，挤压或剥开种果，挖出带胶状黏质的种子，置于容器中自然发酵。	要求：不用铁器，场所、器械干净，防止混杂。
发酵	工具：采用木质、瓷质或塑料盆、桶、缸、地坑、池等，切勿使用铁器，以防种子颜色变黑，失去光泽，影响质量。 时间：发酵时间因发酵温度而不同，一般 1～2 d，温度高发酵时间短，反之则长。一般在 25～28℃条件下，发酵 20～30 h 即可。 方法：在发酵过程中要经常搅拌，保证发酵均匀充分，使果胶与种子完全分离。发酵过程不得见水、淋雨，当发酵液面产生一层白色菌膜，手摸种子无黏滑感，大部分种子沉于缸底时即可结束发酵。发酵时间过长，种子活力下降，种皮颜色发黑；发酵时间过短，种子清洗困难。也可以用发酵液或用发酵材料容积1%的 HCl 溶液辅助发酵，以缩短发酵时间。	要求：器械充足够用，规格、材质符合要求。发酵时间适宜，经常检查，更换品种时清理器具，避免发生混杂。
清洗	清洗：清洗前先用棍棒搅动发酵液，使种子与杂物分离，然后用清水漂洗，将果肉、果皮、杂物及瘪籽一并洗去。注意观察种子是否发芽，一旦发现即可清除。	要求：禁止用污水或渠道里的灌溉用水清洗种子。
种子处理	消毒：种子在水中淘洗干净后，用1%的次氯酸钠处理 5 min，再用1%盐酸处理 10 min，捞出后在清水中反复淘洗三遍，晾晒。	要求：用药准确，时间适宜。
晾晒清选	脱水：种子淘洗干净后，可放入纱布袋内挤出水分，或连同口袋一起放入洗衣机甩干，条件允许也可采用离心机甩干。在通风干燥条件下晾干。 晾晒：经清洗沥干或甩干的种子应立即晾晒。可摊在底部稍架空的纱网、帆布、竹席等透气物上，种子尽量摊薄，经常翻动，种子稍干后可摊的厚一些继续晾晒。夜晚收到室内或加覆盖物防风防雨，第二天再晾晒，直至含水量至 7%～8%为止。 脱绒处理：用手工脱绒和机械脱绒；手工脱绒时将适量种子装在布袋中反复在水泥地面上摔打脱绒。 清选：种子完全干燥时杂质不易剔出，在晾晒半干时即用簸箕或风车清选，种子含水量达到8%即可装袋待检。	要求：快速晾晒，防止种子发芽，按要求进行脱绒处理和清选，工作期间严防混杂。

装袋待检

待检:将清选干净的种子存放在麻袋、布袋或编织袋内,同时将每一包装袋内外均放置标牌,写明品种、袋号、产地、户名、数量、年份,紧牢袋口,将种子袋放在干燥、无污染、无虫鼠害的地方(切忌将种子袋直接堆放在地面),以待交售。

要求:不同品种要单装、单收,经常查看,防止种子混杂、霉变。

　　机械采种在更换品种时彻底清理机器,不得残留种子,以免造成机械混杂。种子发酵、清洗、晾晒等过程中切勿使用铁器,以免种子颜色变黑,影响质量。发酵时盛放种子的容器要干净,无其他种子、无水分,发酵物装入容器不宜太满,以防发酵过程中体积膨胀种子溢出。发酵、清洗过程中应在容器上贴标签,注明品种名称和发酵日期,以便管理。番茄种子表面因有一层绒毛覆盖,一旦杂物混入,风扬和筛选均不易分离,因此漂洗是保证种子净度的最关键措施,一定要做到精细、彻底。

相关知识

1.番茄果实成熟过程

　　大多数番茄品种从开花到果实和种子成熟需要 40～60 d,但随日均温度的变化而变化,如日均温度在 20℃ 下需要 50～60 d,20～25℃ 时需 40～50 d。对于果实的成熟可分为以下 5 个时期:

　　(1)青熟期　果实与种子已基本长成,种子四周胶状物也已形成,合成阶段已经完成,尚未进入分解阶段,果实周身均为绿色。

　　(2)转色期　果脐部开始转为红色。

　　(3)半熟期　果实表面从果脐开始有 50% 转色。

　　(4)坚熟期　果实基本转色,但未软化。

　　(5)完熟期　果实完全转色并开始软化。

　　虽然青熟期果实内的种子就有发芽能力,但种子质量差,因此,采种果实达到完熟期种子才能饱满,为采种适期。过于老熟的果实会落果腐烂,或遇雨开裂吸水,导致种子在果内发芽。

2.果实采收及处理的方法

　　根据番茄成熟情况分批进行采收,采收时务必保留果梗与萼片,以便再次检查

（图 2-54）。采收时，标记不清、病果、畸形果及落地果坚决不允许采收（图 2-55）。采收后及时运送至后熟场地进行后熟（图 2-56），期间不同品种分别运输、后熟，防止发生混杂。生产洁净种子时，还要求在果实后熟之后进行消毒处理（图 2-57），之后才能剖果取籽。

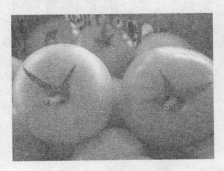

图 2-54　果实采收标准

图 2-55　采收作业

图 2-56　后熟处理

图 2-57　果实消毒处理

3. 剖果取籽的方法

大面积制种可以采用脱子机采种（图 2-58），采种前一定要将机械清理干净，散落在外的种子一律不得捡起，严防混杂。杂交制种面积小时可用刀子横向将果实剖开。然后将种子和胶瓤挤入非金属容器中（如瓷盆、塑料盆、桶或缸等）发酵（图 2-59），并进行清洗（图 2-60）消毒和脱水（图 2-61）等。

大面积制种时也可以因地制宜，在地面上挖坑，垫上防渗材料，用脚将果实踩烂，在坑中发酵，除去果肉、果皮。也可以将番茄果实装在蛇皮袋中扎好袋口，将果实踩烂，堆放发酵。

图 2-58　机械取籽

图 2-59　发酵搅拌

图 2-60　种子清洗

图 2-61　种子脱水

4.浸种盐酸的配制方法

使用浓度为 1%的盐酸原液,调配比例为 18 kg 水兑 1 kg 盐酸。在调制过程中盐酸浓度 pH 试纸测定比色范围以 1.0～1.5 为准。

5.种子采收过程中发芽的原因

番茄种子在果实中或虽取出但仍置于种子外面的胶状物中,应有较高的酸度及其他抑制萌发的物质存在,所以种子不会发芽。如胶状物中掺有清水,或在发酵过程中,发酵过度,就会引起发芽。在番茄种子发酵后的清洗、晾晒过程中,如遇阴雨天气,2～3 d 内种子含水量未降到 15%以下时,也容易引起发芽。

经验之谈

1.判断发酵程度是否合适的方法

判断发酵程度的方法有:

(1)发酵物表面无菌膜,表明发酵不足;菌膜为绿色、红色或黑色,表明发酵过度;菌膜白色表明发酵适度。

（2）用木棍搅动发酵物，如果种子下沉，表明发酵适度。

（3）用手攥捏种子，果胶已与种子分离，并无黏滑的感觉，表明发酵适度。

（4）发酵搅拌时若感觉不费力，说明发酵适度。

2. 种子清洗时间安排

清洗种子最好安排在晴天早晨进行，以利用阳光，将种子当天基本晒干或晾干。在高温季节，如果种子表面水分未干而放置过夜，常发生种子萌发现象。

3. 种子晾晒技巧

夏季温度较高，晾晒种子的场所应当阴凉、通风、干燥。避免在烈日下曝晒，也不应该在水泥地、铁板或不透气的塑料薄膜上晾晒，以免温度过高种子发芽率降低。遇连阴雨天气，可将经阴干的种子放入鼓风干燥箱中烘干（图 2-62），温度控制在 40℃以下，并经常检查、翻动直至初步干燥，待天晴后再在阳光下晾晒至水分符合要求（图 2-63），最后装袋、贮藏（图 2-64，图 2-65）。

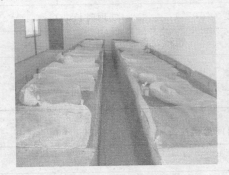

图 2-62　种子烘干处理

图 2-63　水分快速测定

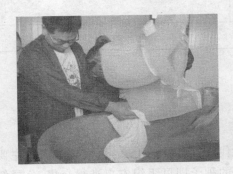

图 2-64　装袋

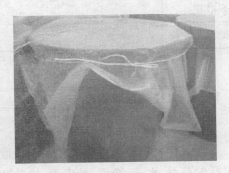

图 2-65　贮藏

【田间档案与质检记录】

番茄制种田间档案记载表

合同户编号		户主姓名	
地块名称（编号）		制种面积	
估产	日期：		
	产量（kg）：		
采收日期	开始：	结束：	
后熟	日期：	时长（h）：	
采种	日期：	方式：	
发酵	日期：	时长（h）：	
种子消毒	药品：　　　浓度（$\times 10^{-6}$）：　　　处理时长（h）：		
晾晒	日期：　　　　　脱绒处理方法：		
清选方法			
产量（kg）			

番茄制种田间检验

检验时期	母　　本			
	被检株数	杂株数	纯度（%）	病虫害感染情况
采收期				
意见与建议				

检验人：　　　　　　　　制种户：　　　　　　　　年　月　日

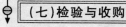
（七）检验与收购

【职业岗位工作】

在制种农户晾晒合格的种子中抽取有代表性的样品上交报检，检验内容主要包括发芽率、水分、净度、纯度等，检验合格的种子即可组织农户进行交售，公司便可以进一步进行包装、销售工作。

【工作程序与方法要求】

取样报检

报检:在制种户的全部种子中扦取样品至规定数量,为确保公平应一式三份,即制收种双方各密封保存样品一份,上交种子管理部门鉴定一份,编号报检。

要求:取样须有代表性和真实性,制种双方报检前要封样。

检验

检验:茄果类种子检验依 GB 16715.3 茄果类标准执行,在田间去杂的基础上进一步进行室内鉴定和种植鉴定。室内鉴定包括种子发芽率、水分、千粒重、净度检验,种植鉴定主要测定杂交率。番茄杂交种子国标规定:杂交种一级纯度不低于98%,二级纯度不低于95%,发芽率不低于85%,水分不高于7%,净度不低于98%。

要求:种子经过鉴定检验,达到国家规定的种子质量标准后,方可收购。

收购包装

收购:对检验合格的种子要及时组织农户进行定量包装并交售。按照种子管理规程和本公司要求统一进行包装、销售。

要求:执行国标。

经验之谈

种子取样和检验的要求

取样一定要有普遍性,并做好封样工作,以免对检验结果发生纠纷。种子检验速度要快、结果准确,以便及时收购、包装合格种子,防止种子流失。

【田间档案与质检记录】

番茄制种田间档案记载表

合同户编号		户主姓名	
地块名称(编号)		制种面积	
取样	日期:	编号:	
封样	日期:	编号:	
收购	日期:	数量(kg):	

番茄种子检验记录

检验项目	检验记录	检验人
发芽率(%)		
水分(%)		
净度(%)		
纯度(%)		

三、知识延伸

1.番茄洁净种子生产技术。

2.开展调研,就番茄杂交制种技术发展动向撰写一份报告。

四、问题思考

1.综述新疆番茄制种的前景。

2.提高番茄杂交种产量和质量的具体方法有哪些?

第三节　知识拓展

番茄田间试验记载标准

(一)生育期

1.播种期:实际播种日期(月/日,下同)。

2.移植期:实际移植日期。

3.生长势:于苗期、盛花期、盛收期分别调查,分强、中、弱3级。

4.出苗期:50%以上子叶出土的日期。

5.生长类型:有限生长、无限生长。

6.第一花序节位:连续调查10株生长正常的植株,取平均值,以植物生态学上的节表示。

7.第一花序坐果率:连续调查20株生长正常的植株,取平均值,坐果率＝结果数/开花花数×100%。

8.开花期:30%以上植株开花的日期。

9.始收期:30%以上植株果实成熟采收的日期,以始红熟果为标准。

10.盛收期:50%以上植株果实采收的日期。

11.末收期:最后一次果实采收的日期。

12.全生育期:从播种至末收的天数。

(二)形态特征

1.坐果率:单株成果数占开花数的百分比,连续调查10株生长正常的植株,求百分比。

2.单果重:盛收期每品种同时选择20个有代表性的果实来测定单果重,取平均值,以g表示。

3.果大小:单果重小于80g的为小果,80~150g为中果,150g以上为大果。

4.果形:分扁圆(果实长/果实宽为0.95以下);近圆(果实长/果实宽为0.95~0.98);圆(果实长/果实宽为0.99~1.1);高圆(果实长/果实宽为1.1~1.3);梨形(果实长/果实宽为1.4以上)。

5.熟果颜色:粉红、鲜红、深红、黄色。

6.转色:分均匀、不均匀。

7.绿肩:分有、无。

8.裂果情况:收获全期调查裂果重量、个数和严重程度。裂果类型分环裂、纵裂、纵环裂。裂果严重程度分重裂(果肉完全暴露,无商品价值)和轻裂(果面有小而浅的裂隙,尚可食用)。

9.果面特征:调查测单果重的果实,分光滑,微沟,棱沟。

(三)生物学特性

1.前期产量:是指以对照品种作为计算标准,从对照种始收当日起计第20 d内所采收产量总和,折算成每公顷产量,以kg表示。

2.总产量:从始收至末收的产量总和,折算成每公顷产量,以kg表示。

3.畸形果:生长发育不正常,不具商品价值的果为畸形果。

4.商品率:商品率(%)=(总产量-畸形果和裂果重量总和)/总产量×100%。

(四)耐热性、耐寒性、耐涝性及耐旱性

记载特殊天气的情况及持续天数。分强、中、弱3级。强:受害后生长正常。中:受害后生长受阻,对产量有一定影响。弱:受害后生长不良,产量明显降低。

(五)感观品质

满分100分,其中外观品质占60%,食味品质占40%。分4级:≥85分为优,75(含)~85分为良,60(含)~75分为中,<60分为差。

（六）指定的测试机构测定项目

1.品质：理化品质，主要测定总酸、总糖（糖酸比）、维生素 C、茄红素等含量；感官品质。

2.抗病性：主要鉴定对病毒病、青枯病等病害抗性。

辣椒杂交制种技术

我国于 20 世纪 60 年代开始辣椒杂种优势利用，育成了湘研、苏椒、中椒等系列杂交品种。辣椒杂交制种有不去雄、化学杀雄、利用雄性不育系、人工去雄等技术。目前杂交种的生产主要是人工去雄制种，利用雄性不育是比较理想的途径。

1　辣椒杂交制种设施

辣椒杂交制种由于生育期长，新疆露地制种往往不能完全成熟，特别是甜椒中的中晚熟品种。因此，中晚熟辣椒和甜椒主要利用塑料大棚制种；中早熟品种露地制种。

1.1　露地制种

辣（甜）椒为常异交作物，异交率 5％～25％，杂交制种需与异品种隔离 500 m以上，网室制种隔离距离较短。父、母本温室育苗，4 月份定植到大棚中。早熟品种可以不用拱棚定植，5 月上中旬直接定植大田（图 2-66）。

1.2　塑料大棚制种

塑料大棚保温、保湿，可以提早定植，发秧快，开花早，坐果率高、结果高峰期提前，延长杂交制种的时间（图 2-67）。现在推广的网室、大棚杂交制种，在种株生长的中期，拆除大棚后，尼龙网能防止阳光直射，有遮阳降温的作用，还能防止蚜虫等侵入，减轻了病毒病及蛀果类害虫的为害，杂交种植株长势强，坐果多，单果结籽多，品质好。

图 2-66　露地制种

图 2-67　塑料大棚制种

2　人工去雄、人工杂交制种的技术

2.1　培育亲本

杂交种母本播种期与常规种基本相同,为使亲本在杂交适期能达到盛花期,新疆各地多在1月下旬至2月上中旬,父本在温室大棚或穴盘播种(图2-68),定植时适宜苗龄90～100 d。按父、母本始花期调整父本播期,以父本比母本早开花5～7 d为宜;双亲始花期相同,父本比母本早播7～10 d;如果父本比母本始花期晚10 d,父本比母本提早20 d播种。育苗期注意观察父本生长情况,如果父本生长偏慢,通过提高床温,减少通风次数和时间,及早将父本移于塑料棚内加强管理等措施,促进发育。父本移栽时间为4月下旬至5月初。

2.2　定植

母本定植在晚霜过后,气温回升稳定。定植选择晴天、土壤较干时进行,定植时采用坐水移栽,5～7 d后灌1次缓苗水。定植密度与品种密切相关,母本栽植距离宜稀,采用宽窄行,宽行(水沟)行距50～60 cm,窄行(垄)行距40～45 cm,株距35～40 cm,单株栽培,密度45～52.5万株/hm²。父母本的种植比例为1:4～5(花粉量大的可达到1:(4～6))。父本在母本田一侧集中种植,父本株距稍小,双株定植(图2-69,图2-70)。

图 2-68　穴盘育苗

图 2-69　大棚定植

2.3　定植后管理

定植后偏重父本管理,前期少灌水,后期处于高温干旱季节,及时灌水,灌水不漫过垄面。定植10～15 d后,追施尿素225 kg/hm²。授粉前施尿素225 kg/hm²、磷酸二铵150 kg/hm²。授粉期间注意及时灌水、中耕,保持田间适宜湿度、温度,减少落花落果(图2-71)。

图 2-70　定植成活

图 2-71　追肥

2.4　选花去雄

辣椒花分为长柱花、中柱花和短柱花 3 种,其中前两种可育,第 3 种为不孕花,不宜选择进行杂交授粉(图 2-72 至图 2-74)。在母本发棵长旺时去雄杂交,选 3～5 层花蕾去雄。去雄授粉前,对父、母本清杂整枝,摘除已开放的花朵,疏除"门椒"和"对椒"花果,以及门椒以下所有的分枝和内部瘦弱、发育不良的枝条。去雄时选择花冠由绿白色转为乳白色,冠端比萼片稍长,用手轻轻一捏即可开裂,第二天将要开放的花蕾(图 2-75,图 2-76)。于当天 17:00 以后去雄,用尖头镊子轻轻拨开花苞(图 2-77),从花丝部分钳断(图 2-78),将花药摘除干净,并在花柄处搭(系)上线绳作为标记(图 2-79,图 2-80)。忌伤害柱头和子房,保留花冠。也可采用留半冠、无花冠的方法,去雄速度快,结果率也较高。去雄时严格消毒手指及可能污染的授粉器械,遇到中柱花、短柱花以及已经散粉而未开放的花蕾要清除。若花蕾过大,花药开裂散粉的可能性也大,特别是在新疆干燥炎热的气候条件下,有花蕾尚未开放而花药已开裂散粉的花朵,应及时清除。

图 2-72　长柱花

图 2-73　中柱花

图 2-74　短柱花

图 2-75　辣椒开花过程

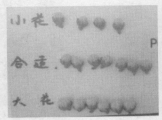
图 2-76　辣椒去雄选花标准

图 2-77　拨开花冠

图 2-78　夹去雄蕊

图 2-79　去雄完成

图 2-80　去雄后挂标记线

2.5　制粉、授粉

2.5.1　制粉　授粉前一天下午或当天上午 7:00～
10:00 时,采集父本成熟未开裂至刚开裂的花蕾制粉,方法与
番茄相同(图 2-81)。当天授粉剩下的花粉或备用的花粉装
盒,置于 4～5℃的冰箱内贮存。贮存 2～3 d 后,花粉仍具有
一定的发芽力,但应与新鲜花粉混合使用。

图 2-81　筛取花粉

2.5.2　授粉　授粉在上午 7:00～10:00 时进行,选去
雄后第二天的花朵授粉,将去雄的雌花柱头轻轻插入授粉管
头部小孔,涂花粉于已去雄的柱头上。如遇雨天,雨后重复
授粉 1 次,坐果后在果柄上拴彩色线做标记(图 2-82)。根
据品种决定每株授粉的花朵数,大型果坐种果 5～8 个,小
型果 20～30 个,甚至可达 40 个。当天去雄授粉的坐果率高于第二天授粉。授
粉结束后,摘除没有授粉的蕾、花、果及无标记的果实(图 2-83),枝条摘心抹芽,
使养分集中供应果实发育。

图 2-82 授粉后果实膨大

图 2-83 授粉后清花

2.6 授粉后管理

辣椒根系吸收能力较弱,定植后到第二层花开放前,勤灌水、早追肥、勤中耕、小蹲苗,促进发根发棵。进入去雄授粉期后,勤灌水、轻施肥,以免落花,但应经常保持土壤湿润,提高坐果率。种果坐稳后,勤灌水,重施果肥,施复合肥 375 kg/hm²,磷酸二氢钾 75 kg/hm²。进入果实转色期控制灌水,并拉线防止茎秆倒伏、劈裂(图2-84),促进种子成熟(图 2-85)。

图 2-84 搭架防止倒伏

图 2-85 成熟期

2.7 采收留种

种果在授粉后果实充分成熟时采收,早熟品种需 45～50 d,中晚熟品种需55～60 d,保护地比露地时间长,需 65～70 d。采收前,再次检查清除杂株。只采收有标记的果实,防机械混杂。采收后的果实后熟 1～3 d(图 2-86),使果实变软,便于取种。取种前最好将果实进行消毒处理(图 2-87),可以采用人工和机械取种等方式(图 2-88),取出的种子及时清洗消毒(图 2-89、图 2-90)、晾晒和清选(图2-91 至图 2-93)。杂交制种产量甜椒 300～600 kg/hm²,辣椒 450～750 kg/hm²。

图 2-86　后熟

图 2-87　果实清洗消毒

图 2-88　机械取籽

图 2-89　种子清洗

图 2-90　种子消毒处理

图 2-91　烘干处理

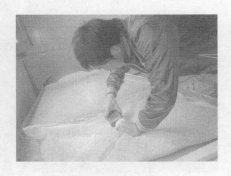 

图 2-92　测定水分　　　　　　　图 2-93　装袋待检

3　利用雄性不育系制种

利用雄性不育系制种是较理想的制种途径,免去了人工去雄所需的大量劳力,避免了因去雄不及时、不彻底所造成的假杂种。但是雄性不育的应用刚刚起步,不育系较容易得到,但恢复系很难找到,配组的自由度受到限制。资料显示,恢复基因主要在羊角椒和线椒类型中,在灯笼形甜椒中很少。目前应用的雄性不育系有两类:一类是核质互作型雄性不育系;另一类是核型雄性不育两用系。

3.1　利用核质互作型雄性不育系制种

3.1.1　保持系和恢复系的繁殖　保持系和恢复系的繁殖与常规种生产相同,专门设置留种田扩繁,或在繁育雄性不育系和生产杂交种时分别留种。

3.1.2　雄性不育系繁殖　以不育系为母本,以保持系为父本,辅助授粉,不育株混合采收,获得雄性不育系种子。

3.1.3　杂交种繁殖　以不育系为母本,以恢复系为父本,父、母本比例 1:(4～5)。辅助授粉,从不育系植株上收获杂交种子。雄性不育系的不育性表现有时会受到环境条件的影响,即在不育系植株中偶尔也会出现少量可育的植株或部分可育的花朵,及时拔除。

3.2　利用核型雄性不育两用系制种

3.2.1　两用系繁殖　在保存繁殖两用系时,通过两用系植株中可育株花粉人工授粉于不育株柱头上,从不育株上采收的种子即为新繁殖的两用系种子。后代群体中仍然保持不育株和可育株的对半分离。两用系中的可育株在完成授粉任务后,提早拔除。

3.2.2　杂交种繁殖　将作为母本的两用系和作为父本的恢复系按(6～8):1定植于大田,两用系种植株距为父本的一半,避免因拔除可育株造成保苗数不足。在两用系初花期,进行育性鉴别,拔除可育株,保留不育株。经鉴别确定的不育株插杆标记,以后连续对未标记的植株加以鉴别,反复鉴定 4～5 次。鉴定后自然杂交,并辅助授粉,从不育株上收获杂交种子。

茄子常规品种制种技术

茄子常规品种(生产种)用原种、原种一代、二代等生产。生产技术和菜用栽培基本相同,但要注意隔离、去杂等工作。

1　培育壮苗

茄子壮苗标准:定植时第一花序现蕾,且茎秆粗(直径 6～8 mm),节间短,叶数多(8～9 片),叶面积大(150～200 cm^2),叶肉厚,叶色紫绿或深绿且有光泽,根系发达。茄子幼苗生长较慢,一般需 85～90 d,应早育苗。

1.1　床土准备

新疆各地在 2 月中下旬播种,温室育苗。有条件的可装电热线,保证育苗期间温度要求。床土用 60% 的 2～3 年未种过茄果类、瓜类蔬菜的菜园土,40% 腐熟有机肥配制,加入磷酸二铵 1～2 kg/m^3,氯化钾 0.5～1 kg/m^3。用 50% 多菌灵粉剂与煤渣灰过筛拌匀后撒施苗床,作垫籽药土。用营养纸袋育苗,不再分苗。营养纸袋直径 8～10 cm,高 12～13 cm。营养纸袋可以用一面开口的饮料易拉罐卷纸装土,或用糊好的纸袋装营养土,营养土装满压实,纸袋相互靠紧,不留缝隙。也可以用穴盘育苗。

1.2　播种

茄子种子发芽缓慢,用恒温箱催芽效果不佳。先用温水浸种,水温至常温后再浸泡 24 h,然后变温处理(30℃下 8 h,20℃下 16 h)3～5 d,使发芽齐而壮。也可以用 1 000～2 000 mg/kg 赤霉素液浸种 12 h,然后在 25℃恒温下催芽。播种时苗床灌透水,入渗后均匀撒播,覆盖 1.0～1.5 cm 细沙土或药土。营养纸袋育苗可以先播种后灌水,播种完成后在苗床上覆盖地膜保温、保湿。有鼠害、虫害的温棚可以撒药防止为害。

1.3　苗床管理

播种后前 3 d 苗床温度 32℃,以后 25～27℃,苗齐后夜间床土温度不低于 19℃。出苗后注意通风,保持相对湿度 70%,有充足的光照,培育壮苗,提高长柱花比例。幼苗 3～4 叶时分苗,如果用 10 cm×10 cm 方格育苗,或营养纸袋育苗则不必分苗。分苗时苗床灌透水,起苗时多带根系,按 8 cm×10 cm 见方距离栽植。分苗后灌水,覆盖薄膜、草帘,防止日晒萎蔫。在 9:00～11:00、15:00～18:00 时揭开草帘补充光照,11:00～15:00 时盖帘,棚内温度 25～28℃,缓苗期间不通风。缓苗后棚内温度 20～25℃,逐步加强通风,苗床干燥时灌水并中耕,可以轻施氮肥,或叶面喷施 0.2％～0.3％尿素与 0.2％～0.3％磷酸二氢钾混合液。定植前 10 d 灌 1 次水,揭开棚膜通风炼苗,苗床干湿适宜时,进行切苗、囤苗。

2 土地准备

茄子有较高的天然异交率,品种间隔 250～300 m。选择有灌溉条件、光照、热量充足、肥沃、与茄科作物轮作 2～3 年的壤土地作制种田。制种田深翻,重施底肥,增施磷钾肥。施入腐熟有机肥 45～60 t/hm²,磷酸二铵 375 kg/hm²,钾肥 150 kg/hm²。

3 定植

露地在 5 月上中旬晚霜结束后定植,大棚等保护地栽培,可提早到 4 月中旬定植。采用高垄(或小畦)栽培,垄高 20～25 cm,垄宽 40～45 cm,垄底宽 60 cm,垄沟宽 40 cm。做垄要求"垄直、垄面平、呈梯形",每垄定植 2 行,行距 40 cm,株距 35～40 cm,保苗 52.5 万～60 万株/hm²,结合定植第一次去杂去劣。

4 田间管理

定植后连续灌 2 次缓苗水后,及时中耕、培土、蹲苗。"门茄"开花坐果后结束蹲苗,进行第二次清杂去劣。结合灌水施尿素 225 kg/hm²,在"对茄"膨大期施多元复合肥 300 kg/hm²,尿素 150 kg/hm²,在果实成熟期可再追施一次肥料,促进果实膨大和种子成熟。应"重施底肥、稳施花肥、重施果肥"。水分供应是提高茄子制种产量的关键,生长后期处在高温干旱季节,更应注意灌水。坚持浅灌、快速、凉水灌溉,即灌水不能超过垄高的 2/3～3/4,灌后即干,田间积水时间要短;清晨或晚上气温、土温下降,水凉时灌溉,防止病害发生。灌水后中耕除草,后期摘除下部老叶。茄子病害主要有绵疫病和黄萎病,要提前预防。盛果期用 72％克露 600～800 倍液,或 72％普力克水剂 800 倍液,或 80％大生 500 倍液。每 7～10 d 喷 1 次药防治绵疫病,共 2～3 次。预防黄萎病主要是与 3～5 年未种过茄子的田块轮作。虫害主要有蚜虫和红蜘蛛,防治方法参照番茄制种。

5 选留种果

茄子常用"对茄"、"四门斗"、"八面风"留种,长势弱的种株可疏除部分"四门斗"果实,或只用"对茄"留种。门茄和门茄下的侧枝尽早摘除。高部位果实不能成熟,即使老熟种子质量也差,不宜用作留种。长茄品种可以留 8～12 个种果,圆茄及大果型品种留 2～4 个种果。坐果后,在上部留 2～3 片叶摘心,摘除全部非留种嫩果、花朵、植株下部发黄老叶及无用小枝使养分集中供给种果生长。

6 收获留种

茄子种子发育较慢,开花后 60 d 种子完全成熟。当种果充分老熟,果皮呈黄褐色(有些品种不转色或转色慢,依授粉天数确定),是采收种果的最佳时期。采收杂交种果时,检查种果授粉标记是否明显。种果采收后,在阴凉、干燥、通风的地方后熟 7~10 d。种株中途死亡而提前采收的种果,后熟效果更加显著。取籽时发现烂果,把果实腐烂部分切掉。种子清洗时去掉浮在水面上的秕籽和杂质,再放在凉席或晒布上摊开晾晒,忌见铁器。水分下降到手握成团,松手即将散开时可以晒种。每 1~2 h 翻动一次,分 2~3 次晒干,每次晒半天。水分小于 8% 即可精选入库,制种产量 600~900 kg/hm²。

第三章 豇豆制种技术实训

第一节 岗位技术概述

一、豇豆制种生产现状

豇豆营养丰富,蛋白质含量高,富含粗纤维、碳水化合物、维生素和铁、磷、钙等元素,且适应性强,栽培范围广,是我国夏秋季节主要蔬菜之一。我国是豇豆次生起源中心,栽培历史悠久,品种资源丰富,拥有种质资源近千份,在育种方面也取得了很大进展。由于优良新品种的不断推广,以及育苗移栽、地膜覆盖、温室大棚等技术的广泛应用,豇豆品质和产量有了较大提高。近年来,脱水、速冻、腌渍豇豆等加工业的发展和出口有了长足发展,为适应国内外需要,我国豇豆的生产规模将有望持续增长。

(一)长豇豆新品种研究现状

我国拥有世界上最广泛的豇豆种质资源,在育种方面成果显著。浙江省农业科学院和之豇种业公司在豇豆育种和良种繁育方面取得了显著成果。如 20 世纪 70 年代育成的之豇 28-2,推广面积曾在全国覆盖 70% 以上,并荣获国家发明二等奖,为我国豇豆增产和农民增收做出过重要贡献。随着育种工作的不断开展,又培育出了许多综合性状更加优良的新品种,在全国广泛推广。目前,豇豆育种目标仍然以高产、优质和抗病为主。随着反季节和设施栽培技术的发展,以及加工的深入,培育适应设施栽培和适合深加工的豇豆也逐渐成为一个重要目标。目前全国推广面积较大的品种主要有:深绿荚豇豆浙绿 1 号、浙绿 2 号等,矮生豇豆品种之豇矮蔓 1 号、浙翠无架、美国无架等;适应冬季设施栽培的极早熟品种或矮生型早熟品种,如之豇特早 30、之豇矮蔓 1 号、长豇 3 号等;出干率高、适宜脱水加工的绿荚品种绿冠 1 号、浙翠 2 号、高产 2 号等;秋季专用品种秋豇 512、紫秋豇 6 号等。近几年,更有长沙市蔬菜科学院研究所、深圳农业科学院研究中心蔬菜所等通过杂交选育出豇豆杂交种长豇 3 号、夏宝等,填补了我国豇豆杂交种的空白。

(二)主要种植区状况

在我国豇豆种植分布面积广,除青海和西藏外,全国各省市区均有种植。近年来,我国豇豆种植面积维持在 33 万公顷以上。河北、河南、江苏、浙江、安徽、四川、重庆、湖北、湖南、广西等地每年栽培面积超过 1 万公顷,并形成了浙江丽水、江西丰城、湖北双柳等面积超过 1 000 hm^2 的大型专业化豇豆生产基地。每公顷产量以北京、天津、河北、山西、内蒙古等华北地区最高,正常年份在 30 t 以上;其次为东北地区,接近 30 t;上海、江苏、浙江、安徽、福建、江西、山东、河南等地也在 20 t 以上。

(三)制种基地区域分布概况

我国豇豆种子生产主要集中在北方地区,根据地理位置大致可划分为 4 大产区。

1. 东北产区

包括东北三省和内蒙古的部分地区,是我国最大的豇豆良种繁育区,其发展较早,生产技术和配套设施较为成熟,产业化水平较高。该地区夏季温度高,光照充足,雨量少,较适宜于豇豆的生长,辽宁、吉林等地区豇豆单位面积种子产量居全国前列。目前有许多研究所和种子生产企业在东北建有繁种基地。

2. 华北产区

主要包括河南、河北、安徽、山东等省市区。该地区豇豆种植面积较大,对种子的需求量也较多。但近年来由于连作障碍等多方面原因种子单产下降,制种农户效益不佳,生产面积呈下滑趋势。

3. 西北产区

以宁夏、甘肃、新疆等省份为主。该地区气候干燥,光照充足,昼夜温差大,而且土地资源和劳动力资源丰富,对建立豇豆良种繁育基地极为有利,平均制种产量 1 800 kg/hm^2。近几年,南方许多豇豆种子经销商瞄准了西北地区的这些有利条件,相继在该地区建立了大型良种繁育基地,因此西北产区豇豆种子生产面积发展迅速。

4. 南方产区

浙江、福建、湖北、湖南、四川等南方地区也有豇豆种子生产基地的零星分布。南方产区由于夏季种子成熟期高温多雨,种子产量低,色泽差,品质较低,因此更宜于秋季繁种,产量 1 125~2 250 kg/hm^2。

二、豇豆制种技术发展

(一)存在的问题

目前我国豇豆生产中存在的主要问题有:良种覆盖率偏低,农家品种繁多。农家品种在生产中仍占一定比例,这些品种效益较低,如山东省地方品种资源有 100余份,平均产量仅为 12.7 t/hm²;许多种植户仍采用自留种,制种技术不规范,没有相应的提纯复壮措施,从而因机械混杂、生物学混杂或自然变异等原因,导致品种种性退化,种子质量不高,影响了豇豆产量;豇豆属于非主要农作物,种子管理部门对豇豆品种管理较主要农作物松散,造成品种多乱杂;虽然各地也形成了一些上规模的蔬菜种子生产基地,但豇豆良种专业化生产基地较少。一些组织豇豆种子生产的经营企业科研能力薄弱,良种繁育技术不高,对生产管理人员缺乏必要的技术培训,种子生产和采后加工、检验、贮藏等技术和设施达不到规范化标准,从而造成种子来源混乱,品质下降。

(二)发展方向

良种生产区域化、标准化。在我国北方自然条件适宜、交通便利、技术配套齐全的地区建立稳定的专业化豇豆良种繁育基地,形成一套规范的豇豆良种繁育技术和质量管理体系。并通过专业人才培养和对从事良种生产的农民进行专业培训,达到生产技术规范化。规范的良种生产技术还应包括高水平的种子采收、采后加工、贮藏和质量控制措施。

研发、繁育和推广相结合。鼓励豇豆种子经营企业自主研发,鼓励有条件的科研单位进行种子生产经营,走研发、繁育和推广结合的路子,使育种者和经营者都成为利益主体,从而提高品种改良和推广的积极性。只有研发与经营结合,才能使新品种更注重市场需求,并迅速转化为生产力,推动豇豆种子的产业化发展。兼顾生产者与经营者共同受益,保证种子企业繁种的回收价格,通过良种繁育基地建设增加农民收入。这样才能提高种子生产者的积极性,建立稳定的良种繁育基地,杜绝种子掺假、非法套购等损害经营者利益的事件发生。要让种植者认识到优良品种和优质种子对增产增收的重要性,主动采用新品种、新技术,避免自留种带来的种性退化造成的经济损失。

第二节　豇豆制种技术实训

一、基本知识

豇豆,别名长豆角、带豆。豆科豇豆属一年生缠绕性草本植物,起源于非洲,中心在尼日利亚,传到印度后,形成短荚豇豆种,在东南亚等地形成长豇豆亚种,为我国夏季蔬菜主要类型之一,我国普遍种植。可鲜食亦可加工。以嫩荚为产品,营养丰富,茎叶是优质饲料,也可作绿肥。其豆、叶、根和果皮均可入药。嫩荚、种子供应期长,播种面积大,播种量 15～22.5 kg/hm²,用种需求量大,而繁殖系数较小,每年需要大量制种。

(一)豇豆生物学特性

1.植物学特征

(1)根　豇豆属深根性植物,主根可深入土层 60～100 cm,群根多分布在 15～25 cm 的土层内,根系较发达,较耐干旱,根瘤较少。根系木栓化较早,再生能力弱。

(2)茎　茎具有蔓生、半蔓生和矮生 3 种类型,无毛,蔓生种茎蔓呈左旋性缠绕,分枝能力强,植株较茂盛,株高可达 2 m 以上,需搭架栽培,茎蔓能自行在架上缠绕生长(图 3-1)。矮生种茎秆直立,分枝较多,株高 40～50 cm,不需要搭架(图 3-2)。

图 3-1　蔓生豇豆的缠绕茎　　　　　图 3-2　矮生豇豆的直立茎

(3)叶　子叶两片,出土,椭圆形。基生叶单叶,对生,第 3 片真叶以上为三出羽状复叶,互生。顶生小叶菱状卵形,顶端急尖,基部近圆形或宽楔形,侧生小叶斜卵形;托叶卵形,叶基部下延成一段距离(图 3-3,图 3-4)。

(4)花　蝶形花,花冠颜色为紫至蓝紫(图 3-5,左)或乳白至淡黄(图 3-5,右),总状花序,花序发生于叶腋或茎的顶端,花序柄长 10～16 cm,每序有花 3～5 对,成对着生。第一花序着生的节位因品种而异。一般早熟品种主蔓多在第 3～5 节着生第一花序,晚熟品种多在第 7～9 节着生,侧蔓一般于第 1～2 节便能抽生花序。花为完全花,雌雄同花,自花授粉,当花朵开放时已经完成授粉。

图 3-3 戟形叶

图 3-4 三角形叶

图 3-5 豇豆花

（5）果实　荚果线形，圆柱形或扁圆柱形，全直或稍弯曲。每花序结荚 2～4 个，因品种而异，荚长 30～90 cm，嫩荚绿、淡绿、紫红或紫红花斑等，成熟时黄白至黄褐色。在高温、干旱或营养不良条件下栽培时，豆荚纤维增多，品质恶化。每荚有种子 10～20 粒（图 3-6）。

（6）种子　种子为肾形、椭圆形和圆形，种皮颜色有黑色、淡棕色、棕色和花斑等，种皮色泽深浅与花色有密切关系，花蓝紫色品种，种皮颜色较深，白花品种种皮多为浅色。千粒重 120～150 g。种子寿命 2～3 年，生产中多用第一年的新种子。种皮薄，浸种时易破裂而受损伤，故不提倡播前浸

图 3-6 豇豆荚果

图 3-7　豇豆的种子

种(图 3-7)。

2.开花结荚习性

豇豆的一个总状花序可长 3～5 对花或更多,但通常只有 1～2 对花能开放、结荚。少数花序在营养充足、环境条件优良的情况下也可能有 2～3 对花开放、结荚。豇豆从播种至开花所需的天数因品种而异。大致随生育期的拉长而增加,有 50～100 d,全株开花时间 20～30 d,始花后的第二周为盛花期,第三周转入谢花期。

豇豆一般在夜间和早晨开花,开花时,旗瓣和翼瓣的绿色退却,龙骨瓣则由绿色变成乳白色,然后,雄蕊破龙骨瓣外露,即完成自花授粉作用。开花当天午后旗瓣闭合,整个花冠呈萎蔫状态,颜色逐渐变深,而后花柱也萎蔫,受精的子房伸长,即为坐荚。豇豆开花是由下而上,由起点到端部顺序开放。就一个花序来看,往往第一花已形成果实后,第二花才开始开花结实。

豇豆开花期的适宜温度为 20～25℃,若低于 15℃或高于 30℃时,花蕾发育不全,易发生落花落荚现象。光照不足,则坐荚数少。一般开花后 15 d 左右果荚的豆粒鼓起,15～18 d 有的种子就有发芽能力,35 d 以上种子达到生理成熟。

3.生长发育周期

豇豆生育期的长短因品种、栽培地区和季节不同差异较大,蔓生品种一般为120～150 d,矮生品种 90～100 d,可划分为发芽期、幼苗期、抽蔓期、开花结荚期 4个时期,各时期具有不同的生长发育特点。

(1)发芽期　从种子萌动到第一对真叶出现,需 10～14 d。随着种子的发育,幼根先伸长,接着幼芽显现,下胚轴伸长下扎直至幼苗出土,真叶展开。整个过程经历了从依靠种子自身养分到幼苗能够制造养分的过程(图 3-8)。

(2)幼苗期　从第 1 对真叶出现到有 4～5 片真叶展开,需 20～25 d。第 1 对真叶健全可以促进初期根群发展和顶芽生长。幼苗末期开始花芽分化(图 3-9)。

(3)抽蔓期　从 4～5 片真叶展开到开花,需 10～15 d。此期茎叶生长迅速,花芽不断分化发育,根瘤的固氮作用越来越强。此期节间伸长,蔓生品种植株由直立生长转为缠绕生长,花芽陆续分化、发育(图 3-10)。

(4)开花结荚期　从开花到采收结束。矮生种一般播种后 30～40 d 便进入开花结荚期,历时 20～30 d;蔓生种一般播种后 50～70 d 进入开花结荚期,历时 45～70 d(图 3-11)。

图 3-8　发芽期

图 3-9　幼苗期

图 3-10　抽蔓期

图 3-11　开花结荚期

4.对环境条件的要求

豇豆生长最适宜的气候条件是温度较高、日照充足的气候条件。

(1)温度　豇豆是耐热性蔬菜,不耐霜冻。种子发芽最低温度是 10～12℃,发芽适温为 25～30℃,植株生育适温为 20～28℃,开花结荚适温为 25～28℃,35℃高温仍能正常结荚。不耐低温,15℃左右生长缓慢,10℃以下生长受抑制,5℃以下受寒害。

(2)光照　豇豆多数品种属于中光性植物,对日照要求不严格。喜光但也有一定耐阴性,开花结荚期间要求日照充足,光照弱时会引起落花落荚。有的品种在短日照条件下能降低第 1 花序节位,开花结荚提前,而在北方春季长日照条件下,不能正常开花结荚,引种时应注意品种来源。

(3)水分　对水分要求适中,耐旱力较强,不耐涝,适宜的土壤湿度和空气相对湿度为 60%～70%。播种后土壤过湿易烂籽。开花结荚期要求适当的空气湿度和土壤湿度,过湿过干都易引起落花落荚,对产量及品质影响很大。

(4)土壤营养条件 对土壤的适应性广,以富含有机质、疏松透气的壤土为宜,黏重和低洼湿地不利于根系和根瘤的发育。需肥量较其他豆类作物要多,形成1 000 kg产品需氮12.16 kg、磷2.53 kg和钾8.75 kg,其中所需氮仅4.05 kg来自土壤。苗期需要一定量的氮肥,但应配合施用磷钾肥,防止茎叶徒长,延迟开花。伸蔓期和初花期一般不施氮肥。开花结荚期要求水肥充足,此期增施磷钾肥有助于促进植株生长和提高豆荚及种子的产量和品质。

(二)豇豆的品种类型

豇豆依茎的生长习性可分为蔓生型、半蔓生型和矮生型3种,以蔓生型豇豆为主。按荚果的长短分为三类,即长豇豆、普通豇豆和短豇豆。按食用部位分食荚(软荚)和食豆粒(硬荚)两类,菜用豇豆的嫩荚肉质肥厚,脆嫩,又分为长豇豆和矮豇豆。食豆粒豇豆又叫粮用豇豆,豆荚皮薄,纤维多而硬,食用性差,种子做粮食或饲料。

1.蔓生型

主蔓侧蔓均为无限生长,主蔓高达3～5 m,具左旋性,栽培时需设支架。叶腋间可抽生侧枝和花序,陆续开花结荚,豆荚长30～90 cm,荚壁纤维少,种子部位较膨胀而质柔嫩,生长期长,产量高。如早熟品种有红嘴雁、之豇28-2、之豇特早30等。

2.矮生型

主茎4～8节后以花芽封顶,茎直立,分枝较多,植株矮小,株高40～50 cm,荚长30～50 cm,鲜荚嫩,成熟坚硬,扁圆形,种子部位鼓胀不明显,鲜荚做菜或种粒做粮食。生长期较短,成熟早,收获期短而集中,产量较低。如五月鲜、美国无支架豇豆、安徽月月红等。

相关知识

1.豆类蔬菜的主要类型

豆类蔬菜为豆科一年生或二年生的草本植物,豆类包括菜豆、豇豆、豌豆、蚕豆、刀豆、扁豆、大豆、藜豆、四棱豆9个属。豆类蔬菜营养价值高,富含蛋白质、碳水化合物、脂肪、钙、磷、铁和多种维生素。嫩豆荚和嫩豆粒味道鲜美,除供鲜食外,还可制罐和干制等。目前在新疆栽培、制种比较普遍的有菜豆、豇豆等。

2.豆类蔬菜生物学及栽培管理共性

(1)植物学性状 豆类蔬菜均为直根系,入土深,都有不同形状和数量的共生根瘤,能固定空气中的游离氮合成氮素物质,供植物体营养并增加土壤肥力,根系木栓化程度较高,再生力弱,生产上多直播,也可育苗,但需护根措施。不同种类豆类下胚轴伸长能力有强有弱,可分为子叶出土和不出土两类。出土的有菜豆、豇豆、毛豆、扁豆等，播种时覆土不宜太深，否则不易出苗；不出土的有豌豆、蚕豆、藜豆、多花菜豆等，覆土可深些。豆类多为自花授粉，但蚕豆的异花授粉率较高。豆类根瘤能增加土壤酸性，连作病虫害重，应轮作。

（2）生长发育周期　豆类蔬菜的生育周期大致分为发芽期、幼苗期、抽蔓期和开花结果期。

A.发芽期　播种后种子萌动到第 1 对真叶出现，需 10～14 d。

B.幼苗期　从第 1 对真叶出现到 4～5 片真叶展平为幼苗期，需 20～25 d。

C.抽蔓期　从 4～5 片真叶展平到开花为抽蔓期，需 10～15 d。

D.结果期　从开花到采收结束，矮生种播种后 30～40 d 进入开花结荚期，历时 20～30 d；蔓生种播种后 50～70 d 进入开花结荚期，历时 45～70 d。

（3）对环境条件的要求　豆类除豌豆和蚕豆外都原产于热带，为喜温性蔬菜，它们不耐低温，宜在温暖季节栽培。豌、蚕豆起源于温带，属长日照植物，喜冷凉气候，较耐寒，忌高温干燥，宜在温和季节栽培。豆类属中光性作物，对日长要求不严，但苗期遇短日照能促进花芽分化。豆类根系较发达，入土较深，具有一定的耐旱能力，土壤湿度过高，根瘤菌活动能力减弱。要求土壤排水和通气性良好，pH 5.5～6.7 为宜，不耐盐碱。忌连作，宜与非豆科作物实行 2～3 年轮作。豆类蔬菜均为蝶形花，多为自花授粉，留种容易。

3.豆类蔬菜制种技术路线

豆类蔬菜种子主要是常规品种，制种主要采用"原原种—原种—良种"3 代制种法，制种过程主要为：

（1）单株选择繁殖原原种　要求进行 4 次选择，苗期筛选符合本品种特性的健壮苗定植并标示；开花期根据花的颜色、植株的生长习性淘汰异品种的杂株和病株；结荚期根据荚的性状选留生长势强、始穗部位低、果荚长而整齐、无病虫危害又符合本品种特征的植株并标示；种子成熟期根据老熟荚和种子性状对当选单株进行选择。

（2）株系选择繁殖原种　从苗期、营养生长期、结荚期、种子成熟期 4 个阶段按本品种的特征特性进行株系间选择，符合品种特性、无病株杂株、整齐度一致的株系当选，对当选株系去杂去劣后混合收种。

（3）片选繁殖良种　继续将当选株系种子繁殖，在开花结荚期按品种特征特性进行一次选择，拔除病株、杂株后全部植株混合收种。

二、职业岗位能力训练

训练学生制订豇豆制种生产计划，并能依据制种计划选择、落实制种基地，与农户签订制种合同,及时准确发放亲本种子,并指导制种农户进行播前准备、播种、定苗、搭架引蔓、水肥管理、病虫害防治等田间管理工作,并能监督和指导农户做好种荚采收、种子脱粒和晾晒等工作;同时训练学生识别豇豆的生长势类型、抗病性及株型、结果习性等品种间特征特性的差异,识别、描述亲本的特点,如叶形叶色、花色、果荚形状颜色、种子的大小形状和色泽等,以便在制种工作中合理安排、管理,并能准确的去杂去劣,以获得制种成功,保证制种豇豆的产量和质量。

（一）播前准备与播种

【工作任务与要求】

　　按照公司制种计划落实制种基地,并与制种农户签订制种合同,依据农户制种面积计算、领取和发放亲本种子,并按要求对亲本种子进行封样。依据豇豆制种栽培对土地的要求进行土地准备和播种,包括确定施用基肥的种类和数量,以及施肥的方法等;按要求平整土地,根据制种品种特点确定行距的大小,确定播前水的灌溉定额并组织农户按要求覆膜,根据气候条件和土壤墒情进行播种,组织农户事先对亲本种子进行粒选和消毒处理,确定适宜的播种时间并组织制种农户及时播种,保证一播全苗。

【工作程序与方法要求】

选地整地

选地:豇豆制种基地应选在土壤质地疏松肥沃、土层深厚、光照充足的壤土和沙壤土区域,壤土和沙壤土增温快,透气好,利于豇豆根系发育和根瘤菌的形成。避免选择重茬和盐碱地、土质黏重的地块。原种和良种制种田分别设 100 m 和 50 m 隔离带,隔离区内不要有其他豇豆品种或与豇豆间可交配结实的植物类型。

整地施肥:秋季整地前撒施二铵或复合肥 150～175 kg/hm² 做基肥,或施农家肥 30～45 t/hm²,深耕冻垡。整地质量要求达到"齐、平、净、松、碎、墒"六字标准为宜。

耙地起垄:深耕 20 cm 以上,耙细整平,按 60～70 cm 宽的垄间距起 15 cm 高的垄,起垄前在垄下带状施入硫酸钾复合肥 450 kg/hm²。按要求耕地起垄,技术人员做好指导和检查工作。

土壤处理:播前使用 48% 氟乐灵乳油 1.2～1.5 kg/hm²,兑水 450～600 kg 均匀喷洒地面,喷后及时耙耱,使药剂与土壤充分混合,可有效防止苗期稗草等杂草危害。

要求:制种基地选择适宜,隔离条件达标,整地质量达到"六字"标准。施肥应均匀一致,垄间距一致,平直、整齐,土壤处理药剂选择正确,喷施效果良好。

灌水覆膜

灌水:为保证足墒播种,播前3~7 d顺垄沟浇1次透水,待地面稍干后播种。

覆膜:灌水后覆盖地膜,选择宽幅为70 cm的地膜,以利保墒、增温、抑制杂草生长。在播种带上喷洒晶体敌百虫,以防地下害虫。清除播种带上的土块、残留杂草及硬性根茎等,然后覆膜。

要求:播前灌水应小水慢浇,浇足浇透。覆膜要求平展,松紧适度,两侧压实压紧。

播种

播种时间:一般当土壤10 cm深的土温稳定在10℃以上时即可播种。据多年经验,新疆各地区的最佳播期在4月下旬至5月上旬。

种子处理:督促制种农户在播种前将亲本种子进行粒选,去除杂粒、瘪籽,并进行种子消毒处理。

播种:一般采用露地直播方式,个别地区也有育苗移栽的方式。播种采用70 cm膜机械点播或条播,也有先铺膜后人工点播的方法,不过此方法耗费人力太大,只适于小面积种植。直播方式播种时将种子播在半高垄两侧1/2处(水线处),穴距20~25 cm,每穴播3~4粒种子,播种深度2~3 cm。播种后用潮湿土及时覆土。播种量30~37.5 kg/hm²,人工点播可减少用种量。

要求:选择合适的播种时间,密度适宜,播深一致,覆土良好,保证播种质量,减少补种工作环节。

播种过早地温低,种子容易霉烂,幼苗出土慢,易缺苗断垄,出土幼苗易受霜害;播种过晚,开花结荚时易遇炎热高温天气,引起落花落荚影响产量。

相关知识

1.豇豆制种基地选择要求

影响豇豆制种产量的主要因素是在豇豆开花结荚期遭遇阴雨、高温或大风等恶劣天气,导致结荚率下降,直接影响制种产量,因此在选择制种基地时宜选择豇豆开花结荚期以晴朗天气为主的地区,并选择地势高、土壤深厚、排灌方便、排水良好的地块。前茬以小麦、玉米等为好,集中连片,和豆类蔬菜轮作至少2年。

2.隔离区要求

豇豆是闭花授粉作物,天然杂交率小于2‰。但是,为防止串花,保证种子纯度,制种时不同世代、不同品种间仍要进行严格隔离,原原种、原种制种应与邻近豇豆生产田块空间隔离100 m以上,良种制种应与生产田块空间隔离50 m以上。

3.豇豆亲本种子质量要求

豇豆制种亲本种子必须是具备原品种(系)特征特性、纯度不低于99.7%、发芽率不低于90%的国标一级的亲本种子。

4.施肥起垄的方法

耕地前根据土壤肥力情况进行配方施肥,每667 m² 施腐熟有机肥37.5 t、过磷酸钙750 kg、三元复合肥225 kg、尿素150 kg做底肥。垄宽1.4 m、沟宽0.3 m,畦面略呈龟背形,以利排灌。

5.豇豆育苗技术

为提高种子的产量也可以提前育苗,育苗可将豇豆的生育期提前10~15 d,促进豇豆的生殖生长,增加花序数和结荚数,提高种子的产量。

育苗可采用塑料苗钵、纸钵或穴盘,有利于保护根系,减少伤根、断根。营养土采用4份腐熟的有机肥,6份田园土捣碎过筛掺匀后配成。定植的苗龄以15~20 d最适宜。定植的标准壮苗应该是第1片真叶展开、第2片真叶初现。定植的深度以不埋没子叶为准。行距60 cm,株距30 cm,每穴栽2株。

经验之谈

如何做好制种豇豆播种工作

豇豆株型比较紧凑,适于密植,以便提高种子产量。为一播全苗要注意以下几点:第一,选择耐寒性强和对日照要求不严格的品种;第二,严格精选种子;第三,掌握好墒情适时播种;第四,播种深度掌握在3 cm左右;第五,苗出齐后及时中耕松土。

【田间档案与质检记录】

豇豆制种亲本发放单

编号:　　　　　　　　　　　　　　　　制种地点

序号	品种(代号)	地号	面积	原种数量(kg)	户主签名	备注

填表人:　　　　　　　　　　　　　　　　年　月　日

豇豆制种田间档案记载表

合同户编号			户主姓名	
地块名称(编号)			制种面积	
前茬			隔离区(m)	
基肥	种类：		施用量(kg/hm²)：	
垄	间距(cm)：		垄高(cm)：	
播前灌水	日期：		数量(m³)：	
覆膜	日期：	宽幅(cm)：		用量(kg)：
播种	日期：	播种量(kg/hm²)：		
	方式：	株距(cm)：		

豇豆制种田播种质量检查记录

检查项目	检查记录	备注
播前整地质量		
起垄质量		
灌水质量		
覆膜质量		
播深(cm)		
覆土、镇压		
播种质量及纠错记录		

⊕（二）前期管理

【工作任务与要求】

豇豆的花芽分化在苗期进行,幼苗健壮利于提高雌花分化的质量,减少落蕾落花,利于坐荚。当幼苗长到 3～4 片真叶时,技术管理人员要组织农户及时定苗,指导农户结合定苗去杂,首次将杂株和病弱苗剔除,督促农户及时中耕松土,提高地温,清理田间杂草,抽蔓时依品种要求搭架引蔓,结合整枝工作做好去杂去劣和病虫害防治工作。

【工作程序与方法要求】

查苗定苗

查苗补苗:播后7～10 d可出齐苗,幼苗长至2～3片真叶时及时查苗,淘汰病弱小苗和非典型苗,发现弱苗及时拔除,保证每穴有2～3株正常苗。补种时宜浇暗水,即在补种时先挖穴浇水,待水渗入时补种、覆土。

要求:查苗要认真仔细,补种要及时,按要求间定苗,结合定苗做好去杂工作和病虫害防治工作。

病虫害防治

病虫害防治:采用亲自下地调查或询问制种农户的方法及时了解制种田病虫害发生、发展情况,发现病虫中心株及时拔除,带出田地深埋销毁。督促制种农户及时进行病虫害防治。

中耕除草

中耕除草:播种至出苗前,如遇到阴雨天气造成土壤板结,要及时中耕,以利于增温和消灭杂草,并可促进早出苗,培育壮苗。苗出齐后趁墒中耕,结合中耕向植株培土,促苗生长,中耕、松土还可以提高土温,保持土壤墒情和改善土壤的透气性,为根系扩展及根瘤菌活动提供良好的条件。抽蔓前再中耕1次。一般在支架前要进行2～3次中耕为宜,深度15 cm左右,利于植株根系下扎,根瘤菌生长。抽蔓后不再中耕,随时拔除杂草,利于通风透光。

要求:中耕除草及时,由浅入深,不伤根系。

插架引蔓

插架:蔓生豇豆播后35～40 d抽蔓,在主蔓长至5～6叶或30 cm左右时要及时搭架引蔓,矮生品种无需搭架。抽蔓时多采用"人"字行架,一般用竹竿(或木杆)37 500～45 000根/hm²,需提前做好准备。生产上多采用人字架,不易倾斜倒地,通风透光效果较好。

引蔓:插架后应进行一次人工引蔓,使各植株茎蔓分布均匀,沿架竿缠绕向上生长,防止互相缠绕,茎叶重叠,透光不良,影响结果。引蔓要在晴天中午或下午进行,此时茎叶组织水分较少,不易受伤受损。早晨或雨后茎叶组织水分充足,容易折断。

要求:插架及时、牢固,架式正确。引蔓方法正确,植株分布均匀。

水肥管理	灌溉:按照豇豆栽培技术要求,实施沟灌。苗期浇水次数、时间以土质、幼苗生长情况及气温而定,苗期在保持土壤一定湿度的情况下,应适当控水蹲苗,以利幼苗扎根。蹲苗至第1花序开花坐荚时浇足水,以后停止中耕,以免伤根。 追肥:抽蔓时即可开沟追肥,施尿素 150 kg/hm²。8月中旬结合第2水施尿素 225 kg/hm²。		要求:灌水追肥时期适宜、数量得当。
整枝	整枝:将新生出的侧蔓及时除去,减少营养消耗,以利于开花结荚。当主蔓长到 2 m 以上要摘心,控制生长,节省养分,促进侧枝坐果。		要求:整枝及时、得当。
去杂	去杂:直播豇豆结合间定苗将叶色、叶形、株型、初花节位等与亲本特性不相符的杂株和病株拔除。育苗豇豆结合定植进行去杂去劣。		要求:去杂要及时、彻底。

查苗工作要及时,补种时要认清品种,用同一种子补种,并组织农户及时定苗,结合定苗去杂去劣。中耕应遵循先浅后深的原则,注意保护豇豆根系。

直播豇豆在齐苗之后,育苗定植的在缓苗之后,要开始调节营养生长和生殖生长的关系。具体的做法是适当控制水分,进行蹲苗,连续中耕保墒,促进根系发育和茎蔓健壮。

相关知识

1. 去杂去劣的时期与方法

结合定苗、引蔓工作,将叶色、叶形、株型、初花节位等与亲本特性不相符的杂株和病株拔除,仔细选留具有品种特征且叶大、色绿、节间短、生长势健壮的苗。

2. 插架的方法

蔓生豇豆在植株抽蔓前插架,架高应在 2 m 以上。为防止倒伏并提高通风透光性,一般都采用人字架,个别地区也采用三角架,结合灌水,在地面湿润时将架插好,并在距离地面 1.8 m 处用结实的布条和尼龙绳捆扎,注意尽量不要使用塑料绳等易老化断裂的材料,以免散架。搭架完成后,选晴天上午或阴天露水干后逆时针方向引蔓,使茎蔓均匀分布在架上(图 3-12)。

3.植株调整的方法

为了调节豇豆生长发育之间的矛盾,需要对豇豆进行整枝。第 1 花序以下侧枝长到 3 cm 长时,应及时摘除,以保证主蔓粗壮。主蔓第 1 花序以上各节位的侧枝留 2～3 片叶后摘心,促进侧枝上形成第 1 花序。当主蔓长到 15～20 节、达到 2～2.3 m 高时,剪去顶部,促进下部侧枝花芽形成。

图 3-12　搭架及人工引蔓

经验之谈

1.膜下点播幼苗管理

播后 7～10 d 天可出齐苗,期间要特别注意破膜引苗,防止幼苗在膜下被灼伤或烧死。破膜引苗工作宜在早、晚进行,并用细土封严出苗口。

2.补苗技巧

为确保不缺苗,可以在播种后 2～3 d 在 72 孔穴盘中播种一些预备苗,在制种田出现缺苗时,用穴盘内培育的秧苗进行补苗。

【田间档案与质检记录】

豇豆制种田间档案记载表

合同户编号			户主姓名	
地块名称(编号)			制种面积	
出苗期			幼苗特征:	
出苗率(%)			补种情况:	
间定苗		日期:	质量:	
中耕		日期:	质量:	
插架		日期:	架式:	
浇水	第　次	日期:	质量:	
	第　次	日期:	质量:	
施肥	第　次	种类:	数量(kg/hm²):	
	第　次	种类:	数量(kg/hm²):	
去杂去劣		日期:	质量:	
病虫害发生情况				

豇豆制种田间检验记录单

检验时期	被检株数	杂株数	纯度(%)	病虫害感染情况
苗期				
意见与建议				

检验人:　　　　　　制种户:　　　　　　　年　月　日

（三）开花结荚期管理

【工作任务与要求】

指导农户在初花期与结荚期根据花色、果荚等性状去杂去劣，保证种子纯度。并根据情况开展水肥管理，提高坐荚率，做好病虫害防治，为丰产打下基础。

【工作程序与方法要求】

去杂	去杂:开花期根据花的颜色和植株生长习性,淘汰不符合品种特征特性的植株和病虫株。结荚期根据荚的性状选留生长势强,着花节位低,果荚长而整齐,无病虫为害,性状符合本品种特征特性的植株。拔除杂株和劣株。
	要求:去杂要及时、坚决、彻底。
水肥管理	浇水:抽蔓时浇1次水后进行蹲苗,不再浇水。只有在墒情不足、过于干旱或植株生长细弱时,补浇小水。结荚前,要控制水肥,防徒长。第1花穗凋谢,结荚以后要促进结荚和籽粒发育,防止早衰,因此肥水管理要以促为主。进入结荚盛期要保持土壤湿润,每隔7～10 d浇1次水,使土壤水分稳定在田间持水量的60%～70%。追肥:在植株开花结荚后将氮、磷、钾肥料适量配合追肥,每浇2次水结合追肥1次,追施1次磷酸二铵225～300 kg/hm²,还可用0.2%的磷酸二氢钾进行叶面喷施,以提高籽粒饱满度和产量,采收盛期后易出现"伏歇"早衰现象,可于花荚期追施尿素75 kg/hm²,以延缓衰老,提高后期产量。
	要求:浇水追肥时间、数量要根据实际情况,促控结合。
病虫害防治	病虫害防治:豌豆象成虫在豇豆鲜荚上产卵,对后续的种子贮藏造成危害。因此可在植株开花前和开花后用80%敌百虫可湿性粉剂800倍液喷雾防治。
	要求:预防为主,防治为辅。

进入高温季节应勤浇、轻浇,采用早晚浇和雨后浇井水等办法来降低地表温度,保持土壤通气良好,避免沤根,使根系生理活动保持正常,同时地上部茎叶和豆荚能迅速生长,以达到高产增收的目的。

及早调查田间病虫害发生发展情况,采取生物防治和化学防治相结合、"前防后治、前稀后浓"的原则,防治病虫害的同时,加入适量磷酸二氢钾或氯化钙等微肥配合使用,以提高豇豆自身抗病能力。

相关知识

1. 开花期去杂方法

初花期根据花的颜色和植株生长习性进行去杂,此时茎蔓缠绕在架杆上不易区别,当发现花的颜色和植株生长习性不符合品种特性的植株时,顺着茎蔓由上向下直达茎蔓基部,之后将杂株根系拔起即可,植株自然干枯死亡,不必将其从架杆上去除。

2. 豇豆落花落荚的原因及防止方法

(1)落花落荚的原因

①温度异常　开花期白天温度高于35℃和低于10℃,花器生理机能失调,降低花粉生活力,造成落花落荚。豇豆开花结荚期如果夜温高于30℃,会妨碍植株的同化作用,使植株的呼吸增强而生长衰退,也会造成落花落荚。

②湿度不适宜　湿度对开花结荚的影响与温度密切相关,在较低温度下,湿度的影响较小,而高温下则影响非常大。高温干旱条件下花粉畸形、早衰或萌发困难。高温高湿,则花粉不能正常破裂散粉,柱头黏液不足影响授粉,二者均会引起大量落花落荚。

③光照不足,通风不良　豇豆的发育对光照强度反应很敏感。尤其在花芽分化后,当光照强度减弱时,植株同化效率降低,光合产物积累少,落花落荚增多。如种植过密或支架不当,致使植株茎叶互相遮挡、郁蔽,影响光合作用和养分积累,造成下部落花落荚增多。

④植株自身营养不足　豇豆花芽分化早,植株较早进入营养生长与生殖生长并进阶段,开花初期植株本身与花、荚争夺养分而引起落花落荚。开花中期,因开花数多,花序之间、花荚之间争夺营养激烈,造成后面花序开花结荚脱落。开花后期植株生长势变弱,同时受不良环境条件如高温、低温等的影响,植株同化效率降低,同化物质积累不足,从而造成落花落荚。

⑤施肥不当　豇豆生育早期偏施氮肥,再加上水分供应过多,易使植株徒长,引起落花落荚。生育期施肥不足,不能满足茎叶生长和开花、结荚的需要,易产生植株各部分争夺养分的现象,导致落花落荚。开花结荚期如果缺磷,就会使豇豆发育不良,减少开花和结荚数。

⑥病虫危害　菜豆枯萎病、细菌性疫病、锈病、豆荚螟等发生严重,均会导致菜豆落花落荚。

(2)防止措施

①选好品种　选择适应性广、抗性强、坐荚率高、丰产优质的品种。

②适时播种,培育壮苗　掌握适宜的播种期,以充分利用最有利于豇豆开花结荚的生长季节,促使植株生长健壮,增强其适应能力。

③精细选地,合理密植　要选择土壤疏松、土质丰富,排水良好的地块。合理密植和搭架,保持豇豆株间通风良好。

④加强肥水管理　种植地要施足基肥,坐荚前少施追肥,结荚期重施,并增施磷、钾肥。苗期控制浇水,注意中耕保墒,促进根系生长。初荚期不浇水,以免植株徒长引起落花。第1层豆荚长至半大时进入重点浇水追肥期。

⑤适时采收　适时早收嫩荚,以利后期花序和豆荚的生长生育。

⑥加强病虫害防治　采取综合防治措施,及时防治病虫害,使植株生长健壮。

3.病虫害防治方法

(1)潜叶蝇　成虫体淡灰黑色,体长 1.3～2.3 mm,翅长 1.3～2.3 mm,足淡黄褐色,复眼酱红色。卵乳白色,2、3 龄幼虫鲜黄或浅橙黄色,围蛹。幼虫潜食叶肉,形成先细后宽的蛇形弯曲或蛇形盘绕虫道,其内有交错排列整齐的黑色虫粪。虫道呈不规则线性伸展,虫道端部明显变宽,老虫道后期呈棕色的干枯斑块。

防治方法:摘除受害叶片,带出棚外深埋或烧毁,生产后期应及时拔除残株销毁,减少虫源;成虫发生盛期糖醋液诱杀;利用黄板诱杀成虫。每 667 m² 大棚用黄板 300～450 块,7～10 d 更换一次板;卵盛期至孵化初期进行防治,可选用 1.8％虫螨克乳油 2 000 倍液或 10％灭蝇胺悬浮剂 1 500 倍液喷雾。

(2)豇豆斑枯病　主要侵染叶片,叶片上的病斑呈多角形至不规则形,初呈暗绿色,后渐变为紫红色,中部褪为灰白色至白色。

防治方法:清洁菜园,及时收集病残物并烧毁;发病初期使用 75％百菌清可湿性粉剂 800 倍液,或 70％甲基硫菌灵可湿性粉剂 1 000 倍液,或 70％代森锰锌可湿性粉剂 700 倍液每 10 d 左右 1 次,连续喷 2～3 次。

(3)豇豆锈病　主要侵染叶片,严重时亦为害叶柄和豆荚。发病初期,叶背产生淡黄色的小斑点,后变为锈褐色,隆起,呈小脓包状病斑。后扩大成红褐色夏孢子堆,中间为铁锈色,外有黄色晕圈,表皮破裂散出红褐色粉末。到后期,夏孢子堆即变成黑色的冬孢子堆。

防治方法:及时清除田间病残体,并集中烧毁,减少土壤带菌;合理轮作,用种子重量 0.2～0.3 的 70％甲基硫菌灵进行药剂拌种;发病初期可选用 65％的代森锌可湿性粉剂 500 倍液,或 70％的甲基硫菌灵可湿性粉剂 1 000 倍液,或 20％的三唑酮乳油 2 000 倍液,或 25％丙环唑乳油 3 000 倍液等进行药剂防治。

留荚节位确定

经验之谈　　有些豇豆品种豆荚较长,而有些早熟豇豆品种的始荚节位较低,早期所结豆荚容易着地腐烂,并影响植株中上部开花结荚,因此,留种豇豆采摘以第 2 茬果荚留种最佳,头茬果要及时采摘以免坠秧,同时前茬留种不可过多,否则也易坠秧,影响产量和品质,根据市场价格及时采摘鲜果出售,在后期价格低时再次留种,豇豆每个花序上有两对以上花芽,但通常只结一对荚,植株生长良好,营养水平高时,可使大部分花序结荚,所以采摘时不可损伤花序上其他花蕾,更不能连花序柄一起摘下,保护好花序,有利于继续开花结荚。

【田间档案与质检记录】

豇豆制种田间档案记载表

合同户编号			户主姓名		
地块名称(编号)			制种面积		
开花日期					
追肥		日期:		肥料用量(kg/hm^2):	
去杂					
灌溉	第　水	日期:		灌量(m^3):	
	第　水	日期:		灌量(m^3):	
	第　水	日期:		灌量(m^3):	
病虫害防治		种类:		防治方法:	
		种类:		防治方法:	
		种类:		防治方法:	
结荚率(%)					
灾害天气及应对措施					

豇豆制种田间检验

检验时期	被检株数	杂株数	纯度(%)	病虫害感染情况
开花期				
结荚期				
意见与建议				

检验人:　　　　　　　　　　制种户:　　　　　　　　　　年　月　日

 (四)收获、晾晒与交售

【职业岗位工作】

指导农户及时收获种荚,结合采收、晾晒和脱粒去除不符合品种特性的果荚、种子,并进行种子清选晾晒,及时抽检、送检,依据相关规定,及时收购,以免种子套购流失。

【工作程序与方法要求】

采收	采收时间:当豆荚转黄,荚内种子充分成熟时,及时采收。 采收方法:分批采收。种荚采收后及时置于阴凉通风处后熟 7 d 左右再脱粒,脱粒采用手工脱粒或捶打脱粒的方法,不允许采用碾压脱粒的方法,避免种子破裂。	要求:果实成熟、性状一致。脱粒时种子破损率低。
去杂	去杂:根据老熟荚和种子性状进行选择淘汰,去除籽粒大小、颜色等不符合品种特性的单荚或种子。	要求:杂株率不超过 1%。
晾晒清选	晾晒:晾晒种子要放置在干净的布单、席子及麻袋等物上,场所要通风,需经常翻动,晚上收起时,放在凉处,不可堆积过厚。 清选:种子晾干后精选,用簸箕、风车、筛子等工具选去秕籽、石粒、小粒后,手工剔除其中的损伤籽、霉变籽、杂物、小籽及瘪籽等,保证籽粒大小整齐和颜色一致,装袋待检。	要求:水分达到国标规定 8%,净度 99%。
种子处理	种子处理:种子采收后半个月内种子里的豆象幼虫还没有发育为成虫,应及时进行防治。收获籽粒晒干后,用 80% 敌敌畏 50 倍液拌种。入库前可用 0.5%~1.0% 的敌敌畏和 0.1%~0.2% 的敌百虫喷雾,密闭 72 h 后通风 24 h 对仓库进行消毒。待种子含水量达到要求(8% 以下)后入库保存,并注意保持阴凉干燥和防虫防鼠。	要求:药剂选择适宜,种子处理方法得当,库房消毒彻底。
装袋待检	装袋待检:将清选干净的种子存放在麻袋、布袋或编织袋内,同时在每一包装袋内外均放置标牌,写明品种、袋号、产地、户名、数量、年份,紧牢袋口,将种子袋放在干燥、无污染、无虫鼠害的地方(切忌将种子袋放在地面),以待交售。	要求:不同品种要单装、单收,经常查看,防止种子混杂、霉变。

取样报检

取样报检:将制种户的全部种子充分混匀后取样,为确保公平应一式三份,即收种双方各密封保存样品一份上交种子管理部门鉴定一份,编号报检。

要求:取样须有代表性和真实性,制种双方报检前要封样。

检验

检验:豇豆种子室内鉴定包括种子纯度、净度、发芽率、水分检验。国家种子质量标准规定:豇豆原种纯度不低于99.9%,良种种子纯度不低于97%,净度均为不低于99%,发芽率不低于85%,水分不高于12%。

要求:种子经过鉴定检验,达到国家规定的种子质量标准后,方可收购。

收购包装

收购包装:对检验合格的种子要及时组织农户进行定量包装并交售。按照种子管理规程和本公司要求统一进行包装、销售。

要求:及时。

种子含水量在8%以下,含水量过大易造成发热、霉变,籽粒色泽不鲜亮。

相关知识

1.采收种荚的时间及方法

应在晴天进行,最好分期采收(图3-13),熟一批采一批。如采收期遇阴雨天,采收后应摊放在通风处晾干。

种荚采收后捆成小把搭在支架上,充分晾干后收回,用人工捶打或用豇豆脱粒机脱粒,然后对采收的种子进行人工粒选,去除破种、瘪种、杂种。

2.种子仓储

种子晒干精选后装袋密封,编号入库。入库前用磷化铝对仓库密闭熏蒸15 d,通风24 h后种子进库保存,以后注意保持干燥和防虫防鼠。

图3-13　分批采收

经验之谈

1. 制种田早衰植株的管理方法

对植株长势弱,有早衰症状的豇豆植株要及时进行磷酸二氢钾叶面追肥,以促生长,提高产量。

2. 收获适期

待荚壁充分松软、表皮现黄萎,用手折荚果不再折断,用手按豆荚种粒能够滑动时即可采收(图3-14)。

3. 采摘荚果的节位

图3-14　采收

留种果荚的部位以中下部距地面 70 cm 以上的部位较好,最下部的果荚容易垂落地面而霉烂或种子在种荚内发芽。植株顶端的果荚因营养不足种子质量不好,不宜留种。

【田间档案与质检记录】

豇豆制种田间档案记载表

合同户编号		户主姓名	
地块名称(编号)		制种面积	
估产	日期:	产量(kg):	
采收时间	开始:	结束:	
清选方法			
脱粒	方式:	破损率(%):	
产量(kg)			
取样	日期:	编号:	
封样	日期:	编号:	
收购	日期:	数量(kg):	

豇豆制种田间检验

检验时期	被检株(粒)数	杂株(粒)数	纯度(%)	病虫害感染情况
荚选				
粒选				
意见与建议				

检验人:　　　　　　　制种户:　　　　　　　年　月　日

豇豆种子检验记录

检验项目	检验记录	检验人
发芽率(%)		
水分(%)		
净度(%)		
纯度(%)		

三、知识延伸

1.参阅相关资料,就国内外豇豆育种、制种技术发展动向撰写一份报告。

2.查阅资料系统了解豇豆杂交制种技术。

四、问题思考

1.如何提高新疆制种豇豆的产量?应在制种工作中注意哪些问题?

2.如何提高豇豆杂交制种效益?

第三节　知识拓展

豇豆杂交制种技术

1　亲本的选择

选择遗传稳定,性状一致,品质优(目前为肉厚、不鼓籽、条顺直匀称、无鼠尾、外形美观等),有适合的长度,抗性强,熟性(早、中、晚)符合要求,结荚能力强,产量高,同时父、母本有一定的差异,性状存在互补性的亲本。

2　去雄授粉

2.1　豇豆开花规律

豇豆花为蝶形花,有雄蕊 10 枚,雌蕊 1 枚。雌蕊柱头呈白色细棒状,随龙骨弯曲,上有绒毛,顶端膨大。一般雄蕊在清晨 6:00~7:00 即可开裂,散出花粉,开花时间是每天早晨 7:00 以后,12:00 以前闭花,阴雨天则有延后。

2.2　母本去雄

母本去雄应在 15:00~18:00 间,选第 2~3 天会开的花蕾,且花蕾的位置应在 4 节以上、12 节以下。从花蕾顶端沿腹缝自上而下剥开,将雄蕊清除干净,并进行套袋。

2.3　授粉

豇豆花粉寿命短,故采用当天开放的新鲜花粉或直接取父本花,在每天7:00~12:00,用镊子夹住花药,轻触雌蕊柱头即可。授好粉后重新套好袋。第2天花瓣即会脱落,若有嫩荚则授粉成功,此时可将同一花序的其他花蕾或嫩荚摘除,以保证杂交豇豆营养供应,不至于落荚,还可适当打顶,摘除侧蔓生长点。

3　采收及选育

当种荚黄化变软即可采收,晒干剥籽,剔除瘪籽、未成熟的浅色籽,以及破伤、霉变或发芽的种子。

豇豆田间试验记载标准

1　物候期

1.1　播种期

实际播种的日期,以月/日表示(下同)。

1.2　出苗期

50%幼苗第1对真叶平展的日期。

1.3　抽蔓期

50%的植株开始抽蔓的日期。

1.4　开花期

50%以上植株第1朵花开的日期。

1.5　结荚期

50%的植株荚长2 cm的日期。

1.6　成熟期

70%以上的豆荚变黄(褐)、籽粒变硬的日期(分期采摘记第一次收获期)。

1.7　收获期

实际收获的日期。

1.8　生育天数

出苗到收期的天数。

2　生物学特性

2.1　生长习性

直立、半蔓生、蔓生。

2.2　株高(半蔓生、矮生)

从地面至植株顶端的高度。

2.3　茎色

开花期植株主茎中部颜色,分绿、深绿、绿紫、紫等。

2.4　叶色

开花期植株中部叶片颜色,分淡绿、绿、深绿色等。

2.5　小叶长

取 3 小叶的顶端叶,量叶枕至顶端长度。

2.6　小叶宽

取 3 小叶的顶端叶,量小叶最宽处。

2.7　花冠颜色

分浅紫色、紫色、紫红色、淡红色、白色、浅黄色、黄色、黄绿色等。旗瓣、翼瓣及龙骨瓣分别描述。

2.8　始花节位

从主茎第 1 对真叶起至第 1 花序着生位置的节数。取 10 株的平均值。

2.9　荚色

商品成熟期豆荚的颜色。分绿白、浅绿、亮绿、深绿、红、紫等。是否带各色条纹应说明。

2.10　荚形

商品成熟期豆荚的形状。分长扁条形、短扁条形、长圆条形、短圆条形等。

2.11　荚面

商品成熟期豆荚的表面形状。分凸、微凸、较平。

2.12　荚纤维

商品成熟期豆荚的纤维多少。分多、较多、中、少、极少、无。

2.13　荚长

商品成熟期豆荚的长度。10 条正常豆荚平均,以 cm 表示。

2.14　荚横径

商品成熟期豆荚最宽处的横径。10 条正常豆荚平均,以 cm 表示。

2.15　荚肉厚

商品成熟期豆荚的横切面肉最厚处。10 条正常豆荚平均,以 cm 表示。

2.16　粒色

白、橙、红、复色。

2.17　脐环色

红、褐、黑。

2.18　粒形

肾形、矩圆、椭圆。

2.19　耐旱性

强、中、弱。

2.20　抗倒伏性

强、中、弱。

2.21　抗病性

无、轻、中、重(记载病害名,发生时间,调查发病株数和指数)。

3　经济性状

3.1　田间株数

取 1～2 行(或 100 cm)调查其株数,折算单位面积株数。

3.2　株高

主茎基部至顶端的长度,以 cm 表示。

3.3　单株分枝数

样本结荚分枝数/样本株数。

3.4　单株荚数

样本荚数/取样株数

3.5　单荚重

盛收期随机取 10 条代表性的豆荚称重,取平均值,用 g 表示。

3.6　荚粒数

样本粒数/样本荚数

3.7　单株粒重

样本粒重/样本株数

3.8　百粒重

取 100 粒称重,重复 3 次。误差不超过 0.5 g,以 g 表示。

3.9　小区产量

小区种子重量,以 kg 表示。

3.10　折公顷产

以 kg 表示。

3.11　折公顷产

以 kg 表示。

3.12　前期产量

是指以对照品种作为计算标准,从对照种始收当日计起至第 10 天内所采收的产量总和,折算成每 667 m² 产量,以 kg 表示。

3.13　总产量

从始收至末收的产量总和,折算成每 667 m² 产量,以 kg 表示。

3.14　单株产量

总产量/总株数。

3.15　畸形荚

生长发育不正常,不具商品价值的荚为畸形荚。

3.16　商品率

商品率=(总产量-畸形荚重量总和)/总产量×100%

3.17　感观品质

满分 100 分,其中外观品质占 60%,食味品质占 40%。分 4 级:≥85 分为优,75(含)～85 分为良,60(含)～75 分为中,<60 分为差。

菜豆制种技术

菜豆又称芸豆、四季豆,是我国栽培比较广泛的豆类蔬菜之一。制种投资少、易管理、见效快,一般可产种子 1 500～2 250 kg/hm²,效益较高。

1　菜豆植物学特性

菜豆为直根系,较发达,再生能力不强,侧根至细根都有根瘤分布。茎细弱,蔓生或直立(图 3-15,图 3-16)。初生叶心脏形,对生,真叶为三出羽状复叶,绿色或浅绿色(图 3-17)。总状花序,蝶形花,发生于叶腋或茎顶端,多为闭花授粉,花色有白、黄、红、紫等多种颜色(图 3-18)。荚果,圆柱形或扁带状,嫩荚有绿、淡绿、紫红或紫红花斑等(图 3-19)。种子多肾形。种皮颜色有黑、白、红、黄、褐和花斑等,千粒重 300～700 g(图 3-20)。

图 3-15　蔓生菜豆缠绕茎

图 3-16　矮生菜豆直立茎

图 3-17　菜豆的叶片

图 3-18　菜豆的花序

图 3-19　菜豆荚果

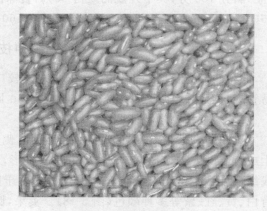

图 3-20　菜豆种子

2　菜豆对环境条件的要求

菜豆喜温暖,不耐霜冻、炎热,种子发芽适温 20～25℃,幼苗生长适温 18～20℃,开花结荚适温 18～25℃,菜豆较耐旱,土壤湿度以田间最大持水量的 60％～70％为宜。菜豆要求土壤疏松,富含有机质、通气排水良好、有利于根瘤菌活动的土壤,菜豆对钾需求量较大,多施钾肥有利于种子饱满提高种子产量,硼和钼有利于根瘤菌生长。

3　制种田的选择

3.1　隔离要求

制种田应与其他豆类品种隔离至少 200 m。

3.2　土地选择

制种田应选择耕地土层深厚,有机质丰富,前茬为非豆科作物,排水良好的壤土或沙壤土。菜豆最怕涝,田间积水 2 h,叶片发生萎蔫;积水 6 h 时植株死亡。

4　整地施肥

冬前深耕冻垡,播种前要充分翻地晒土,以熟化土壤,基肥以农家肥为主,施肥量 $45\sim60$ t/hm²,以腐熟的猪粪、鸡粪为好。另外加施复合肥或磷酸二铵 $450\sim600$ kg/hm²,与农家肥一起翻入地下做基肥。深耕 20 cm 以上,耙细整平,按 50 cm 宽的垄间距起 20 cm 高的垄。

5　播种

5.1　播种期

在不遭受霜冻的情况下越早播越好,可以让收获期避开高温多雨季节。播种前 $5\sim7$ d 浇透水,施除草剂,铺地膜,放置 $5\sim7$ d 以升高地温防止烂种。

5.2　播种方法

以干籽直播为好,地膜覆盖栽培先覆膜后播种比先播种后覆膜优点多,先覆膜不但能提高地温和保墒,还免去人工扒苗放苗,防止因扒苗放苗不及时产生的烧苗。

5.3　播种量

菜豆制种合理密植可提高产量,一般制种田要比生产栽培田要稍稀植一些,行距 $60\sim70$ cm,穴距不应小于 24 cm,每穴 $3\sim4$ 粒。

6　苗期管理

苗期是指出苗后到开花前 30 d 左右,管理的中心是做到苗齐苗壮。在底墒好的情况下苗期一般不浇水,如遇干旱天气可在蔓生菜豆抽蔓插架时浇 1 次水,选用 2.3 m 长架材较合适,架材过短后期顶部秧下垂影响上层通风透光,易造成落花落荚和早衰,矮生菜豆无需搭架(图 3-21,图 3-22)。

图 3-21　矮生菜豆　　　　　　　　　图 3-22　蔓生菜豆

7　生长期管理

肥水管理,苗期以控制为主,在墒情好的情况下,可一直蹲苗到 80％豆秧见 5～7 cm 荚后才浇头遍水,随头遍水追施磷酸二铵 150 kg/hm²,以后逐渐增加浇水次数,保持土壤湿润,结荚中期喷 0.2％磷酸二铵 3 遍。生长后期,下部种荚开始变色时,要停止浇水,以免种荚腐烂和种子在荚内发芽,田间检查拔除病株,以免种子带病。

8　采种

菜豆的收获期以全株有一半以上豆荚干枯为准,将已老熟的种荚及时脱粒,而未完全成熟者应及时进行后熟,待种荚干燥后再行脱粒。防止雨淋导致豆荚内萌芽影响产量(图 3-23)。

图 3-23　矮生菜豆种子适宜采收期

第四章 萝卜制种技术实训

第一节 岗位技术概述

一、萝卜制种生产现状

萝卜是起源于中国的古老栽培作物,在我国各地均有分布,是一种栽培面积较大的根菜类蔬菜。我国萝卜品种资源十分丰富,根据中国农业科学院蔬菜花卉研究所 1986 年收集整理的萝卜地方品种资料统计,全国约有 960 个品种。目前在生产中利用较多的除了优良的地方品种外,育成品种越来越多。在优良的地方品种中,比较出名的有山东潍县青萝卜、北京心里美、天津卫青萝卜、浙大长、翘头青、北京五缨、扬花萝卜等。近几年育成品种中栽培比较广泛的有浙江农业科学院园艺研究所利用优良萝卜品种浙大长为原始材料,用郑州蔬菜研究所选育的金花薹 48A 为母本经多年转育而获得的不育株率为 100% 的雄性不育系浙 3A,与北方优良品种翘头青配制的一代杂种浙萝 1 号、北京蔬菜研究中心用自交不亲和系选育而成的杂交种满堂红心里美、南畔洲萝卜、从日本引进的干理想大根萝卜等。

我国萝卜新品种选育主要利用自交不亲和系、雄性不育系等,杂交种子生产也多采用这两种方式。

新疆昌吉回族自治州奇台县、吉木萨尔县、木垒县以及乌鲁木齐市南乡镇等地处天山北坡,海拔 1 000～1 500 m,夏季气候温热湿润,水源充沛,土壤肥沃,有效积温达到 2 500℃,无霜期 140～155 d,非常适于十字花科蔬菜的生产和制种。尤其是萝卜的制种,不仅面积大,而且效益好,单产可达 1 650～2 250 kg/hm²,实现收 1.2 万～1.5 万元/hm²,带动了种植结构的优化调整。

二、萝卜制种技术发展

近几年来我国萝卜育种工作发展迅速,共育成各种类型新品种近百种,尤其是杂种优势利用达到国际领先水平,在雄性不育利用上表现尤为突出。国外萝卜育种多采用自交不亲和系制种,实践证明,利用雄性不育系制种,方法简易,遗传性稳定,杂交率高,是萝卜杂交制种的主要方向。

第二节　萝卜制种技术实训

一、基本知识

萝卜,别名莱菔、芦菔,十字花科萝卜属2年生或1年生草本植物,我国是萝卜的起源中心之一,有着悠久的栽培历史,南北方各地普遍栽培。如气候条件适宜,四季均可栽培,但多数地区以秋季栽培为主,是秋冬主要蔬菜之一。萝卜营养丰富,除含有一般的营养成分外,还含有淀粉酶和芥子油,有帮助消化、增进食欲的功效,还具有易栽培、适应性强,产量高等特点,深受人们喜爱,在蔬菜栽培、制种中占有十分重要的地位。

(一)萝卜生物学特性

1.植物学特征

(1)根　萝卜是直根系作物。小型萝卜的主根深60～150 cm,大型萝卜则深达180 cm,主要群根分布在20～40 cm的土层内。随着生长的进行,初生形成层和次生形成层不断分生薄壁细胞,并膨大形成肥大的肉质根(图4-1)。

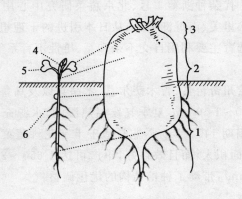

图 4-1　萝卜的肉质根
1.真根部　2.根颈部　3.跟头部　4.第一真叶　5.子叶　6.侧根
(山东农业大学主编.蔬菜栽培学各论,1987)

　　萝卜的肉质根的形状、大小和皮色等因品种的不同而具有很大差异。常见的形状有圆形、扁圆形、椭圆形、细颈圆形、圆柱形、圆锥形、弯月形、倒圆锥形等。小的萝卜如四季萝卜单株根重只有几十克,大的如拉萨萝卜可重达 10～15 kg。肉质根的皮色通常有红皮、白皮、青皮 3 种。肉质根肉色大多为白色,也有少数品种为红色、绿色或红绿相间。

　　(2)茎　茎在营养生长阶段为短缩茎(图 4-2),当种株完成阶段发育,在合适的温度和光照条件下,由短缩茎的顶芽抽生花枝,如顶芽受到损伤,侧芽也可以抽生花枝。主枝高达 100～120 cm,由主枝腋芽抽生一级侧枝,由一级侧枝腋芽抽生二级侧枝,形成多级侧枝(图 4-3)。

图 4-2　萝卜短缩茎

图 4-3　萝卜花茎

　　(3)叶　子叶两片,肾形(图 4-4)。萝卜从种子萌动到真叶出现前,主要靠两片肥厚的子叶供应养分,子叶的发育程度直接影响幼苗的质量,所以饱满的种子要比秕子质量高。第 1 对真叶成匙形,称为"初生叶"(图 4-5),以后的营养生长期长出的叶片统称为"莲座叶"(图 4-6)。

图 4-4　子叶

图 4-5　初生叶

图 4-6　莲座叶

　　萝卜的叶形有板叶(图 4-7)和羽状裂叶(图 4-8),叶色有淡绿、深绿,叶柄有绿色、红色、紫色,叶片和叶柄上多茸毛。

图 4-7　板叶　　　　　　　　　　　　图 4-8　羽状裂叶

　　小型早熟品种多为 2/5 叶序,大型中晚熟品种为 3/8 叶序。叶丛生长方式有直立(图 4-9)、平展(图 4-10)、塌地等形状(图 4-11)。

图 4-9　叶片直立　　　　图 4-10　叶片平展　　　　图 4-11　叶片塌地

　　(4)花　复总状花序,完全花,花器中有花萼 4 枚、花瓣 4 枚、雄蕊 6 枚、雌蕊 1 枚。花萼绿色,花瓣有白色、粉红色或淡紫色,开放后呈"十"字形,雄蕊为四强雄蕊,基部有蜜腺,为虫媒花植物。萝卜皮色与花色有一定关联,一般白萝卜的花多为白色,青萝卜的花多为紫色,而红萝卜的花多为白色或淡紫色(图 4-12)。

　　(5)果实　萝卜的果实为长角果,在授粉后 35～40 d 种子发育成熟,每一果实内有种子 3～10 粒,角果成熟后不易开裂,种子脱粒较困难,需要晒干后再脱粒(图 4-13)。

　　(6)种子　种子为不规则的圆球形,种皮浅黄色至暗褐色,千粒重 7～15 g,种子发芽率可保持 5 年,但生产中宜用 1～2 年的新种子(图 4-14)。

图 4-12　复总状花序

图 4-13　萝卜的角果

图 4-14　萝卜的种子

2.开花、授粉、结荚习性

萝卜通过春化后,每天光照时数对现蕾抽薹有密切关系。每天 13～14 h 连续光照时间有利于萝卜花芽分化,对春化条件要求严格的品种对光照时间要求也严格,不仅需要每天有一定连续光照时数,还要求一定光照天数。春性强的品种在春化后只需 15～20 d 就能现蕾,弱冬性品种需要 25～30 d,冬性品种则需要 30～45 d。

萝卜的花序为复总状花序,每个健壮的成株有 1 500～3 500 朵花,小株采种的有 1 000～2 000 朵花。主花茎上可发生一级分枝、二级分枝甚至三级分枝,一般情况下,一、二级侧枝上花数多,主枝上花数少。开花顺序是主茎上的花先开,然后中上部分枝开花,而后逐渐向下各级侧枝依次开放,在每个花枝上,花由下而上依次开放。全株花期为 30～40 d,生长势强的花期长一些,生长势弱的花期短些;晴天气温高时花期短些,阴雨天气温度低时花期长些,每朵花开放期为 3～4 d,在温度高时,开花时间短,温度低时开花时间长。一般是早晨开花,8:00～10:00 露水刚干,温度尚未明显升高,空气还有一定湿度时散粉最多,湿度适中,花粉活力最强,是授粉的最好时间。

柱头和花粉的生活力一般以开花当天最强,但具有雌蕊早熟的特性,柱头在开花前 4 d 至开花后 2～3 d 都有接受花粉进行受精的能力,进行人工蕾期授粉时,以开花前 1～3 d 的授粉结实率最高。萝卜受精、结实的最适温度是 16～24℃,低于 10℃花粉萌发较慢,高于 30℃受精活动不能正常进行。花期遇干热风和阴雨天气,可使结实率下降。成熟的花粉贮存于干燥器内可保持生命力 5～6 d。

萝卜结荚是以侧枝为主,单株种子产量,主枝产量只占总产量的 4.2%,在侧枝中又以中上部侧枝种子产量最高,最下层由于在底层,授粉、受精条件不好,种子产量最低。若除去下层 1～2 层侧枝和主枝可提高其他侧枝种子的千粒重。

3.生长发育周期

萝卜一般表现为 2 年生,生长发育过程可分为营养生长和生殖生长两个时期。第一年进行营养生长形成肥大的肉质根,经过冬季贮藏、感受低温完成春化,第二年进入生殖生长,抽薹、开花、结果。

(1)营养生长阶段　发芽期:从种子萌动到第 1 片真叶显露,需 5～6 d(图 4-15)。此期间主要是子叶和吸收根的生长,栽培上应创造适宜的温度、水分和空气条件,以保证顺利出苗。要防止高温干旱和暴雨引起缺苗断垄。

幼苗期:从真叶显露到根部"破肚",需 15～20 d,已有 7～10 片叶子展开(图4-16)。此期叶片加速分化,叶面积不断扩大,要求较高温度和较强的光照和充足的营养。由于直根不断加粗生长,而外部初生皮层不能相应的生长和膨大,引起初生皮层破裂,称为"破肚"(图 4-17)。破肚历时 5～7 d,破肚结束即幼苗期终了。此后肉质根的生长加快,应及时浇水施氮肥、间苗、定苗、中耕、培土,以促苗壮。

图 4-15　发芽期

图 4-16　幼苗期

图 4-17　破肚

莲座期:从"破肚"到"露肩",需 20～30 d(图 4-18)。此期肉质根与叶丛同时旺盛生长,幼苗叶及以下叶片开始脱落衰亡,莲座叶旺盛生长,第 1 叶环完全展开,并继续分化第 2、3 叶环的幼叶,根系吸收水肥能力增强,肉质根迅速膨大。初期地上部生长量大于地下部,后期肉质根增长加快,根头膨大,直根稳扎。这种现象称为"露肩"或"定橛"。露肩标志着叶片生长盛期的结束。莲座前期和中期以促为主,增加肥水,促进形成强大的莲座叶。莲座后期以控为主,促使其生长中心转向肉质根膨大,应追施完全肥料,为后期的肉质根生长盛期打下基础。

肉质根生长盛期:从"露肩"到收获,为肉质根生长盛期,需 40～60 d(图4-19)。此期肉质根生长迅速,肉质根的生长量占总生长量的 80％以上,地上部生长趋于缓慢,而同化产物大量贮藏于肉质根内。此期对水肥的要求也最多,需要大量肥水供应,以利养分积累和肉质根膨大。生长后期保持土壤湿润,避免因干燥引起空心。

图 4-18　莲座期

图 4-19　肉质根生长盛期

(2)生殖生长阶段　秋冬萝卜进入肉质根形成盛期,营养苗端已转化为生殖顶端,由于气温下降,未能抽生花薹。萝卜经冬贮后,第二年春季定植于大田,在长日照和温暖条件下抽薹(图 4-20)、开花、结实(图 4-21)。从现蕾到开花,历时 20～30 d,花期为 30～40 d,种子成熟期需 30 d 左右。此期同化器官制造的养分及肉质根贮藏的养分都向生殖器官输送,供抽薹、开花、结实之用,这时肉质根变为空心,失去食用价值。为了留好种子,此期需要适当的供应水肥,种子成熟时保持干燥以利种子成熟。

图 4-20　抽薹开花

图 4-21　结实

4.对环境条件的要求

(1)温度　萝卜起源于温带地区,为半耐寒性蔬菜。生长适宜的温度范围是

5～25℃。种子发芽起始温度为 2～3℃,适温为 20～25℃;幼苗期可耐 25℃左右较高温度和短时间－3～－2℃的低温。叶片生长的温度为 5～25℃,适温为 15～20℃。肉质根生长膨大的适温为 18～20℃。高于 25℃,呼吸作用增强,有机物质消耗过多,植株长势弱,肉质根纤维含量增加,产品质量差。温度低于 6℃时,植株生长缓慢,并容易通过春化阶段而导致未熟抽薹。当温度低于 0℃时,肉质根易遭冻害。萝卜是种子春化型植物,从种子萌动开始到幼苗生长、肉质根膨大及贮藏等时期,都能感受低温通过春化阶段。大多数品种在 2～4℃低温下春化期为 10～20 d。

(2)光照　萝卜属中光性蔬菜。光饱和点为 18～25 klx,光补偿点为 600～800 lx。光照不足会引起叶柄伸长,下部叶片因营养不良而提早衰亡,肉质根膨大速度慢,产量低,品质差。萝卜为长日照植物,通过春化的植株,在每天 12 h 以上的长日照及高温条件下,有利于抽薹、开花、结实。

(3)水分　萝卜喜湿怕涝又不耐干旱。土壤水分是影响萝卜产量和品质的重要因素之一,在土壤最大持水量 60%～80%,空气湿度 80%～90%条件下,易获得高产、优质的产品,在发芽期和幼苗期需水不多但要保证土壤湿润,应小水勤浇;莲座期叶片生长旺盛,肉质根开始膨大,土壤湿度保持在 60%左右;"露肩"以后需水量增加,土壤湿度经常保持在 65%～80%,此期供水不足会导致肉质根膨大受阻,表皮粗糙,辣味增加,易发生糠心。土壤含水量偏高通气不良,肉质根皮孔加大,表皮粗糙,侧根着生形成不规则突起,品质也会下降。土壤忽干忽湿,易导致肉质根开裂。花期要有充足的水分供应,否则,会影响授粉、受精和结实。

(4)土壤营养　萝卜要求土层深厚、富含有机质、保水和排水良好的沙壤土。土壤过于黏重不利于肉质根膨大,低洼地、土层浅、坚实或砂石过多易发生徒长或肉质根畸形。土壤 pH 以 5～8 较为适宜。萝卜吸肥力较强,施肥应以缓效性有机肥为主,并注意氮、磷、钾的配合。特别在肉质根生长盛期,增施钾肥能显著提高品质。每生产 1 000 kg 产品需吸收氮 2.16 kg,磷 0.26 kg,钾 2.95 kg,钙 2.5 kg,镁 0.5 kg。

5.萝卜的阶段发育

萝卜属于低温敏感型作物,在种子萌动、幼苗、营养生长及贮藏时期都可以完成春化阶段。萝卜不同品种完成春化阶段的温度范围为 1～24.6℃,最适温度是 1～5℃,温度越高则需要的时间越长。根据不同品种对春化反应的不同可以分为 4 类:

(1)春性系统　未处理的种子在 12.2～24.6℃条件下通过春化。如广东的火车头、云南的半节红等。

(2)弱冬性系统　萌动的种子在 2～4℃中处理 10 d,播种后 24～35 d 现蕾。如四川的白圆银,杭州的浙大长等。

(3)冬性系统　萌动的种子在 2～4℃中处理 10 d,播种后 35 d 以上现蕾。如北京的心里美、南京的五月红等。

(4)强冬性系统　萌动的种子在 2～4℃中处理 40 d,播种后 60 d 现蕾。如武汉的春不老、拉萨冬萝卜等。

萝卜属于长日照作物,在通过春化阶段后,需要在每天 12 h 以上的长日照及较高的温度条件下通过阶段发育,进行花芽分化和抽生花枝。所以,萝卜春季播种时前期低温,后期长日照及较高的温度,很容易完成阶段发育,出现未熟抽薹的现象,因此,萝卜小株采种容易获得成功。

(二)萝卜的品种类型

我国萝卜品种资源丰富,分类方法不一。按栽培季节可分为 4 种类型:

1. 秋冬萝卜

夏末秋初播种,秋末冬初收获,生长期 60～100 d。秋冬萝卜多为大中型品种,产量高,品质好,耐贮藏,供应期长,是各类萝卜中栽培面积最大的一类。优良品种有浙大长、青圆脆、秦菜一号、心里美、大红袍、沈阳红丰 1 号、吉林通园红 2 号等。

2. 冬春萝卜

南方栽培较多,晚秋播种,露地越冬,第二年 2～3 月份收获,耐寒性强,不易空心,抽薹迟,是解决当地春淡的主要品种。优良品种武汉春不老、杭州迟花萝卜、昆明三月萝卜、南畔州春萝卜等。

3. 春夏萝卜

3～4 月份播种,5～6 月份收获,生育期 45～70 d,产量低,供应期短,栽培不当易抽薹。优良品种有锥子把、克山红、旅大小五樱、春萝 1 号、白玉春等。

4. 夏秋萝卜

夏秋萝卜具有耐热、耐旱、抗病虫的特性。北方多夏播秋收,于 9 月份缺菜季节供应,生长期正值高温季节,必须加强管理。优良品种有象牙白、美浓早生、青岛刀把萝卜、泰安伏萝卜、杭州小钩白、南京中秋红萝卜等。

5. 四季萝卜

肉质根小,生长期短(30～40 d),较耐寒,适应性强,抽薹迟,四季皆可种植。优良品种有小寒萝卜、烟台红丁、四缨萝卜、扬花萝卜等。

(三)萝卜的采种技术

萝卜为异花授粉作物,异交率极高,在留种时必须采取严格的隔离措施,一般必须有1 500～2 000 m的隔离区。萝卜的采种方法有成株采种法、半成株采种法和小株采种法3种。

1.成株采种

在自交系、自交不亲和系和雄性不育性制种时都可用成株采种法繁育亲本系。成株采种法也叫大株采种法。按萝卜生产的正常播种时间,在萝卜肉质根收获季节在留种田中根据品种特征、特性进行人工选择,选择具有本品种特性、无病虫害、肉质根大而叶簇相对较少、表皮光滑、色泽好、根尾细的作种株。种株经过冬季低温贮藏,第二年春天定植到有良好隔离条件的露地或保护地中采种。成株采种是在植株充分生长、品种性状得到充分表现的基础上进行人工选择的,这对于保持和提高品种的种性有利,但成株采种占地时间长,病虫害较重,生产成本较高,主要用于原原种、原种的采种,秋冬萝卜一般采用此法采种。

2.半成株采种

比成株采种晚播1～3周,躲过前期高温多雨,种株生长期间病虫害较少,生产成本较低。但肉质根收获贮藏时,生长期较短,品种性状未得到充分表现,选择效果要比成株采种差。主要用于繁殖生产用种或原种(只繁育1个世代)。

3.小株采种

小株采种法又称为当年直播法。早春播于阳畦或化冻的露地顶凌播种,利用早春的低温,对萌动的种子及幼苗进行春化处理,或进行人工春化处理,即将萌动的种子置于1～3℃的低温中,根据品种对春化反应的强弱,分别处理2～4周,再播种于露地,种株在春末夏初抽薹、开花、结实。其优点是生育期短,省工、省地,适于密植,种子产量较高,成本较低;缺点是不能对种株的经济性状进行很好的选择,常年应用小株采种会引起种性退化。

生产上一般采用成株采种繁殖原种,半成株采种和小株采种繁殖生产用种,使二者有机结合,既能保持和提高品种的种性,又能降低种子生产成本。

相关知识

1.根菜类蔬菜的主要类型

凡是以肥大的肉质直根为产品的蔬菜都属于根菜类。根菜类蔬菜的肉质根属于变态器官,具有贮藏养分的功能,含有丰富的维生素、碳水化合物,以及钙、磷、铁等营养物质,营养丰富,食法多样,并较耐贮藏,还可制成各种加工制品,是我国重要蔬菜之一。包括十字花科的萝卜、根用芥菜、芜菁、芜菁甘蓝及辣根;伞形科的胡萝卜、根芹菜、美洲防风;菊科的牛蒡、婆罗门参;藜科的根茶菜等。在我国栽培较多的有萝卜、胡萝卜、芜菁、根用芥菜,尤以萝卜和胡萝卜栽培最为普遍,用种量大,每年都需要制种。

2.根菜类蔬菜生物学及栽培管理共性

(1)植物学性状 根菜类的肉质根可分为根头、根颈和真根3部分。根头为短缩茎,根颈由幼苗下胚轴发育而成,不着生叶和侧根。真根由幼苗胚根上部发育而成,其上着生侧根。十字花科和藜科根菜类蔬菜肉质根侧根为二列,侧根方向与子叶展开方向一致,伞形科肉质根的侧根为四列。根菜类不同蔬菜肉质根的三部分比例因种类和品种而异,萝卜的根头部分短缩,而根颈和真根所占比例最大;胡萝卜真根比例大,根用芥菜的根头比例最大。

(2)对环境条件的要求 根菜类为深根性植物,并以肉质根为产品器官,适宜在土层深厚、肥沃疏松、排水良好的沙壤土栽培,土壤瘠薄、黏重、多石砾,易产生畸形根;生产上多用种子直播,不耐移植;多为耐寒性或半耐寒性2年生蔬菜,在低温下通过春化阶段,在长日照下通过光照阶段;均属于异花授粉植物,采种时需严格隔离;同科的根菜有共同的病虫害,不宜连作。

二、职业岗位能力训练

训练学生依据萝卜品种特性和企业制种计划选择、落实制种基地,与农户签订制种合同,及时准确发放亲本种子,并指导制种农户进行播前准备、播种、定苗、水肥管理、病虫害防治等工作,并训练学生识别萝卜的长势、长相类型、抗病性等品种间特征特性的差异,在制种工作中合理安排、管理,指导制种农户开展田间去杂去劣工作和种子的采收工作,保证制种产量和质量。

⊕ (一)种株的栽培

【工作任务与要求】

根据品种特征特性和当地的气候条件,选择适宜的种株栽培地块,指导农户进行土地翻耕、施肥等播前准备工作,并确定适宜的播种时间,指导农户适时播种,检查播种质量,并开展田间管理,保证苗齐苗壮,种株生长健壮,为来年采种奠定基础。

【工作程序与方法要求】

选地整地

选地:应选择前茬是非十字花科的作物,土层深厚肥沃、疏松、通透性好,排灌良好的沙壤土或壤土地。

整地、施基肥:前茬收获后(7月中旬)及时清除残株、杂草和秸秆等,将土壤深翻,整细、整平。每公顷施腐熟有机肥 25 t,并加入过磷酸钙 375 kg,草木灰 750 kg,肥料撒施后翻耕土地,耙平,捡净石块、瓦砾等,栽培中小型品种做成平畦,栽培大型品种做成高垄,垄高 5～10 cm,垄面宽 15～20 cm。为保证苗齐苗壮,播种前要浇透底水。

要求:土地清理务必及时、干净,土地翻耕深度 25～30 cm,整地要求土地疏松、平整,施肥均匀、适量,以利出苗整齐、健壮。

播种

播种时期:新疆各地以7月底至8月上旬播种较为适宜。

播种方法:采用直播法。大型萝卜用点播法,中型品种用条播法,小型萝卜用撒播。选用粒大饱满的新种子,播前应做好种子质量检验。

播种密度:大型萝卜起垄栽培时行距为 50～60 cm,株距是 25～30 cm,每穴播种 3～5 粒种子,播种量为 4.5～7.5 kg/hm²;中型品种行距 40～50 cm,株距 15～25 cm,条播播种量为 7.5～10.5 kg/hm²;小型品种株距 10～15 cm,播种深度 1.5～2 cm,撒播播种量为 10～15 kg/hm²。

要求:适期播种,行距适当,播深一致,保证播种质量,达到一播全苗。

间苗定苗

查苗补种:播种后要保持土壤湿润,遇天旱要浇 1 次小水,土温在 25℃左右时,2～3 d 发芽,播后 4～5 d 进行查苗,发现缺苗应抓紧补种,保证全苗。

间定苗:苗出齐后及时中耕松土。在第 1 片真叶展开时进行第 1 次间苗和去杂去劣,选留 2 片子叶大小一致的苗,穴播的每穴留 3 株,条播的每隔 3 cm 留一株。2～3 片真叶时进行第 2 次间苗和去杂去劣,每穴留苗 2 株,条播的苗距 13～16 cm;5～6 片真叶即"大破肚"时按规定株距,选择具有原品种特征的单株定苗,定苗时尽量选择子叶开展方向与行向垂直的幼苗。定苗在 9:00～10:00 进行,容易鉴别根系受伤或感病植株。

要求:查苗要认真仔细,补种要及时,间定苗适时适度,遵循早间、分次间、适时定苗的原则,结合定苗作好去杂工作和病虫害防治工作。

苗期去杂	去杂去劣:结合间定苗,根据植株长势、叶形、叶色、叶片生长方式等,拔除被病虫侵害苗、细弱苗、畸形苗及不具有品种特征的苗。	要求:及时、准确。
中耕培土	中耕培土:苗期气候炎热,雨水多,须经常中耕除草。大、中型萝卜于幼苗期到封垄前,一般要求结合除草中耕2~3次,由浅到深,并结合中耕进行培土,以防肉质根倒伏或弯曲。	要求:中耕宜先浅后深,先近后远,封垄后停止。
水肥管理	合理浇水:根据降雨量多少、气温高低和品种特点确定浇水次数和浇水量。大部分苗出齐后浇一小水,保证出全苗;定苗后浇一水后进行蹲苗,一般15~20 d。肉质根进入膨大期需充分均匀地供水以满足肉质根生长需要,并防止裂根。生长后期适当浇水以防空心,收获前5~7 d停止浇水,以提高肉质根品质和贮藏能力。 分期施肥:萝卜施肥以基肥为主,追肥为辅。追肥要和浇水结合进行。定苗后追施1次提苗肥,结合灌水施尿素150 kg/hm²。肉质根开始膨大时追第2次肥,追施尿素或硫酸铵375~525 kg/hm²,在肉质根生长盛期,进行第3次追肥,追施尿素或硫酸铵225~300 kg/hm²、硫酸钾225 kg/hm²。	要求:浇水务必根据实际情况,追肥施于萝卜根旁,不可撒在叶片上,以免烧伤叶片。若追施有机肥,一定要充分腐熟,以免发生沤根。
病虫害防治	病虫害防治:害虫主要有小菜蛾、蚜虫、菜青虫等,尤其小菜蛾为害最重。可用50%辛硫磷乳油1 000倍液、25%快杀灵乳油1 500倍液、29%净叶宝乳油1 500倍液、3.2%田卫士乳油1 000倍液喷雾防治小菜蛾、菜青虫、蚜虫;对小菜蛾和菜青虫还可用Bt乳剂500倍液喷雾,喷雾时要均匀周到,自抽薹开花起一般每7~10 d喷药1次,连喷3~4次。	要求:预防为主,综合防治。为避免害虫产生抗药性,要注意交替使用农药品种。

萝卜幼苗出土后生长迅速,为防止拥挤、遮阴而引起徒长,应及早间苗,分次间苗,适时定苗,保证苗齐苗壮。中耕应遵循先浅后深的原则,注意保护萝卜根系。

　　秋冬萝卜叶面积大,蒸发量大,肉质根的水分含量高,须供给足够的水分,浇水不足,叶片生长不好,不能制造大量同化物向根部运输,影响肉质根膨大。尤其是肉质根发育时,如遇气候干燥、土壤缺水,则会使根部瘦小、粗糙、木质化、易空心,不能表现出本品种的典型特征,不利于株选。但水分过多会导致叶部徒长,肉质根发育不良,易发生病害。

相关知识

　　1.萝卜亲本质量与数量要求

　　萝卜制种亲本种子必须是具备原品种(系)特征特性、品种纯度不低于 98.0%,净度不低于 97.0%,发芽率不低于 85%,水分不高于 8.0% 的国标一级的亲本种子。

　　2.萝卜整地方法及要求

　　大、中型萝卜采用起垄栽培(图 4-22),这样不仅可以使土壤疏松,增加耕层深度,而且通风透光,增加昼夜温差,改善田间通风状况,减少病虫害传播,利于灌溉。垄间距 40～50 cm,垄高 10～20 cm,垄面宽 18～20 cm,垄面上的土推平、耙碎、稍稍镇压,以利播种。小型萝卜采用畦栽(图 4-23),以增加种植密度,一般畦宽 1.2 m,畦面平整,以免低处积水招致沤根和软腐病的发生。

图 4-22 垄

图 4-23 畦

　　3.萝卜先期抽薹的原因及防止措施

　　萝卜先期抽薹主要与种子萌动后遇到低温通过春化有关,轻则造成肉质根糠心,质地坚硬;重则不能形成产量。另外,还与使用陈种子,播种过早,又遇高温干旱,以及品种选用不当、管理粗放等有关。因此,在种株生产中宜选用冬性强的品种;严格控制从低纬度地区向高纬度地区引种;采用新种子播种;适期播种,加强肥水管理;并注意选种,提高种性,防止品种混杂。如发现有先期抽薹现象,及时摘薹,大水大肥,促进肉质根迅速膨大,降低损失。

4.糠心的原因及防止措施

糠心主要原因是有些品种肉质根过于松软、膨大快造成的。另外,后期水肥管理不当,高温干旱,多氮少钾,播种过早,收获过迟等也易形成糠心。应在制种栽培过程中加强水肥管理,适时播种,及时采收,避免糠心现象出现(图4-24)。

5.裂根的原因及防止措施

裂根主要是肉质根膨大初期,供水不均形成。膨大前期由于缺水,肉质根周皮组织硬化,当水分充足时,肉质根再次膨大,产生裂根。为避免裂根的发生,肉质根膨大期要均匀供水(图4-25)。

6.辣味和苦味的原因及防止措施

辣味是芥子油含量偏高,常与干旱炎热、缺肥,病虫危害、肉质根未充分膨大等有关。苦味是苦瓜素造成的,苦瓜素是一种含氮的碱性化合物,往往是由于氮过多,磷、钾不足所形成,应加强管理,提倡科学配方施肥。

7.歧根的原因及防止措施

歧根又称分杈,是侧根由吸收根转为贮藏根的结果。一般肥料未充分腐熟,土壤耕层浅,整地质量差,以及栽培管理过程中主根受伤等,影响主根生长导致畸形;使用陈种子也易导致歧根。生产中应使用充分腐熟的有机肥,提高整地质量,使用新种子进行播种(图4-26)。

图4-24 糠心

图4-25 裂根

图4-26 歧根

经验之谈

1. 萝卜栽培什么茬口比较好

秋冬萝卜制种前茬以瓜类、茄果类、豆类为宜，不宜与春季萝卜田重茬，重茬会出现生长缓慢，长势弱，病害重，肉质根表面粗糙、有黑斑等问题，影响种株的选择。在新疆，瓜类、冬小麦收获后栽培萝卜种株都可以。

2. 如何保证一播全苗

萝卜播种深度 1.5～2 cm 为宜，萝卜为子叶出土型幼苗，若播种过深，子叶出土前要消耗大量营养物质，出苗较慢；若覆土太浅，种子容易干燥，影响出苗，即使能出土的幼苗，根系浅，容易倒伏，胚轴弯曲，导致肉质根形状弯曲。

萝卜播种时若土壤干燥可先浇水，待水渗入土中后再播种。土壤过湿条件下播种，幼苗生长不旺，根的发育不良，所以大雨后抢墒播种不宜过早。秋冬萝卜播种时天气炎热，除覆土外，用碎秸秆、灰肥等就地取材进行覆盖以保持水分，可保证出苗迅速整齐，并防止大雨造成土壤板结，妨碍出苗。如果未采取覆盖措施的地块遭遇大雨使土壤板结，应及时松土，否则，发芽种子不能顶土出苗而闷死，造成缺苗。

3. 不同萝卜种类如何合理密植

直立型萝卜多为中小型，适宜密植；平展型萝卜多单根丰产性较好，适当密植有利提高产量；塌地型萝卜叶片易相互遮蔽，不宜密植。

4. 如何确定追肥时间

追肥必须根据植株的生长情况灵活掌握，如发现叶片黄、叶面积小、长势弱则须早追肥、多追肥；如叶片过旺，肉质根瘦小时，则须控水控肥，待叶片生长缓慢、肉质根迅速膨大时再追肥浇水。

【田间档案与质检记录】

萝卜制种亲本发放单

编号：   制种地点：

序号	品种（代号）	地号	面积	原种数量(kg)	户主签名	备注

填表人：   年　月　日

萝卜种株培育田间档案记载表

合同户编号			户主姓名		
地块名称（编号）			制种面积		
前茬					
播前整地情况					
基肥		种类：	施肥量（kg/hm²）：		施肥方法：
播种		日期：	播种量（kg）：		
出苗		出苗期：	出苗率（%）：		
补种情况					
间定苗		日期：	株距（cm）：		
去杂					
追肥	第　次	日期：	施肥量（kg/hm²）：		
	第　次	日期：	施肥量（kg/hm²）：		
灌溉	第　水	日期：	灌量（m³）：		
	第　水	日期：	灌量（m³）：		
	第　水	日期：	灌量（m³）：		
病虫害防治		种类：	发病情况：		防治方法：
		种类：	发病情况：		防治方法：
		种类：	发病情况：		防治方法：

萝卜种株培育质量检查记录

检查项目	检查记录	备注
播前整地质量		
起垄质量		
灌水质量		
覆膜质量		
播量（kg/hm²）		
播深（cm）		
覆土、镇压		
播种质量及纠错记录		
补种情况		
间定苗质量		
中耕培土质量		
病虫害发生情况		

（二）种株的收获与越冬

【工作任务与要求】

　　根据当地气候条件，及时组织制种农户按要求收获种株，并依据品种特征特性进行株选，保证所选种株健壮无病虫，具备品种典型特征；组织农户及时开挖贮藏沟，贮藏沟选址合适，大小、深度符合要求，并按要求埋藏和管理种株，保证种株安全越冬。

【工作程序与方法要求】

收获	收获时间：当田间萝卜肉质根充分膨大，基部圆起，叶色转淡渐变黄绿时为收获适期。一般在霜冻前必须收获完毕。 方法：上午露水小后开始收获，将萝卜用手拔起，轻放地面，防止碰伤，严禁使用利器清除根部泥土。	要求：收获及时，方法得当。
株选	株选：收获时进行株选，选择叶簇相对较小，叶形、叶色、生长方式、肉质根形状、大小、皮色等具有本品种典型特征，侧根少、表面光滑、无病虫害、无畸形特点的肉质根为种株，选株后在离跟头 2 cm 处切去顶部叶片，以减少水分蒸发和避免贮藏时发芽糠心。	要求：株选严格，杂株率小于 1‰；切叶操作正确，母根受伤率低。
贮藏越冬	开沟：选择地势较高、地下水位低且土壤黏重、保水力强的地块沿东西方向开沟，沟宽 1～1.5 m 为宜，长度依据贮藏量确定。沟深必须比当地最大冻土层稍深，新疆昌吉地区冻土层 1～1.2 m，沟深应为 1.6～1.8 m。若土壤含水量低可先洒水，提高土壤含水量。 贮藏：萝卜入沟贮藏的时间最好是早上气温较低时，萝卜体温与沟内温度较低，带入沟内热量少，可减少发热腐烂。小型萝卜可以散堆，大型萝卜可以一层萝卜一层土分层码放，不管哪种方式，萝卜的堆积厚度以 40～50 cm 为宜，过厚导致上下层温差过大，易造成上层受冻下层发热，使萝卜糠心、发芽，甚至腐烂。萝卜入沟后，用潮湿的细土进行覆盖。 管理：根据气候变化分 2～3 次盖土防冻，使温度保持在 0～3℃，土壤绝对湿度保持在 12%～18%，空气相对湿度保持在 90%。为保证沟内湿润，每次覆土时可洒些水，水量不宜过大，使土壤含水量达到 15% 左右即可，避免沟底积水，以防发生腐烂。春季随着气温升高，应逐渐去掉覆土，以免种株伤热。	要求：贮藏沟选址适合，大小、深度符合要求，种株贮藏及时、码放整齐，厚度合适，贮藏沟越冬管理得当，温度、湿度适宜。

萝卜收获后及时进行去杂去劣,在田间稍加晾晒后,于立冬前后埋藏到准备好的沟内。

开埋藏沟时,沟的深度依冻土层的厚度而定,气温低,冻土层厚的要深一些,否则可浅些。

1.萝卜原种采种株选的方法

(1)单株选择法　在肉质根收获季节,在留种田或生产田中进行。根据选种目标,选择具有原品种典型性状的优良单株,分别编号,分别贮藏,分别隔离授粉,分别采收种子,各单株种子不得混合,以后每一单株后代各播一个小区,以品种为对照,进行株系间比较,从中选出性状基本稳定,符合选种目标的株系留种,各株系间进行隔离,株系内混合授粉,混合采种。为防止自交退化,在单株自交时,性状相似的植株间可以混合授粉。

(2)混合选择　在留种田选择符合选种目标、性状相似的单株混合留种,混合贮藏,混合授粉,混合采种。对选择的后代,与原品种及当地主栽品种进行对比试验,选出符合选种目标,综合性状超过对照的后代,直接用于生产。

单株选择和混合选择各有利弊,两者结合,或先进行单株选择,再进行混合选择,或反过来进行,相互结合、灵活运用。

2.影响萝卜种株贮藏越冬的因素有哪些

(1)本身的贮藏特性　萝卜的肉质根收获后没有生理休眠期,在贮藏过程中遇到适宜的条件就会萌芽甚至抽薹。萝卜的含水量在93%～95%,采收后肉质根水分得不到补充,失水一直持续,过度失水会使肉质根萎蔫、糠心,因此贮藏期间要尽量减少肉质根失水。

(2)品种与耐贮藏性　萝卜大部分较耐贮藏,但品种间存在差异。一般来说,以秋播的皮厚、质脆、含糖和水分多的晚熟品种较耐贮藏。青皮萝卜皮厚、干物质含量高,含糖较多,较耐贮藏,如北京的心里美、露八分、天津的卫青等。白皮萝卜皮薄、含水量较高,耐贮藏性稍差。红皮萝卜介于青萝卜与白萝卜之间,绝大多数小型早熟萝卜耐贮藏性都较差。

(3)采前因素影响　萝卜的耐贮藏性与其成熟度有关,播种过早、充分成熟、采收过晚的肉质根易发生糠心,不耐贮藏。生长发育期间偏施氮肥造成植株徒长,肉质根组织柔嫩、含水量过高等,也会降低耐贮藏性。在栽培过程中,增施磷钾肥,收获前适当控水,有提高耐贮性的作用。

(4)采后因素影响　萝卜肉质根脆嫩,在采收、装运过程中难免损伤,伤口被病菌感染而腐烂变质。首先,田间携带或贮藏场所病原菌侵染也会在贮藏期间腐烂变质,其次,害虫或老鼠啃咬也会造成损失。因此,入贮时要剔除虫咬、病害萝卜,并在收获、装运过程中尽量减少机械损伤。

(5)贮藏期环境条件　贮藏期间避免高温和冻害,保持萝卜贮藏的适宜温度0~3℃。保持空气相对湿度在95%,减少糠心。

3.萝卜埋藏及覆土方法

贮藏时,萝卜在沟内按层码放,萝卜根部朝上,一个挨一个排紧,摆放一层后覆盖5 cm厚的干净、湿润的沟底细土一层,其上再摆一层萝卜,再覆盖一层细土。萝卜堆厚度一般为40~50 cm。堆好后,最后用一层细土覆盖、整平、踩实。如果土壤比较干燥,可以向沟内洒水,使土壤保持湿润,这样可以避免萝卜失水糠心。

为了防止萝卜热伤或冻害,在埋藏初期,覆盖土层一定要薄,使沟内萝卜产生的热量易排出。萝卜埋藏之后,随着气候变冷,要分期给沟覆土(或盖草苫)。覆土总厚度要大于当地冻土层厚度。

4.萝卜贮藏的其他方式

除开沟埋藏之外,萝卜还可以采用窖藏,利用棚窖、井窖或窑窖都可以。其中,使用较为广泛的是棚窖。棚窖建造时,先在地面上挖一长方形窖坑,窖顶用木料、秸秆、土壤等做棚盖,顶上设天窗。新疆多采用地下式棚窖,入土深2.5~3 m,宽度多为3~4 m,长度20 m左右,一端开设窖门。上冻前将萝卜种株入窖,散堆贮藏堆高1.2~1.5 m,层积贮藏的先在窖底铺设8~10 cm湿细沙,然后一层萝卜一层沙交替堆放。最后一层萝卜上铺盖20~25 cm湿沙。

经验之谈

1.开沟起土的技巧

挖沟时,将表土堆放在沟的南侧起遮阳作用,深层的土堆放在沟的北侧,因其洁净、病菌少,用于覆盖萝卜,可减少病菌侵染。

2.萝卜贮藏覆土的技巧

萝卜刚埋入沟时气温、土温都比较高,加上萝卜堆积在一起,呼吸作用散发出的热量,会使沟内温度上升,若高温持续时间长则易造成腐烂。所以,初入沟时上面覆土不宜太厚,使沟内温度下降,以后随气温下降再分2~3次覆土,最后约与地面齐平。

3.萝卜选择种根的标准

选择好标准化种根是保证种子纯质的基础,因此在收获贮藏前要严格选择,其标准有5点:一是符合品种的特征特性;二是形状整齐,根颈光滑顺直,皮色鲜艳;三是无分叉、无病虫害、无裂缝;四是大小均一;五是生长健壮,根基无伤痕。

【田间档案与质检记录】

萝卜种株收获及贮藏档案记载表

合同户编号			户主姓名	
地块名称(编号)			制种面积	
收获	日期:		方法:	
切叶操作方法				
开沟时间				
贮藏沟	长度(m):	宽度(m):		深度(m):
贮藏	日期:	方式:		
种根码放	方式:	堆放层数或厚度(层或cm):		
盖土	第　次	日期:	厚度(cm):	
	第　次	日期:	厚度(cm):	
	第　次	日期:	厚度(cm):	
贮藏	温度(℃):	盖土湿度:		

萝卜种株收获及贮藏质量检查记录

检查项目	检查记录	备注
种株收获质量		
株选合格率		
切叶合格率		
贮藏沟规格、质量		
种根堆放质量		
盖土质量		
窖温及土壤湿度情况		
纠错记录		

萝卜种株去杂合格证

编号：   制种地点：

序号	品种(代号)	地号	面积	杂株率(%)	去杂人姓名	户主签名	备注

填表人：   年   月   日

（三）种株定植管理及种子采收

【工作任务与要求】

根据萝卜采种对隔离区及土壤的要求，选择适宜的采种田，指导农户及时整地、施肥，确定适宜的定植时期，指导、监督农户按照技术规程开展种株定植、管理，保证种株成活，并组织农户及时开展浇水、施肥、去杂去劣、防倒伏、放蜂等工作。结合品种特点和当地气候条件，及时组织农户进行种子采收，结合采收对种株再次进行去杂去劣，并因地制宜选择适宜的脱粒措施，进行种子的脱粒、晾晒、清选，对种子进行质量抽检，合格种子及时收购，防止套购流失。

【工作程序与方法要求】

选地整地	选地：采种田必须选择有隔离条件的地块，一般自然隔离距离原种为 2 000 m，良种为 1 000 m。采种田应选择地势高燥、土层深厚、肥水条件好、前茬未种过十字花科蔬菜的沙壤土。 整地：冬前深耕 30 cm 以上，冻垡晒垡，种株定植前将土垡打碎耙平，每公顷施有机肥 75 t 以上，过磷酸钙 300～450 kg/hm² 。做成半高垄。	要求：隔离区务必达标，整地质量过关，施肥充足。
去杂去劣	去杂去劣：定植前 7～10 d 将种株挖出，进行炼苗，并及时去除贮藏过程中糠心、黑心、腐烂和抽薹过早的种株。	要求：杂株率低于 1%。
定植	时间：当 10 cm 土温稳定在 5℃ 以上时定植种株，新疆大约在 4 月中旬。定植前 7～10 d 把种株从贮藏沟起出后排列在阳畦内进行见光锻炼，待幼芽变绿即可栽种。定植前要按萝卜种株大小进行分级，种株过大后期易早衰；种株过小，分枝细弱易倒伏，产量低。 方法：大型品种行株距为 70 cm×50 cm，中型品种为 60 cm×40 cm，小型品种为 50 cm×30 cm。将种株根部全部埋入土壤，根头部入土 2 cm，并适当镇压，以防冻害和土壤漏风跑墒。若覆盖马粪或秸秆防冻效果更好。	要求：适期定植，株行距整齐一致，定植方法正确。

	水肥管理	浇水:定植后若土壤湿度大可以不浇水,以利土地升温;若湿度小可隔垄浇小水,及时中耕,切忌大水漫灌,影响地温回升。定植成活后根据品种需水特点,结合土壤墒情和气候条件,合理进行水肥管理,保证种株生长健壮,顺利抽薹开花。	要求:灌水施肥应酌情适量,严禁积水。
	防倒伏	防倒伏:督促农户在种株抽薹期设立支柱,每株插一根竹竿或插成篱架,把主枝绑在支架上,以防倒伏影响种子产量。	要求:及时、牢固。
	整枝	整枝:个别地块萝卜保苗差,为提高种子产量,可采取提早去花薹顶端的措施,即在萝卜花薹抽生至5～6个分枝时,摘除花薹顶端,促发二次分枝,提高结荚密度。待种株进入末花期后,将枝条顶端的花和未开放的花蕾摘去,并将植株基部新抽生的侧枝及时剪去,使植株养分集中向种子输送。	要求:要根据萝卜生长势的强弱情况适时摘心打杈。
	放蜂	放蜂:在盛花期每公顷放蜂15箱,可提高制种产量10％～30％。无条件放蜂箱者要人工辅助授粉来提高授粉率和产量。	要求:根据情况按需进行。
	病虫害防治	病虫害防治:经常查看制种田,及时发现病虫害,及时预防、防治。	要求:及时发现,及早防治。
	收获	时间:种荚黄熟后,及时采收,以防鸟害与雨淋。 方法:人工采收。割下枝荚(勿带根带土),运至晾晒场摊开翻晒,防止发霉。注意捡出混在其中的野燕麦、野荞麦植株,否则杂草种子混杂在萝卜种子中无法筛选出来,影响种子质量和等级。 脱粒:萝卜枝荚晾晒干时(种子含水量10％),用碌子碾压、破荚;也可以晒干后采用手工捶打脱粒。 清选:扬净、过筛后进行机选,进行种子晾晒,当种子水分达到8％时定量包装交售。不同品种要单装、单收,经常查看,防止种子混杂、霉变。	要求:收获及时、方法准确,严防机械混杂。
	检验交售	检验:按要求取样,并进行种子质量检测,依据萝卜种子质量要求进行定级定等。萝卜大田用种(常规种)的质量要求为:品种纯度不低于95.0％,净度(净种子)不低于97.0％,发芽率不低于85％,水分不高于8.0％;萝卜大田用种(杂交种)的质量要求为:品种纯度不低于98.0％,净度(净种子)不低于97.0％,发芽率不低于85％,水分不高于8.0％。 交售:合格种子及时收购,防止套购流失。	要求:种子经过检验,质量达标后,方可收购。

种株生长后期，由于根系老化，吸收肥水的能力较差，要进行叶面追肥补充养分，增强光合作用，对提高结实率和千粒重有利。

1. 原种种株定植密度

如亲本系为自交系或雄性不育系，定植的株行距为（25～30）cm×（40～50）cm，不育系和保持系的定植比例为 4：1，为增加花粉量，保持系的株距可适当小些。如亲本为自交不亲和系，定植的株距为 25～30 cm，为便于人工蕾期授粉，可采用宽窄行相间的方式，窄行 33～40 cm，宽行 80～90 cm。

2. 水肥管理技术

种株定植 10～15 d 后种根嫩芽就可以出土，种株发芽后，及时将土或覆盖的马粪扒开，追施一次稀粪水；待抽薹叶片已充分展开后，每公顷追施 1 次粪肥和硫酸钾 300 kg，并及时中耕、培土。待种株开花后，每隔 5～7 d 浇 1 次水，并每公顷间隔施复合肥料 450 kg 左右，也可采用叶面追肥的方法，在盛花期每隔 5～7 d 喷施 0.25 % 的硼肥 2 次，末花期每隔 7 d 喷施 0.2%～0.3% 的磷酸二氢钾 2、3 次，此时土壤见干见湿，以地表不开裂为度。6 月底至 7 月中下旬气温高，干热风对开花结荚不利，注意调节水分降低田间温度。进入末花期以后，停止浇水，防止植株贪青，促进种子成熟。

3. 自交不亲和系蕾期人工授粉的方法

在繁育自交不亲和系时，要在纱棚内，用人工蕾期混合授粉的方法进行。具体的做法是：用剥蕾器轻轻转动把花蕾顶部的萼片和花瓣剥去，露出柱头，然后授上本系的混合花粉。剥除花蕾的萼片、花瓣时一定要轻，避免伤害柱头和花柄，否则会影响结实率。授粉的花蕾大小要合适，以开花前 1～3 d 的蕾结实最好。花粉要取当天或前一天开花的新鲜花粉。为避免自交代数过多造成生活力衰退，授粉要用系内各株的混合花粉。

4. 常规种采种人工辅助授粉的方法

把纱布或毛巾做成长条，系到两根木棍或竹竿上，并喷水湿润，花期每天 10：00 ～15：00 在田间横向轻轻拉动，即可提高母株授粉率。

5.病虫害防治技术

(1)萝卜地种蝇　以幼虫为害,在萝卜上造成许多弯曲的沟道,还可蛀入内部窜成孔道,引起腐烂。成虫体长约 7 mm,暗灰褐色。头部两复眼较接近,胸背面有 3 条黑色纵纹,腹部背中央有 1 条黑色纵纹。各腹节间均有黑色横纹。后足腿节外下方有一列稀疏的长毛。雌虫全体黄褐色,胸、腹背面均无斑纹。幼虫称蛆,乳白色。

防治方法:秋季翻地,采收后及时耕翻土地,可减少部分越冬虫蛹;成虫羽化盛期,或蝇量突然增加时,即为防治适期。可用 21%增效氰・马乳油 3 000 倍液,或90%晶体敌百虫 1 000 倍液,50%辛硫磷乳油 500 倍液喷雾防治。若错过成虫防治期,可用上列药剂灌根防治幼虫。

(2)蚜虫　在叶面上刺吸植物汁液,造成嫩头萎缩,嫩叶皱缩卷曲,大量排泄蜜露、蜕皮而污染叶面,并能传播病毒病。有翅胎生雌蚜:体长约 2.2 mm,头、胸部黑色;腹部黄绿色,有数条不明显的暗绿色横带,两侧共有 5 个黑点;全体复有明显的白色蜡粉。无额瘤。

防治方法:必要时喷洒 10%吡虫啉可湿性粉剂 1 500 倍液,或 3%啶虫脒可湿性粉剂 3 000 倍液;黄板诱蚜;利用天敌,蚜虫的天敌有七星瓢虫、异色瓢虫、龟纹瓢虫、草蛉、食蚜蝇、食虫蝽、蚜茧蜂及蚜霉菌等。

(3)萝卜白锈病　叶片受害,初期叶正面产生黄绿色小斑点,水浸状,很快扩大成边缘不明显的淡色黄斑,以后叶背生出白色隆起的小疱斑,大多呈近圆形,后期疱斑易于破裂,散放出白色粉状

茎部发病,肥肿畸形,上生较大的白色疱斑。花梗被害,花轴肿大呈畸形,表面也产生白色疱斑。

防治方法:重病地与非十字花科蔬菜实行 2～3 年轮作;收获后,彻底清除田间病残体,集中处理,减少菌源;发病初期,可选用 25%瑞毒霉可湿性粉剂 800 倍液,或 58%甲霜灵・锰锌可湿性粉剂 500 倍液,72%克露可湿性粉剂 600 倍液喷施防治。

(4)萝卜黑斑病　叶片发病,病斑圆形、褐色或深褐色,病斑中间常有明显的同心轮纹,周缘稍具黄色晕圈。茎和叶柄上病斑条点状、暗褐色。潮湿时,病部产生淡黑色霉层。

防治方法:与非十字花科蔬菜实行 2 年以上轮作。清洁田园,高垄栽培,雨后及时排水;种子消毒,可用 50℃温水浸种 20 min,然后在冷水中降温。也可用种子

重量0.4％的80％炭疽福美可湿性粉剂拌种；发病初期及时用药。可选用70％代森锰锌可湿性粉剂600倍液，或75％百菌清可湿性粉剂600倍液，或64％杀毒矾可湿性粉剂500倍液。每7 d喷药1次，视病情防治2～3次。

（5）萝卜黑腐病　病斑灰色至淡褐色，边缘常有黄色晕圈，病斑部叶脉坏死变黑。病菌能向叶脉、叶柄发展，蔓延至根部。根系受害，部分外表皮变为黑色，或不变色，内部组织干腐，维管束变黑，髓部组织也呈黑色干腐状，甚至空心。

防治方法：种子消毒。用50℃温水浸种20 min或用72％农用硫酸链霉素可溶性粉剂3 000倍液浸种2 h；发病初期用72％农用硫酸链霉素可溶性粉剂4 000倍液，或50％琥胶肥酸铜可湿性粉剂700倍液，喷雾防治，每7 d喷施1次，连续防治2～3次。

（6）萝卜白斑病　叶片上散生圆形或卵圆形病斑，灰白色至淡褐色。后期病斑半透明，薄如窗纸，有时开裂、穿孔。

防治方法：种子消毒。用50℃温水浸种20 min，或用种子重量0.4％的40％福美双拌种；施足基肥，增施磷、钾肥；适度灌水，雨后排水；发病初期喷50％甲基托布津可湿性粉剂500倍液，或50％多菌灵可湿性粉剂800培液，或70％代森锰锌可湿性粉剂500倍液。

（7）萝卜病毒病　全株发病，病叶表现为黄绿相间的斑驳花叶，有时皱缩畸形，全株黄化、矮缩。

防治方法：加强水肥管理，提高植株抗病力，避开蚜虫及高温等易发病的因素；药剂防治，20％病毒克星500倍液，或5％菌毒清500倍液，或1.5％的植病灵乳剂1 000倍液等药剂喷雾。每隔5～7 d喷1次，连续2～3次。

经验之谈　　1. 采种田隔离距离不够的解决办法

　　如果隔离条件不够或无隔离条件，可以采用保护地栽培，提前定植，提早开花结实，与露地品种进行花期隔离；或采用网室进行隔离，在种株开花前罩上纱罩，花期时注意不使花枝触及纱罩，防止昆虫传粉发生混杂，以保证种子纯度。

2. 如何保证种株定植成活率

对一些长根型萝卜品种可以采用起垄栽培的方式，定植时也可以斜插，栽后一定将土踩紧，以免浇水时土壤下陷，使根部外露，引起冻害，或地下积水过多，引起种根腐烂。

【田间档案与质检记录】

萝卜定植与管理田间档案记载表

合同户编号		户主姓名		
地块名称（编号）		制种面积		
基肥	种类：	用量（kg/hm²）：		
定植	日期：	方法：		
密度	行距（cm）：	株距（cm）：		
追肥	日期：	种类：	数量（kg/hm²）：	
	日期：	种类：	数量（kg/hm²）：	
灌溉	日期：	灌量（m³）：		
	日期：	灌量（m³）：		
	日期：	灌量（m³）：		
病虫害发生情况	种类：	防治方法：		
	种类：	防治方法：		
	种类：	防治方法：		
整枝	日期：	内容：		
放蜂	日期：	密度（箱/hm²）：		
估产	日期：	产量（kg）：		
采收时间	开始：	方法：		
脱粒	日期：	方法：		
清选方法				
产量（kg）				
取样	日期：	编号：		
封样	日期：	编号：		
收购	日期：	数量（kg）：		

萝卜定植与田间管理质量检查记录

检查项目	检查记录	备注
隔离条件		
整地质量		
定植质量及成活率（%）		
水肥管理情况		
病虫害防治情况		
整枝质量		
纠错记录		

萝卜制种田间检验记录

检验时期	被检株数	杂株数	纯度（%）	病虫害感染情况
抽薹期				
开花期				
意见与建议				

检验人：　　　　　　制种户：　　　　　　　　　　　　　　年　月　日

萝卜种子检验记录

检验项目	检验记录	检验人
发芽率（%）		
水分（%）		
净度（%）		
纯度（%）		

三、知识延伸

参阅相关资料，论述提高萝卜制种产量和质量的技术措施。

四、问题思考

1.如何提高新疆制种萝卜的产量？应在制种工作中注意哪些问题？

2.提高萝卜杂交种纯度的具体方法有哪些？

3.如何提高萝卜杂交制种效益？

第三节　知识拓展

萝卜杂交种露地春播小株采种技术

　　萝卜一代杂种优势极为明显，通常在产量、品质、早熟性、抗逆性、贮运性、整齐度等方面的表现都优于亲本。目前我国利用萝卜雄性不育系配制一代杂种比较普遍，杂交率可达99%以上，杂种优势强，保存和繁殖亲本及配制一代杂种操作也比较简便。

　　杂交种亲本的繁殖一般采用成株采种法。一代杂种种子的繁殖可以采用成株法,也可以采用半成株或小株采种法,其中小株采种法又分为露地春播小株采种法和春播育苗小株采种法两种。目前,新疆多采用露地春播小株采种法,以缩短制种时间,提高制种效益。具体的操作方法是:

1 选地整地

萝卜为异花授粉作物,主要靠昆虫授粉,利用萝卜雄性不育系制种时,由于母本雄蕊无花粉,对蜜蜂的吸引力不大,因此应选择蜂源比较充足的地区制种,周围1 500 m范围内不得有其他萝卜,肥水条件好的地块做制种田。

待土壤化冻时,施足底肥,墒情好的地块抢墒播种,墒情不好的地块浇水造墒,然后整地做畦。

2 播种

一般3月底顶凌播种,也可以播种前进行浸种催芽,再通过春化处理后播种,春化处理的方法是在播种前10～15 d,将种子用温水浸种后在20～25℃的温度下使其萌动,萌芽后在冰箱2～4℃的温度下处理10～14 d后播种。根据制种组合的不同生态类型和制种亲本的特征特性确定合理的定植密度。合理密植能使得单株有效荚数、单荚粒数在群体中达到最大值,从而获得高产。父本系与不育系一般按照1:(3～4)相间播种,父本系应缩小株距,以增加定植株数。如制种母本种株较大,且分枝力强,而父本种株分枝力弱时,应加大父本畦的种植密度,使父母本比例达到1:2,满足母本植株授粉的需要。行距根据亲本植株大小确定。

播种可以采用人工条播,也可以采用小麦条播机播种。播种量7.5～9 kg/hm²,播种行距25～30 cm,播种深度2～3 cm。播种时带种肥磷酸二铵225～300 kg/hm²,硫酸钾150 kg/hm²,保证萝卜生育期的养分需要。

3 苗期管理

温度适宜的情况下,播种5～7 d后开始顶土出苗。真叶显露至3～4片,要及早用菊酯类杀虫剂预防跳甲啃食幼苗生长点。苗期间苗1～2次,株距8～10 cm。4～5片真叶时及时定苗,定苗株距15～20 cm,保苗株数18万～22.5万株/ hm²。结合间定苗去杂去劣,根据品种特性、株形、叶型、叶色,及早拔除杂株,提高制种质量。早春气温低尽量少浇水,以中耕保墒为主,促进根系发育。

4 抽薹开花期管理

4.1 水肥管理

种株抽薹后,及时进行田间检查,若出现一亲本先抽薹,可摘去主枝上端花序,推迟花期,使双亲花期相遇。开花期加强水肥管理,结合浇水追肥1次,追施尿素150～225 kg/hm²。种粒灌浆前要保持土壤湿润,切忌干旱,不然会严重减产。种粒灌浆后到种荚开始变黄之前应控制浇水,一般不旱不浇水,如遇大雨应及时排涝。提早做好蚜虫的预防工作,采用 1.8％爱福丁乳油 3 000 倍液或 77％艾美乐 6 000 倍液或 5％锐劲特悬乳剂,用量 750～1 500 mL/hm²。

4.2　花期调控

一般父本应比母本花期提前 1～3 d,如果出现花期不遇,要对早抽薹的适当控制晚打薹,晚抽薹的早打顶,以促进侧枝分化。等两亲本侧枝长势一致时,把早抽薹的亲本打顶,让双亲花期相遇。花期一般不喷药,避免杀伤传粉昆虫。

4.3　去杂去劣

花期去杂,主要看“花”,母本植株全部应该是无粉株,如果制种田母本出现了有粉株一定要及时拔干净。有粉株一般长势较旺,叶色较深,开花时颜色鲜艳,很远就能看到。花期去杂要进行 3 遍。一般情况下总是有粉株先开花,如果等植株全部开花后再去杂,种子的纯度就会受到很大的影响。当 60％以上的植株开花后,进行第 2 遍去杂。当全部植株开花之后进行第 3 遍去杂。如果碰到有些植株还没有开花,就将这些植株拔掉以确保种子的纯度。

花期去杂之后,还要经常到制种田看看,以防止气温升高后有些雄性不育系会出现感温现象、嵌合现象。感温现象是有些雄性不育系随着温度的升高无粉株会变成有粉株,嵌合现象是指种株上会同时有有花粉和无花粉枝条,一旦出现这些情况要立即进行去杂。

4.4　拔除父本

父本谢花后要及时拔除父本,一是为防止父本种子混到母本里面,二是为便于后期病虫害管理时的操作。

5　适时收获

种荚由绿变黄,子粒成熟后,于清晨收获,以防止或减少落荚,收获后及时晾晒。由于萝卜种荚内海绵状荚皮太厚,不易裂荚,所以要将种株充分晾晒并趁午间种荚干燥时脱粒,未晒干时不要脱粒。在特殊年份因自然灾害造成危害的植株应随干随收。

胡萝卜制种技术

胡萝卜成株采种,越冬前使直根充分长大,经选择淘汰后入窖贮藏越冬,次年春定植于露地采种。胡萝卜是异花授粉作物,为保证种子纯度,制种时需 2 000 m 的隔离区。制种技术要点如下:

1　播种育苗

1.1　整地

选择土层深厚、土质疏松、排灌良好的沙壤土或壤土,把过磷酸钙捣细,与硫酸钾一起掺到有机肥中,每亩均匀撒施优质腐熟的土杂肥 37.5～45 t、尿素 75～150 kg、过磷酸钙 375 kg、硫酸钾 150 kg,耕翻整平,做成 80 cm 宽、8～10 cm 高的小高畦。平畦播种,做成 1.2 m 宽的平畦。

1.2　播种

条播,将小高畦顶部拉平,均匀划出深 3～4 cm 的小沟 4 条,浇足水,条播,封土(天旱时可适当踏实)。其上盖上秸秆或遮阳网,出苗后揭去。平畦每畦均匀播 8 行,方法同上。

1.3　间苗

分两次间苗,第一次在长出 2～3 片叶时,苗间距 3 cm;第二次在长出 6～7 片叶时,苗间距 12～15 cm(图 4-27)。

图 4-27　幼苗期

1.4　除草

胡萝卜生长速度慢,要注意及时除草。

1.5　病虫防治

生长期间应注意防治蚜虫、线虫及软腐病、斑点病、黑叶枯病等病虫害。

2　种株选择和贮藏

2.1　选种

10 月中下旬收获。收获时,选择符合本品种典型特征特性的种株,切去叶片,留 5～6 cm 长的叶柄待贮。

2.2　贮藏

将选好的种株窖藏。入窖前可浅沟假植,气温降至 4～5℃时入窖。窖内多采用沙层堆积方式为主,即一层干净的显沙土一层胡萝卜,如此堆至 1 m 高左右。冬季贮藏适温为 1～3℃。

3　种株定植及管理

3.1　隔离

制种田周围 2 000 m 之内确保没有其他胡萝卜品种或野生胡萝卜,防止串粉,影响种子纯度。

3.2　整地

选择通风、排灌水方便、土质肥沃的沙壤土或壤土且没有线虫的田块,每公顷施 60 t 优质腐熟圈肥,并适当增施磷钾肥作基肥,精耕细作,整平土地。

3.3　定植

4 月中下旬土壤化冻、土温上升到 8～10℃时栽植。栽前再进行一次选择,除去贮藏期间受损害的种株,并去掉不符合品种特点的植株(最好假植一段时间后再定植)。定植时按生产田的要求整地,做成平畦,按 85 cm 的行距开沟,沟里按 40 cm 的株距栽植。深度以顶部与地面平或稍低于地面为好,栽后埋严,将种株四周踩实,植株顶部培土 3 cm 左右。

3.4　田间管理

3.4.1　中耕　定植后至开花前,应注意中耕除草。

3.4.2　肥水管理　前期供水要少,以防降低地温。随着植株生长,温度提高,供水要及时,但供水不要过大,以防徒长。每次浇水后 2～3 d 要中耕。胡萝卜花期长(图 4-28),除基肥外,要在初花期及末花期进行追肥,每公顷追三元复合肥 300 kg。末花期控制浇水(图 4-29)。

3.4.3　培土、支架　胡萝卜花茎较高,为防倒伏,中耕时及时培土,并支架以防倒伏。

3.4.4　打杈　胡萝卜分枝多,为使养分集中,种子饱满,熟期一致,每株主枝长到 30～40 cm 时打顶,促使侧枝生长。以后每株只留 8～10 个一级侧枝,每个侧枝留 1 个花序。

3.4.5　病虫防治　抽薹后应注意蚜虫及病害的防治。

图 4-28　盛花期

图 4-29　结实后花球翻卷

4　收获

7 月上旬,当花序由绿变褐、外缘向里翻卷时分期收获,放在通风处风干后熟 2～3 d 后脱粒(图 4-30)。方法是:将后熟的花序放在垫布上,用手将花序上的种子搓下。不能用木棒或机械碾打,以防敲碎的秸秆种子混合造成清选困难。脱粒后的种子不能直接放在水泥地上晾晒,以防地面温度高影响发芽率(图 4-31)。

图 4-30 成熟

图 4-31 种子

十字花科蔬菜制种技术概述

十字花科蔬菜主要包括结球大白菜、普通白菜、甘蓝、花椰菜、芥菜、萝卜等,其中结球大白菜、普通白菜、甘蓝、萝卜供应时间长,种植面积大,每年需种量较大。

十字花科蔬菜杂种优势明显,生产中杂交种利用率较高,尤其是大白菜,目前生产中使用的新品种均为一代杂种,是我国杂交优势利用取得成就最大的蔬菜作物之一。十字花科蔬菜一代杂种可以通过品种与品种、品种与自交系(不亲和系)、自交系(不亲和系)与自交系(不亲和系)、雄性不育系与品种、雄性不育系和自交系(亲和系)间的杂交获得。

1 利用雄性不育系生产一代杂种种子

1.1 亲本的保存与繁殖

亲本有雄性不育系、保持系及一代杂种的父本(品种或自交亲和系)。第一年秋天将 3 个亲本分别播种于各自的繁殖圃中,播期比大田晚 7～10 d。秋末冬初收获种株时,选优去劣,分别收获,分别贮藏。第二年春天,将雄性不育系及其保持系定植到同一隔离区内,隔离距离为 2 000 m 以上,父、母本的种植配比:父本(保持系):母本(不育系)=1:(3～4)(根据父本花粉量的多少确定),隔行定植使母本能充分授粉。种荚成熟时,在雄性不育系(母本)种株上收获的是雄性不育系种子,从保持系(父本)上收获的仍为保持系。其中雄性不育系大部分种子用于一代杂种生产时做母本,另一小部分继续用于雄性不育系的保存和繁殖。一代杂种的父本种根第二年春天定植到另一个隔离区内,隔离距离 2 000 m 以上,这样从该隔离区内父本种株上就可以收获到纯正的父本种子。

1.2 一代杂种的制种

可以采用大株采种、小株采种法。

1.2.1　大株采种法　在秋季播种母本雄性不育系和父本,在秋末冬初分别选择雄性不育系和一代杂种的父本种根,分别贮藏越冬,第二年春天定植到同一隔离区内,与其他品种隔离 2 000 m 以上,父、母本种植配比:父本:母本＝1:(3～4),隔行定植,从母本上收获的种子是一代杂种种子,从父本上收获的仍然是父本种子。其他管理措施与萝卜成株制种技术相同。

1.2.2　小株采种法　与萝卜春播小株采种技术相同。

2　利用自交不亲和系生产一代杂种种子

2.1　亲本的保存与繁殖

亲本有自交不亲和系和自交亲和系。第一年秋天将 2 个亲本分别播种于各自的繁殖圃中,播期比大田晚 7～10 d。秋末冬初收获种株时,选优去劣,分别收获,分别贮藏。第二年春天,将双亲分别定植到不同隔离区内,隔离距离为 2 000 m 以上,亲和系自交获得大量自交亲和系种子;自交不亲和系在开花期用 0.4% 的盐水处理,隔一天喷一次,以克服自交不亲和性,并人工摇动花枝使花粉充分落在柱头上进行自交,获得自交不亲和系种子。也可以采用蕾期人工剥蕾授粉的方法获得自交不亲和系种子。也可以采用蕾期人工剥蕾授粉的方法获得自交不亲和系种子。

2.2　一代杂种的制种

组配方法有自交不亲和系×自交亲和系或自交不亲和系×自交不亲和系。由于采用第二种方法组配时,双亲上采收的种子均为杂种一代,杂交种的种子产量比第一种组配法高 1/4～1/3,是目前常用的方法。自交不亲和系×自交亲和系组配生产杂种一代时,是以自交不亲和系为母本,自交亲和系为父本,父母本的比例一般是 1:(3～4),从母本上采得的种子即为杂种一代。自交不亲和系×自交不亲和系组配生产杂种一代时,当正反交后代表现一致时,双亲比例一般为 1:1,从双亲上采得的种子均为杂交种子。

第五章 大葱制种技术实训

一、大葱制种生产现状

大葱(A. fistulosum L.)是百合科葱属 2 年生草本植物,以叶鞘组成的肥大假茎(俗称葱白)及嫩叶为食用器官。大葱原产于我国西北及相邻的中亚地区,在我国有 3 000 余年栽培历史,是我国栽培最早的蔬菜之一。

我国是目前世界上大葱栽培面积最大的国家,据农业部统计显示 2007 年我国大葱播种面积约 54 万 hm²,占世界大葱面积的 90％以上。大葱在我国各地均有栽培,以淮河、秦岭以北的中原和北方地区最为普遍。山东、河北、河南、陕西、辽宁等省和京、津地区是大葱的集中产区。大葱在北方地区是非常重要的蔬菜作物,既可以做普通蔬菜,又可以做调味品。我国中南部地区以分葱栽培较多,一般作为调味蔬菜。

大葱的国内市场比较广阔,近年来又开辟了国际市场,每年向韩国、日本和东南亚等国出口,且出口量逐年增加,目前,我国已经成为世界上出口大葱最多的国家。由于大葱产业的发展,对大葱种子的需求也日益增多,使大葱种子培育、生产日趋紧迫。

我国大葱制种目前主要是常规品种种子的生产,在空间隔离的基础上做好去杂去劣即可,种子生产技术简单,只是生产时间长,山东等沿海地区多采用两年制种的方法,第一年生产成株,露地越冬,第二年生产种子。新疆等大多西北内陆地区都是第一年秋季育苗,第二年定植生产成株,第三年采种,生产时间长,生产成本较高。

二、大葱制种技术发展

我国大葱栽培历史悠久,自新中国成立以来,我国在大葱品种资源收集、整理、保存、研究和大葱的系统选种和品种改良等方面取得显著成效,例如通过选育形成了适应当地生态条件和消费需求的地方名优品种,如山东"章丘大葱"、天津宝坻"五叶齐"、河北隆尧"鸡腿葱"、陕西华县"赤水孤葱"、河北秦皇岛"海阳葱"等,它们已成为当地主要栽培品种,并被其他适宜栽培的地区引种栽培。20 世纪 70 年代以来在大葱雄性不育系选育利用、生物技术、种子繁育和保存等方面也取得一定进展,例如山东章丘农业局在 20 世纪 70 年代从章丘大葱的农家优良品系中选择长葱白的"梧桐型"优良单株,经过选择育成章丘大葱新品系——29 系,比原品种抗病、高产;河北隆尧县农业局以"隆尧鸡腿葱"与章丘"气煞风"大葱自然杂交,育成鸡腿型的"冀大葱一号",增产效果明显;山东农业大学在大葱育种方面进行了深入的研究,育成大葱雄性不育系和同型保持系,雄性不育株率达 95% 以上,为我国大葱三系配套杂交制种技术做出巨大贡献。但相对于其他蔬菜作物育种和大葱栽培技术的研究进展,大葱育种工作是滞后的,目前仍是地方品种资源或其改良系在大葱生产上占主导地位。

大葱新品种的选育主要向着优质、抗病、抗逆、丰产、整齐度高、耐贮藏等方向发展,以解决目前大葱生产中出现的植株分蘖、易感病、易倒伏、产量低、不耐贮藏等问题。大葱制种技术也由目前的常规品种生产向杂交制种技术发展,需要建立较为稳定的制种基地,并培养具备大葱杂交种子生产的技术人员和制种农户。

第二节　大葱制种技术实训

一、基本知识

(一)大葱生物学特性

1.植物学特征

(1)根　大葱的根为白色弦线状须根,着生在短缩茎上(图 5-1)。粗度均匀,分生侧根少。根的数量、长度和粗度,随叶数的增多而不断增长。大葱生长盛期也是根系最发达的时期,数量多达 100 条以上,平均长达 30~40 cm,根群主要分布在 30 cm 土层内。大葱根毛较少,根系吸收能力较差,根系再生能力较弱,当发生根系被切断或脱离土壤时,老根的再生能力弱,很难发生侧根。大

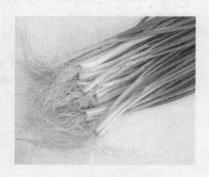

图 5-1　大葱的根

葱根系好气怕涝，生长要求土壤疏松肥沃，透气良好。

（2）茎　大葱的茎为变态短缩茎，营养生长期间，短缩茎成圆锥形，黄白色，其上着生多层管状叶鞘，下部密生须根。进入生殖生长期后，茎盘顶芽伸长成花茎（图 5-2），中空，顶端形成花蕾，生产种子。顶端优势消除后，侧芽可萌发成分蘖。

（3）叶　大葱叶由管状叶身和筒状叶鞘两部分组成，是食用器官。新叶淡绿实心，成叶深绿长筒圆形，中空，表面有蜡质层，耐干燥（图 5-3）。

图 5-2　大葱花茎

图 5-3　大葱的叶

叶分化初期叶身比叶鞘的生长比重大，以后两个部分的比重逐渐接近。单个叶鞘为圆筒状，多层套生的叶鞘和内部包裹着的 4～6 个幼叶，组成棍棒状的假茎（葱白）。叶身管状、长圆锥形、中空、表层覆有白色蜡状物。且外部叶鞘具半革质膜，防止内部水分蒸发。

一般大葱营养生长期叶片为 10～15 片，正常叶片寿命 40～50 d，品种类型不同，叶片展开度不同，叶间距有大有小，叶鞘口松紧程度也不同。叶片展开度越大，抗风能力越差，叶间距越大，葱白越长，但叶鞘口松弛，遇风易折断。

（4）花　花茎顶端着生伞形花序，花薹的粗度和高度因品种和营养生长情况而异。一般均为粗壮中空，直径 3～5 cm，高 40～60 cm。开花前花序藏于膜状总苞内（图 5-4），伞形花序呈球形，内有小花 300～500 朵，多者 800 朵（图 5-5，图 5-6）。花为两性，萼片、花瓣各 3 枚，雄蕊 6 枚，雌蕊 1 枚，柱头成熟时高于花药，成熟时间晚于花药 1～2 d，子房上位，3 心室，每心室结种子 2 枚。异花授粉，虫媒花，风也能传粉。

图 5-4　膜状总苞

图 5-5　膜状总苞开裂

图 5-6　伞形花序

（5）果实　为蒴果，成熟后开裂，种子易脱落，每果含种子 6 粒（图 5-7）。

（6）种子　种子盾形，内侧有棱，稍扁平，黑色，种皮表面有较多不规则皱纹，脐部凹陷，千粒重 2.4～3.4 g，常温下种子寿命 2 年，栽培上应选用当年新种子。每花球可采收种子 350～550 粒，花球大小和植株大小、生产管理措施有关。种子产量与种植密度、花球大小、授粉好坏有关（图 5-8）。

图 5-7　大葱果实

图 5-8　大葱种子

2. 生长发育周期

大葱为 2 年生蔬菜，整个生活周期分成营养生长和生殖生长两个生育时期。

（1）营养生长阶段　从种子萌发到花芽分化为营养生长时期，一般此期可发生 30 个以上叶，但全株最多保持 6～8 叶。

①发芽期　从播种到子叶出土直钩，在适宜的条件下，7～10 d。为加速种子发芽与出土，此期需要较高的温度和湿度条件。

②幼苗期　从直钩到定植，春播的幼苗期一般为 80～90 d；秋播育苗要等到第

二年夏季才能定植,因此幼苗期长达 8～9 个月,生产上要求播种畦面湿润,以利幼苗生长。一般冬前苗期有效生长时间不宜超过 30 d,叶数少于 3 个,最好"2 叶 1 心"。返青后的旺长期是肥水管理的重要时期。

③葱白形成期　从定植到大葱冬前收获,一般需要 120～140 d。大葱生长适温为 20～25℃,此期是产量形成的关键时期,也是水肥管理、中耕培土、软化葱白的关键时期。分 3 个阶段。

缓苗越夏阶段:定植后原有根系再生力很弱,需发生新根才能恢复生长。缓苗期约需 10 d,以后经较短的炎夏即进入下一阶段。

葱株旺盛生长阶段:缓苗后,在日均温 13℃ 以上、25℃ 以下条件下,植株生长旺盛。叶寿命延长,有效叶 6～8 个,叶重依次增加。初以叶身增重为主,之后叶鞘增重比例加大。

假茎充实阶段:大葱遇到适宜的温度条件(一般白露前后)进入葱白形成盛期以后叶身及外部叶鞘的养分向内转移,充实假茎。

(2)生殖生长阶段　在休眠期通过低温春化,形成花芽,在高温长日照下进入抽薹期、开花期、种子成熟期。

①返青期　春季气温达到 7℃ 以上时,植株开始返青生长,直至花薹露出叶鞘,此期为返青期,30～40 d。返青期在大葱茎盘上分化出花芽后就不再分化新叶,因此在生产中要注意保护已有的功能叶。此期应及时浇返青水,追施提苗肥,及时中耕、除草、培土,促进根系发育。

②抽薹期　从花薹顶部的花苞露出叶鞘到花薹长成、花苞破裂为止,一般为 10～15 d,主要进行花器官的发育。花薹绿色具较强的光合作用能力,种株开花结实期间 80% 同化物由花薹制造、提供,对种子产量影响极大。此期应适当控水控肥,避免花薹徒长,遇风倒伏折断,影响种子产量。

③开花期　花球总苞破裂,小花由中央向四周依次开放,至开花结束为开花期。一朵花的花期为 2～3 d,一个花球的花期为 15 d 左右。开花期的长短与品种、种株大小和花期温度高低有关。种株大,则花球大,花数多,花期长,花期适温是 16～20℃,温度高则开花进程快,花期短。此期是提高大葱种子产量的关键时期,尽可能创造条件促其充分授粉。

④结籽期　从谢花到种子成熟为结籽期。同一花球中不同位置的小花开放时间有先有后,种子成熟时间也不一致,开花较早的所处温度较低,从开花到成熟需 30 d,后期温度高,种子发育快,需 20 d 左右,但饱满度较差。此期是提高种子千粒重的关键时期,管理上应以保护和延长功能叶寿命为主,可浇小水,随水冲施速效钾肥营养液。当花球上部有 1/3 蒴果开裂露出黑色的种子时及时采收(图 5-9)。

图 5-9　开花结实

3.对环境条件的要求

（1）温度　大葱对温度的适应范围较广,在凉爽的气候条件下营养生长表现好,同时又具有较强的耐寒性和耐热性,种子发芽的最低温度是 4℃,最适温度是13～20℃,低于 4℃或高于 33℃种子不发芽。植株营养生长的适温范围为 18～25℃,低于 10℃生长缓慢,高于 25℃生长细弱,容易发病,超过 33℃时植株处于半休眠状态。大葱耐寒性极强,植株在幼苗期和葱白形成期的可忍耐－20℃以下的低温,一些极耐寒品种在－30℃的高寒地区也可露地安全越冬。生殖生长适温15～22℃。大葱是绿体春化型蔬菜,在植株长 3 片以上真叶,在 0～7℃下的低温条件下,经 15 d 以上即可通过春化,幼苗生长点转化为花芽。

（2）光照　大葱为中等光强作物,光饱和点较低,光饱和点为 25 000 lx,光补偿点为 1 200 lx。光照不足影响营养物质合成与积累,叶片易黄化,植株生长细弱产量低。假茎的生长需要在黑暗条件下,葱白洁白脆嫩,在生产上多采用培土软化的方法,使葱长而结实,提高大葱的产量。

长日照是诱导大葱花芽分化的必要条件,当大葱通过春化阶段,再经过 12～14 h 长日照才能抽薹开花。不同品种对日照长度反应不同,有些品种在通过春化后,无论长日照还是短日照都能抽薹开花。

（3）水分　大葱对水分反应特点为耐旱不耐涝。在生长期间要求较高的土壤湿度和较低的空气湿度,适宜的空气相对湿度为 60%～70%,湿度过大易引发病害。不同生育期对水分的需求也不同,发芽期、定植缓苗期、返青期及葱白形成期适要保持土壤湿润。大葱整个生长期都怕涝,生产时要及时排水防涝,避免积水烂根。

（4）土壤及营养　大葱对土壤的适应性广,但以土层深厚、排水良好,疏松肥沃的壤土为好。土壤 pH 7.0~7.4 为宜。

大葱喜肥耐肥,要求 N、P、K 齐全。每生产 1 000 kg 大葱,吸收的氮:磷:钾为 5.4:1:6.6,施肥以有机肥为主,以后分期追施速效肥料。生长期间追施钙、镁、硼等微量元素可促进大葱生长、发育。

4.大葱的阶段发育

(1)花芽分化 大葱通过春化后顶芽由叶芽转化为花芽。大葱是绿体春化作物。秋播大葱播期过早第二年会发生未熟抽薹。播种时间适宜,幼苗越冬时只有 2 叶 1 心,虽遇低温也不会感应低温通过春化,第二年不会未熟抽薹。如果苗床的肥水充足,越冬苗偏大,即使是适期播种第二年也会发生部分未熟抽薹。大葱在自然条件下,第一年初夏成熟的种子落入土中,长成足以通过春化的葱苗,感受越冬期的低温,第二年开花结子,是二年生植物。在生产栽培中,第一年春播,初夏定植,初冬收获商品葱,第二年繁殖称之为二年生作物;为取得高产的商品大葱,于第 1 年秋播,培育不足以通过春化的小苗,第二年初夏定植,初冬收获商品葱,第三年繁种,称之为三年生作物。

(2)授粉受精 大葱在 10:00~16:00 的较高温度和较低空气湿度下大部分成熟花药开裂散粉,11:00 左右花药开裂散粉最多。大葱是典型的异花授粉作物,传粉媒介主要是蜜蜂和蚂蚁。当无屏障的空间隔离 500 m 时,异交率达 8%,单株花期套袋自交可以结子,自交子代表现明显生活力衰退。花粉活力保持时间较短,第二天花药开裂散出的花粉活力显著下降,在室温贮存下结实率下降 76.5%~85.0%,低温贮存可生活力下降速度较慢,低温干燥贮藏 6 d 的花粉仍有 10.1% 的结实率。

在开放授粉条件下,开花后 3~4 d 的花粉管伸长,11 d 子叶发生,16~18 d 胚的子叶卷曲并达到成熟。

(二)大葱的品种类型

我国葱品种资源十分丰富,其中除栽培普遍的普通大葱外,还有分蘖大葱、楼葱、韭葱、胡葱、细香葱等。其中普通大葱在我国栽培最广泛,植株高大,抽薹前不分蘖,按葱白形态又可以分为长葱白、短葱白和鸡腿葱 3 种类型。

1.长葱白类型

相邻叶间距离较长,一般相隔 2~3 cm,叶片夹角较小,一般小于 90°,葱白长,粗细均匀,葱白高度大于株高 1/3,长与粗之比在 12 以上,全株高 1.3m 以上,独棵不分蘖。叶片 4~6 片,叶鞘口松弛,防风能力差,产量高。含水量高,味道甜辣,不耐冬季自然条件下贮藏(图 5-10)。如:章丘大葱、盖县大葱、北京高脚白、赤水孤葱等。

2. 短葱白类型

葱白粗壮,上下粗度均匀,基部略膨大,长粗比在 10 左右。叶间距较近,一般 1.5～2 cm,叶片开张度较大,一般大于 90°,叶鞘口紧实,叶身短粗,叶片 6～8 片,叶肉厚,叶表蜡质厚,抗风、抗病虫害能力强,耐贮运(图 5-11)。味道辛辣、香味浓。如:寿光八叶齐、西安竹节葱。

3. 鸡腿葱类型

基部膨大呈鸡腿状,长粗比在 10 以下,植株瘦小细长,葱白细小,外层显浅红色或浅黄色。葱叶细小,4～6 片,生长缓慢产量低,葱白坚实,耐贮性极强,味道辛辣芳香,耐自然条件下冬贮(图 5-12)。如:隆尧鸡腿葱、莱芜鸡腿葱、大名鸡腿葱。

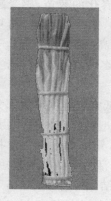  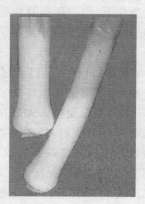

　　图 5-10　长葱白类型　　　　　图 5-11　短葱白类型　　　　图 5-12　鸡腿葱

(三)大葱的采种技术

大葱为异花授粉作物,杂交频率极高,在留种时必须采取严格的隔离措施,一般原种必须有 2 000 m 的隔离区,良种至少 1 000 m 的隔离区。大葱原种和常规品种良种种子生产采用成株采种法、半成株采种法等,杂交种子生产一般采用三系配套采种技术。

1. 成株采种

成株采种法也叫大株采种法。前一年秋季播种育苗,第二年 6 月初定植于大田,定植前严格去杂去劣,定植后进行浇水施肥和中耕培土,生产期间不断淘汰杂株、病虫株等,入冬前进行采挖,淘汰病虫株、畸形株、分蘖株等,选择假茎肥厚、坚实、叶短壮紧密,不分杈的大葱做种株,放在向阳通风处晾晒后进一步精选,每 10～20 棵捆成一捆,在干燥阴凉处挖 20～30 cm 深土沟,将大葱根部向下整齐排列于沟内,四周用土围好假植,来年春季定植前 10 d 从沟内取出种株,淘汰腐烂种株,从距茎基部 20～25 cm 处切掉上部假茎以利抽薹,放在向阳处晾晒至心叶长 5 cm 时,选择晴天开沟定植于隔离区内(隔离 2 000 m)。抽薹开花时再进行去杂去劣,做好水肥管理和防倒伏工作,进行采种。成株采种种株生长时间长,植株粗壮,根系发达,花球大,种子饱满,产量高。但成株采种占地时间长,病虫害较重,生产成本较高,主要用于原原种、原种的采种。

2. 半成株采种

半成株采种法是利用原种播种繁殖生产用种常用的方法。半成株采种是第一年 6 月中旬播种育苗,9 月上旬定植于隔离区内(隔离 1 000 m),定植时去杂去劣,冬前使幼苗长至半成株,露地越冬通过春化,第二年抽薹开花,6 月中旬采种。半成株采种法从播种至收获种子需 12～13 个月,生产周期短、成本低,缺点是冬前营养体生长不够充分,产量较低,田间由于未经严格选择,易导致生物学混杂,种性退化,纯度降低。因此,生产上一般利用成株和半成株结合采种,即成株采种做原种,半成株采种繁殖生产用种。

3. 杂种一代种子生产

采用三系配套采种技术。

不育系和保持系繁殖采用成株采种法。前一年秋季分别育苗,来年 6 月按 2∶1 相间定植于隔离区内,种子成熟后分别采收种子,单独存放后熟,单独脱粒,单独贮藏,严防机械混杂。

在另一隔离区内采用成株采种法繁育父本系。

杂种一代采用半成株采种法。6～7 月,将父本系与不育系以 1∶3 比例分别育苗,选择隔离区至少 1 000 m 的适宜地块相间定植,待花期结束拔除父本,在不育系上收到的种子即为杂种一代。

目前,生产原种大多采用成株采种法,生产良种大多采用半成株采种法。

(四)大葱品种提纯复壮技术

大葱属雌雄同花,易进行同株或非同株异花授粉,导致大葱种性退化,影响产量和品质。

1. 单株选择,自交制种

10 月中旬大葱收获时,从整齐度高、性状优良、符合本品种特性的丰产田中选择母株 500～1 000 株贮藏在温湿度适宜的窖中,第二年春季土壤化冻后按春栽法定植母株。即 4 月上旬按行距 60～70 cm、株距 8～10 cm 定植在沟中,培土灌水,以后加强田间管理,保证正常生长;当花球开放时,再选择 1 次,淘汰不良单株,摘除杂株花球,确保株选纯度。然后按株编号套袋,每株旁用竹竿支架,与纸袋固定在一起,以防风折。盛花期每天 8∶00～9∶00 用手摇动套袋花球,进行人工辅助授粉,提高结实率。6 月中下旬种子开始逐渐成熟,应分期采收,以花球上部种子开裂而不脱落为适宜采收期。采种时要认真细致,保证入选单株单收、单打、单藏(装上标签编号)。

2.株行混选混交制种

7月上旬选好留种田直播单选自交种,建立株行比较圃,留种田隔离区要在2 000 m以上,选择3年以上未种过葱蒜类作物的肥沃土壤,结合整地施有机肥45 000 kg/hm² 左右、过磷酸钙 525 kg/hm²、硫酸钾 375 kg/hm²。田间管理同大田。在株行比较圃内再进行多次选择,淘汰不良的株行,保留整齐度高、综合性状优良的株行田间越冬,第二年6月中下旬混合收种,即为提纯复壮的原种。

3.繁殖生产用种

第一次提纯复壮的原种,留少部分播种育苗,并在下年继续从成株中进行株选,按上述程序再次提纯复壮,另一部分用半成株采种法繁殖生产用种。

相关知识

1.葱、蒜类蔬菜的主要类型

葱、蒜类蔬菜在我国栽培广泛,历史悠久。主要包括大葱、洋葱、韭菜、大蒜、分葱、韭葱等。植物学分类上都为百合科葱属的二年生或多年生植物。它们以膨大的鳞茎、假茎或嫩叶及花苔为食用器官,体内含有一种叫硫化丙烯的挥发性液体,具辛辣气味。

2.葱、蒜类蔬菜生物学及栽培管理共性

葱、蒜类蔬菜原产于大陆性气候区,在生物学特性上和栽培管理上的共同点有:

(1)植物学性状 根为须状根,根系不发达。叶片筒状中空或扁平带状,表面有蜡粉,水分不易蒸发,较耐干燥。除大蒜外,其他葱、蒜类蔬菜均为伞形花序,完全花,虫媒花。蒴果,易开裂,种子黑色。

(2)对环境条件的要求及栽培管理共性 根群的分布范围较小,吸水能力较弱,喜湿。叶片表面有蜡粉,比较耐干燥,在生长盛期如能供给充足的水分,则产量和品质都能得到提高。

要求中等光强。叶片直立生长,叶面积小,适当密植是这类蔬菜提高单产的主要措施之一。其中韭菜等不仅要密植,而且要丛植才能高产。

对土壤的适应性强,但以表层疏松的土壤为好。因为疏松的土壤不仅有利于葱等的软化栽培,也有利于洋葱、大蒜等鳞茎的膨大。

以采收叶片为目的的大葱、韭菜、青蒜等,需用较多的N肥;以采收鳞茎为目的的洋葱、大蒜头等,除用适量N肥外,还需多施P、K肥。

葱、蒜类可适应的温度范围较大,南方露地可四季栽培,北方除严寒冬季外,也均能生长,有些种类(如大葱、韭菜乃至于大蒜)也可以露地越冬。且这一类蔬菜较耐贮运,所以全年均有供应。

二、职业岗位能力训练

训练学生依据生产种子类型要求及当地大葱品种特性和企业制种计划选择、落实制种基地,与农户签订制种合同,及时准确发放亲本种子,并指导制种农户进行苗床准备、播种育苗、幼苗越冬管理、病虫害防治等工作,并训练学生识别大葱的长势、长相类型、抗病性等品种间特征特性的差异,在制种工作中合理安排、管理,指导制种农户开展田间去杂去劣工作和种子的采收工作,保证制种产量和质量。

（一）育苗及幼苗管理

【工作任务与要求】

根据品种特征特性和当地的气候条件,选择适宜的制种地块,指导农户适时播种育苗,检查播种质量,开展幼苗管理,保证苗齐苗壮。

【工作程序与方法要求】

苗床准备	整地做畦:选择与葱蒜类轮作3年以上、背风、向阳、平整、肥沃的田块,施足底肥,做成小畦待播。 土壤处理:为了防止苗期杂草过多,可在播种后出苗前按每公顷畦面用25%除草醚乳油6 L或35%除草醚乳油3 L或33%除草通乳油1.5 L兑水900~1 200 kg喷洒畦面,可减少杂草70%左右。	要求:畦面平整、土壤肥沃疏松,土壤处理及时、使用药剂种类及剂量合适。
播种	播种时期:根据当地气候条件和所繁种子特点,适时播种,新疆各地原种一般在9月中旬至10月初播种,良种一般于3月初在温室或大棚苗床播种。 播量:采用当年发芽率高的新种子播种,用种量15~22.5 kg/hm²。 播种方法:大葱育苗常用撒播法。播前进行种子消毒处理和浸种,将苗床浇透水,待水下渗后播种,为了提高播种质量,可用凉水漂去秕子和杂质,捞出后稍晾,将种子与细土按1∶30的比例拌匀,按畦数分成若干份均匀撒在床面上,播后覆土1.5~2 cm,保持畦面湿润。	要求:适时播种,播种下籽均匀,覆土良好,保证出苗整齐。
苗期管理	水肥管理:小苗出齐后,保持畦面不板结,控制水肥,主要管理任务是中耕除草,让幼苗生长健壮;土壤封冻前浇冻水,之后在苗床上撒一层1~2 cm厚的麦秸或马粪以利幼苗安全越冬。 越冬幼苗标准:平均单株高10 cm,两叶一心,幼苗茎基部直径0.30 cm左右。	要求:根据幼苗生长情况和气候条件,及时开展幼苗管理,保证壮苗越冬。

　　大葱播种时间要根据当地气候条件确定,以保证在越冬前有一定大小,顺利越冬,防止幼苗过小发生冻害死亡或幼苗过大第二年先期抽薹。

相关知识

1.大葱播种时间的确定方法

　　大葱是绿体通过春化的植物,必须是植株长到2叶1心以上、积累了一定的营养物质才能感受低温通过春化。如果育苗期提前,植株长得较大,当年越冬时就通过了春化,第二年就可抽薹,种子产量低;晚播则冬前养分积累少,不能安全越冬,所以大葱秋播时间要求严格,要求从播种到越冬停止生长前有45～50 d的生长时间,日平均气温7℃以上的有效积温660～700℃,新疆秋播大葱一般以秋分为宜,即9月20～25日。

2.大葱育苗床施肥整地的方法

　　大葱幼苗期较长,要求施足底肥,每公顷施腐熟的有机肥30～45 t,施尿素112.5 kg、磷酸二铵75 kg、硫酸钾150 kg或施有机无机复合肥1 200 kg,撒均匀,耕深耙细,做到土壤上虚下实。

3.大葱种子播前消毒处理方法

　　播前将种子用0.2％的高锰酸钾溶液浸泡20～30 min,再用清水漂洗干净,可杀死附着在种子表面的病菌。

经验之谈　　　大葱的育苗畦大小如何确定

　　大葱在3叶期怕水,根据这一特点应做成小畦,苗畦适宜做平畦,宽1.2～1.7 m,长6～7 m,以方便浇灌排水、人工除草等工作。

【田间档案与质检记录】

大葱制种亲本发放单

编号:　　　　　　　　　　　　　制种地点:

序号	品种(代号)	地号	面积	原种数量(kg)	户主签名	备注

填表人:　　　　　　　　　　　　　　　　　年　月　日

大葱制种育苗田间档案记载表

合同户编号				户主姓名		
地块名称(编号)				制种面积		
苗床前茬				面积(m²)		
土壤处理日期			药剂种类		用量	
播种日期			方法		播量(kg)	
中耕	第　次	日期:		深度(cm)		
	第　次	日期:		深度(cm)		
出苗期				幼苗特征		
灌溉	第　水	日期:		灌量(m³):		
	第　水	日期:		灌量(m³)		
	第　水	日期:		灌量(m³)		

大葱制种育苗质量检查记录

检查项目	检查记录	备注
苗床整地质量		
土壤处理质量		
播深(cm)		
覆土、镇压		
播种质量及纠错记录		
出苗率(%)		
越冬幼苗大小、质量		
中耕除草质量		
病虫害发生情况		

（二）种株栽培管理

【工作任务与要求】

根据大葱采种对隔离区及土壤的要求,选择适宜的采种田,指导农户及时整地、施肥,确定适宜的定植时期,指导、监督农户按照技术规程开展种株定植、管理,保证种株成活,结合定植去杂去劣,并开展田间管理,做好水肥管理、培土、病虫害防治和越冬管理等工作保证种株生长健壮,为来年采种奠定基础。

【工作程序与方法要求】

幼苗返青管理	浇水施肥:春天土壤解冻后要及时中耕封土。葱苗返青后浇返青水,但返青水不宜太早,以免降低地温。随气温增高增加浇水次数及灌水量,结合浇水追肥 2～3 次,每公顷追三元素复合肥 450 kg,随后浇水、松土,5 月份是葱苗生长旺盛期,也是培育壮苗的关键时期,结合浇水每公顷施尿素300 kg,移栽前 20 d 左右控制水肥进行幼苗锻炼,进行蹲苗以获得壮苗。定植前 1～2 d 浇小水润畦以利起苗。 间定苗:苗高 15～20 cm 时进行间苗、疏苗、补苗,保持苗间距 4～7 cm,每公顷留苗 375 万株左右。	要求:及时浇返青水、施返青肥,保证种株旺盛生长。
选地整地	选地:采种田应选择土壤肥沃、保水保肥力强、排灌方便、与葱蒜类蔬菜轮作 3 年以上的壤土地。为确保种子纯度,采种田要做好隔离工作,一般原种生产隔离距离不小于2 000 m,良种生产不少于 1 000 m。在其周围不应再安排其他大葱品种和洋葱的采种田,避免病虫害传播及相互串粉。尽量远离公路,以尘土飞扬,影响花粉传播与授粉。 整地:定植前深耕细耙,每公顷施腐熟的有机肥 30～45 t,复合肥 450 kg,按 50～65 cm 行距开沟,沟深 15～20 cm,宽 15 cm,沟内施肥后刨松即可定植。	要求:选地、隔离条件符合要求。精细整地,开沟质量合格。
去杂	去杂去劣:结合起苗、定植,根据植株长势、叶形、叶色、叶片生长方式等,剔除被病虫侵害苗、细弱苗、畸形苗、伤残苗及不具有品种特征的苗。	要求:及时、彻底。
定植	时间:秋播大葱于 5 月下旬至 6 月初定植,春播大葱于 6 月中旬至 7 月上旬定植。在定植适期内争取早整地、早栽苗。 起苗选苗:起苗前 1 天苗床要浇水,起苗后抖净泥土,选苗分级,剔除病、弱、伤、残和分枝苗,分开大、中、小 3 级,分别栽植。栽苗时大苗略稀、小苗略密,起苗同时选苗,运到即栽,使伤根少,易缓苗。葱苗起出来未能及时栽苗或当天栽不完的,宜根朝下立放于阴凉处,防止秧苗发热、捂黄或腐烂。 定植方法:采用排葱法,将经过选择和分级的葱苗按4～6 cm 株距在预先开好的较陡的沟壁一侧摆好葱苗,将根部按入沟底松土,用锄从沟的另一侧埋土,以不埋没葱心为宜,踩实,然后顺沟灌水。	要求:适期定植,起苗、运输、定植过程衔接紧密;株距合理,定植深度适宜,保证幼苗成活率。

浇水追肥	浇水追肥:定植初期浇小水以利缓苗,之后控制浇水促进生根,大葱进入旺盛生长期后加强浇水施肥,以有机肥为主,配合追施速效氮肥,并结合培土促进葱白生长,越冬前浇冻水,以利成株越冬。	要求:及时、足量。
培土	培土:根据大葱长势,适期培土2～3次,每次培土以不超过葱心为标准。	要求:分次进行。
去杂	去杂去劣:植株旺长时选择生长势强、植株高大、葱白长而粗壮、上下一致、叶片直立、叶肉肥厚、不分蘖、不抽薹、抗倒伏、抗病性强、具有本品种特征的单株,不符合标准的植株及时拔除。	要求:及时、严格。
病虫害防治	病虫害防治:大葱制种要特别注意防治病害,及时发现,及时防除,为避免害虫产生抗药性,要注意交替使用农药品种。	要求:早发现,早防治。
越冬管理	越冬管理:生产原原种或原种的需要将大葱挖出,根据葱白特征进行株选,生产良种可以就地越冬,不需要采挖贮藏,越冬前浇冻水并追施少量养根肥后任其自然越冬。	要求:及时收获,安全越冬。

相关知识

1. 大葱采种田整地施肥的方法

在前茬作物收获后,立即清除枯枝落叶和杂草,每公顷施腐熟的有机肥30～45 t、尿素150 kg、磷酸二铵150 kg,硫酸钾150 kg进行深翻,使土肥充分混合,耙平后开沟。开沟方向以南北向为好,使受光均匀。开沟间距为50 cm(因制种葱种子产量主要靠群体数来增加,应掌握易密不易稀的原则)。

2. 大葱成株水肥管理的方法

葱苗从定植到8月上旬,植株逐渐缓苗,这一时间应控制浇水,让根系更新,并注意雨后排水,防止雨水灌沟淤塞葱眼,根系缺氧引起腐烂;到8月上中旬大葱开始缓慢生长;移植前期底肥可供给足够的营养,不需追肥,这一时期的重点是中耕除草,遇到特殊干旱的气候时适量浇水;从8月中下旬到10月初,天气转凉,天气晴朗,大葱进入旺盛生长期,是管理的关键时期,应进行1～2次施肥和浇水,施肥每公顷施尿素150 kg、磷酸二铵75 kg、硫酸150 kg。结合施肥于葱行两侧进行一次中耕培土,促进葱苗健壮生长(图5-13);11月上旬浇越冬水。

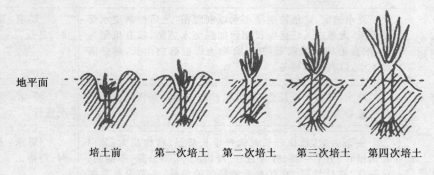

地平面

培土前　　　第一次培土　　第二次培土　　第三次培土　　第四次培土

图 5-13　大葱培土过程

经验之谈

1. 返青后壮苗标准

大葱返青后壮苗标准是：苗高 50 cm，葱白长 25 cm 以下，粗 1 cm 左右，单株鲜重 40 g，叶色浓绿，功能叶 5 枚左右。

2. 种株栽培管理目标

定植后当年管理的目标是增加葱的粗度，尽量控制其高度，因为葱越粗花朵越大，产量越高。

【田间档案与质检记录】

大葱制种田间档案记载表

合同户编号				户主姓名		
地块名称（编号）				制种面积		
返青追肥		日期		种类		施肥量(kg)
灌溉	返青水	日期		灌量(m³)		
	第　次	日期		灌量(m³)		
	第　次	日期		灌量(m³)		
间定苗		日期		留苗数（株/m²）		
前茬						
基肥种类				施肥量(kg)		
行距				沟深(cm)		
起苗时间						
去杂分级						

续表

定植	日期		方法		株距(cm)	
追肥	第 次	日期		种类		用量(kg)
	第 次	日期		种类		用量(kg)
培土	第 次	日期			高度(cm)	
	第 次	日期			高度(cm)	
	第 次	日期			高度(cm)	
采挖时间			贮藏方法			
越冬管理						
病虫害防治	种类			防治方法		
	种类			防治方法		
	种类			防治方法		

大葱制种田间检验

检验时期	被检株数	杂株数	纯度(%)	病虫害感染情况
定植期				
意见与建议				

检验人： 制种户： 年 月 日

大葱制种去杂合格证

编号： 制种地点：

序号	品种(代号)	地号	面积	去杂人姓名	户主签名	备注

填表人： 年 月 日

【工作任务与要求】

组织农户及时开展种株返青管理,及时中耕松土、浇水施肥,剔除病虫株、杂株劣株。抽薹、开花时根据花薹、花色等性状严格去杂,并做好防倒伏、放蜂和病虫害防治等工作,保证制种产量和质量。组织农户及时收获种子,并进行晾晒、脱粒和清选,及时开展种子质量检验工作并进行收购。

【工作程序与方法要求】

返青管理	清理:返青前将大葱地上部分残枝败叶割除,并清理干净。 水肥管理:3月下旬葱苗返青后浇一次水,浇水时选择气温较高的晴朗天气,随水每公顷追施尿素150 kg、磷酸二铵75 kg,浇水后及时中耕,以提高地温,促壮苗稳发。当气温升至10℃以上时,结合培土浇水,追施硫酸钾600 kg,尿素450 kg。植株开始抽薹时控制浇水,免得花薹徒长倒伏,为了防止花薹倒伏可培一次土;大葱在开花和灌浆时需水肥较多,需浇1~2次水,并随水每公顷施尿素225 kg、磷酸二铵75 kg、硫酸钾75 kg,或面喷施浓度2 mg/kg的磷酸二氢钾溶液1~2次,促进籽粒饱满。种子成熟时尽量不浇水,确实因干旱需要浇水时应浇小水,并选择无风的晴天。	要求:大葱返青至种子采收只有60~70 d的时间,水肥管理应促控结合。
去杂	去杂去劣:种株春季返青后,剔除返青迟、腐烂、受冻、发病的异常母株。 现蕾后去杂去劣,去除分蘖株、异形株、病残株。 开花后依据花色、花薹高低等性状去除与品种不符的单株。	要求:及时、严格。
辅助授粉	辅助授粉:大葱为异花授粉作物,主要传粉媒介为蜜蜂。如蜜蜂较少时,可进行人工辅助授粉,方法是在盛花期于温暖晴天8:00~10:00和16:00~18:00用鸡毛掸子进行人工辅助授粉,也可用手戴新棉手套抚摸花朵,每天坚持一次,一般5 d即可。 放蜂:每公顷放蜂15~30箱可有效提高产量。	要求:根据情况按需进行。
病虫害防治	病虫害防治:在高温高湿季节应注意大葱灰霉病、紫斑病等病害的防治,及时发现,及时防治。	要求:及时防治。
防倒伏	防倒伏:5月下旬花球逐渐增重,如遇大风,花薹易倒折造成减产,要搭建支架或拉线防止植株倒伏。	要求:及时、牢固。

收获	采收时间:分批采收,大葱盛花期后 20 d 左右,当花球顶部 1/3 蒴果变黄开裂、种子还未散落时,为采收适期。采收前预先在田间进行一次详细的去杂。每天的早晨和傍晚进行采收,可防止葱籽散落。 采收方法:用剪刀将整个花球剪下,采种球时一定要连带 8~10 cm 的主茎,以促进种子后熟,提高发芽率。 晾晒:种球采收后置于通风干燥的阴凉处后熟几天再晾晒脱粒,让其自然风干,晾晒可将花球放在草席或篷布上,切勿在烈日下特别是水泥地上曝晒。 清选:当种子(水分下降到 8%)晒干后风选去除种皮、花梗,不得用水漂淘,否则种子将失去应有的光泽。脱粒种子去杂物后再稍晾晒,装入布袋于低温干燥处贮藏。贮藏期间要防鼠、防潮、防热,以保证种子发芽率。成株采种一般产种 900~1 050 kg/hm²,半成株采种产种 750~900 kg/hm²。	要求:采收及时,防止种子散落,晾晒方法准确、及时清选,严防机械混杂。
检验 交售	检验:大葱定型品种的原种,要求品种纯度不低于99%,种子净度不低于 99%,种子发芽率不低于 93%,种子含水量不高于 10%。一、二、三级良种的品种纯度分别不低于 97%、92%、85%,种子净度分别不低于 99%、97%、95%,种子发芽率分别不低于 93%、85%、75%,种子含水量都不高于 10%。 不同品种要单装、单收,经常查看,防止种子混杂、霉变。 交售:合格种子及时收购,防止套购流失。	要求:种子经过鉴定检验,达到国家规定的种子质量标准后,方可收购。

　　如种株的侧芽抽生花茎,应及时摘除,以免影响主花茎生长及种子质量。
　　由于大葱种子成熟期不一致,即使同一花球上成熟期前后也相差 8~10 d,且种子成熟容易脱落,故应分期分批采收,成熟一批剪收一批。

相关知识

　　1.防倒伏的方法
　　大葱往往因风害倒伏或花茎折断,特别是结实期因种球重量加大更易折断,严重影响种子的产量和种子的成熟度。
　　防止的措施主要是:控制浇水,控制种株徒长;适时培土;在垄两头埋设立柱,系以绳索夹持种株(图5-14)。

2.病虫害防治技术

(1)大葱紫斑病　　主要发生在叶片和花梗上,初期病斑小,灰色至淡褐色,中央微紫色。其上有黑色煤污点状物。病斑很快扩大为椭圆或纺锤形,凹陷,暗紫色,常形成同心轮纹。病斑常扩大到全叶,或绕花梗一周,使花梗和叶倒折。

图5-14　大葱拉绳防倒伏

防治方法:及时清除田间病残体;发病初期,喷洒75%百菌清可湿性粉剂500倍液,或70%代森锰锌可湿性粉剂500倍液,或58%甲霜灵·锰锌可湿性粉剂500倍液,每隔7 d喷施1次,连续防治3～4次,均有较好的效果。

(2)大葱黑斑病　　又称大葱叶枯病,主要危害叶和花梗,发病初期出现黄白色长圆形病斑,而后迅速向上、下扩展,呈梭形,黑褐色,边缘有黄色晕圈,病斑上略显轮纹。后期病斑上密生黑色绒状霉层。该病常与紫斑病混合发生。

防治方法:重病地与非葱蒜类作物进行2～3年轮作;合理密植,在发病早期及时摘除老叶、病叶或拔除病株;使用腐熟有机肥,高温阶段切勿大水漫灌;在发病初期用58%甲霜灵·锰锌可湿性粉剂800倍液,或70%代森锰锌可湿性粉剂600倍液喷雾,每10 d喷1次,连喷2～3次。

(3)大葱灰霉病　　叶片上出现白色至浅灰褐色小斑点,扩大后成为梭形至长椭圆形,病斑长度可达1～5 mm,潮湿时病斑上生有灰褐色绒毛状霉层。

防治方法:病地应实行轮作,收获后要彻底清除病残体;雨季及时排水,防止田间积水;发病初期用40%灰霉菌核净悬浮剂1 200倍液,或咪鲜胺(使百克)乳油2 000倍液,或50%腐霉利可湿性粉剂1 500倍液等药剂喷雾防治,每7 d喷药1次,连续防治2～3次。

经验之谈　　　　提高大葱结实率的办法

据试验,花期喷施硼肥可提高大葱结实率,增加千粒重,一般可增产15%～20%。具体方法是用0.1%的硼砂溶液于大葱始花期开始喷施,5 d左右喷施1次,直到终花期。

【田间档案与质检记录】

大葱种株田间档案记载表

合同户编号			户主姓名	
地块名称（编号）		.	制种面积	
追肥	日期：	种类：	数量（kg/hm²）：	
	日期：	种类：	数量（kg/hm²）：	
灌溉	日期：		灌量（m³）：	
	日期：		灌量（m³）：	
	日期：		灌量（m³）：	
病虫害发生情况	种类：		防治方法：	
	种类：		防治方法：	
	种类：		防治方法：	
防倒伏	措施：		日期：	
放蜂	日期：		密度（箱/hm²）：	
估产	日期：		产量（kg）：	
采收时间	开始日期：		结束日期：	批次：
脱粒	日期：		方法：	
清选方法				
产量（kg）				
取样	日期：		编号：	
封样	日期：		编号：	
收购	日期：		数量（kg）：	

大葱田间管理质量检查记录

检查项目	检查记录	备注
水肥管理情况		
病虫害防治情况		
倒伏率（%）		
纠错记录		

大葱制种田间检验记录

检验时期	被检株数	杂株数	纯度（%）	病虫害感染情况
返青期				
现蕾期				
开花期				
意见与建议				

检验人：　　　　　　　　制种户：　　　　　　　　　　　年　　月　　日

大葱种子检验记录

检验项目	检验记录	检验人
发芽率（%）		
水分（%）		
净度（%）		
纯度（%）		

三、知识延伸

1. 参阅相关资料，就国内外大葱育种、制种技术发展动向撰写一份报告。

2. 查阅资料系统了解大葱杂交种子生产技术及发展前景。

四、问题思考

1. 综述新疆大葱制种的前景。

2. 如何提高新疆制种大葱的效益？

第三节　知识拓展

大葱杂交制种技术

　　大葱的杂种优势利用是实现大葱高产稳产的重要途径。大葱杂交种（F_1）不论在产量，还是抗性方面均有明显的杂种优势，特别是株间的一致性更受葱农的欢迎。实践发现提高杂交种（F_1）的种子产量是实现大葱杂种优势利用的关键问题之一。

1 利用雄性不育系生产杂交种(F₁)的程序(图 5-15)

利用雄性不育系生产杂交种需要建立 3 个繁育区,即不育系繁育区、父本系繁育区(有些作物称此系为恢复系,但商品大葱是以营养体为产品,不是以籽实为产品,因此大葱杂交种的父本不必具有恢复性。因此本文称杂交种的父本为父本系)和杂交种(F₁)制种区。

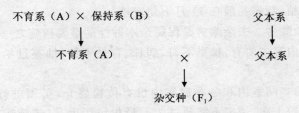

图 5-15 利用雄性不育系生产杂交种(F₁)的程序示意图

2 杂交种(F₁)的亲本繁育

亲本的繁育必须采用成株采种,每代都必须进行严格的去杂去劣,防止种性退化和变异。

2.1 不育系(A 系)的繁育

A 系不育性的保持是由其保持系(B 系)完成的,因此不育系的繁育有两个亲本即 A 系和 B 系。

2.1.1 育苗 A 系和 B 系在育苗时必须分开播种,避免机械混杂,二者用种量(或播种面积)的比例应在 2∶1 左右。新疆秋季育苗播种期在 9 月中旬前后,春播应在 4 月上、中旬。育苗田应选择旱能灌、涝能排的地块,播前要施足底肥,细致整地,采用撒播或条播均可。出芽率 85% 的种子播种量为:秋播不应超过 4 g/m²,春播不应超过 2.5 g/m²。种子播后应喷施辛硫磷,然后再覆土,可有效防止地下害虫为害,播后覆盖地膜可有效提高出苗率和缩短播种至出苗的时间。为了防止苗期杂草为害,可使用 33% 的施田补 2.25~3 L/hm²,在播后苗前或苗后喷雾,但要严格避免药液与种子接触,防止产生药害。一般苗期使用 2 次基本可以防止杂草为害。另外苗期应根据土壤肥力和墒情适当追肥和灌水,出苗后要注意防治地蛆。

2.1.2 定植 定植时间一般在 6 月中旬至 7 月上旬。行距 65 cm 左右,株距 5~6 cm,A 系和 B 系的定植行比为 2∶1,即 2 垄 A 系,1 垄 B 系相间定植。如果 B 系的花粉量少,还应缩小定植行比;如果花粉量大,可扩大定植行比。定植后的田间管理与常规种采种田相同。

2.1.3　隔离　A系的繁育田必须进行严格的隔离,防止外来花粉污染。其隔离措施有空间隔离,应在2 000 m以上;网室隔离,网布的网目应在30目以上;时间隔离,目前采用的时间隔离主要在冬季利用日光温室繁育亲本,日光温室繁育亲本不但隔离效果好,而且还可使亲本加代扩繁,但是种子量稍低,成本较高。冬季利用日光温室繁育亲本,种株的定植时间非常关键,种株一定要通过一段时间低温打破休眠再定植,新疆一般在11月下旬定植。

2.1.4　去杂除劣　去杂除劣是保持亲本种性的重要措施之一,种株开花以前应多次进行。其内容主要有:株型不符、病株、育性不符、抽薹过早或过晚、生殖性状不佳等。

2.1.5　授粉　网室内和冬季温室内没有传粉媒介,必须进行细致的人工授粉。最好每天授粉1次,最多不能超过2 d,授粉可用手掌(或戴线手套)轻轻触摸花球,在A系和B系间交替进行。在室外的繁种田,传粉昆虫少时或阴天、大风天也应进行人工辅助授粉。

2.1.6　种子采收　种球顶端种果开裂面积有2 cm²(5分硬币大小)时就应分期分批进行采收。采收时,A系和B系必须分别收获种球、单独存放后熟、单独脱粒、单独贮藏,做好标记,严防机械混杂。

2.2　父本系的繁育　父本系的繁育可采用2种途径:一是专门繁育父本系,其繁育方法同不育系(但只是一个系);二是结合杂交种(F_1)制种,父本单收,作为下一年制种用,但是这种方法繁育父本系不能连续多代进行,应与前种方法交替进行,因为半成株制种田内,父本由于是半成株,不利选择,种性容易退化。杂交种的亲本(不育系和父本系)不一定年年繁育,如果条件允许,可一年大量繁,多年制种用。大葱种子寿命短,种子贮藏条件必须按种子生态条件要求,严格控制。

3　杂交种(F_1)的制种技术

生产配合力高的杂交种(F_1)是杂种优势利用的关键环节之一,不但要求杂交种的目标性状有明显的杂种优势,而且要求有充足的种子供应量。

3.1　隔离与地块选择

杂交种(F_1)生产,为了降低种子生产成本,便于大量生产,一般都是在自然条件下制种,因此种子生产的地块选择。首先要考虑隔离区,以制种田为中心,半径1 000 m以内不能有非父本种株采种。其次要选择旱能灌、涝能排,土壤适宜大葱采种的地块。再次就是要选择上茬为非葱、蒜、韭茬的地块。

3.2　育苗

大葱杂交种(F_1)的种子生产,可采用成株制种,也可采用半成株制种。半成株制种占地时间短,种子生产成本较低,这里做重点介绍。用半成株制种,种株花芽分化前的营养体大小,对种子产量影响很大,营养体大、种子产量高,因此育苗播种不能过晚,新疆一般应在 6 月中旬,不应晚于 6 月下旬。每生产 1 hm² 杂交种不育系和父本系的用种量分别为 2.25～3 kg 和 2.25 kg,不育系和父本系要分别播种,严禁机械混杂。其他技术措施同不育系和父本系的繁育。

3.3　定植

半成株制种要合理密植方能高产,定植行距 40～50 cm,株距 3～4 cm,父母本的面积比例配置为 1∶3,株数配置为 2∶3,即父本行可栽双行,小行距 10 cm 左右,母本(不育系)和父本系相间定植。大葱杂交种的种子单位面积产量受母本(不育系)的面积比例影响,母本面积比例在一定范围内越大产量越高,而这个范围主要由父本的花粉量左右,所以,大葱杂交种制种要根据父本花粉量的多少合理配置父、母本比例。在花粉量够用的情况下,尽量扩大母本比例,同时也要在有限的父本比例中,合理增加父本株数,增加花粉供应量。待花期结束后,拔除父本种株,以防机械混杂,如果父本有用亦可不拔除,但收种时必须单收、单放、单打、单贮,准确标记,严禁混杂。在不育系(A 系)上收到的种子就是杂交种(F₁)。制种田的病虫害防治及其他田间管理和种子收获等请参照常规种采种技术。

大葱田间实验记载标准

1　植株

1.1　株高

收获时假茎基部至全株最高处的自然高度,10 株平均。

1.2　分蘖性

植株分蘖率、单株分蘖数,调查 100 株。

1.3　单株重

洗净须根,10 株平均的克数。

2　叶

2.1　形状

粗管、中管、细管状。

2.2　叶长

最大叶片叶身基部至先端的长度(叶鞘不计算在内),10 株平均。

2.3　叶横径

最大叶片中部的横径,10 株平均。

2.4　叶态

坚挺、较柔。

2.5 叶色

灰绿、深绿、绿、浅绿、黄绿。

2.6 全株宿存功能叶片数

叶片伸出最终长度 1/2 以上的宿存叶数,调查 100 株。

2.7 叶面腊粉

多、中、少。

3 假茎

3.1 假茎上部邻叶出叶孔夹角

小于 60°和 80°～100°、不交接。

3.2 全株叶重

自最上出叶孔上端切下的叶片重,10 株平均。

3.3 假茎长度

自最上邻叶出叶孔交接处至基部的假茎长,10 株平均。

3.4 横径

假茎中部最大横径及与其直交横径的平均值,10 株平均。鸡腿型的取假茎中部与下部最粗处的均值。

3.5 假茎重

按序号 3.3 的标准切去叶身 10 株的平均的克数。

3.6 外层叶鞘外皮颜色

培土上部分假茎外皮白色、黄色及所占的比率,调查 100 株。

3.7 形状

扁筒、圆筒、鸡腿、其他。

3.8 肉质鳞片数

10 株平均,假茎中部横切面,鸡腿型取显著膨大处中部的横切面增厚的肉质鳞片数。

3.9 假茎内分蘖数

假茎横切面中部分蘖总数,调查 10 株。

4 花

4.1 假茎内花芽

纵剖假茎肉眼可见花芽数,花芽长度,调查 10 株。

4.2 抽薹后的花茎数

1 枚,2 枚,多枚,调查 100 株。

4.3 雄性育性

开花期间田间调查可育、不育株、半不育株的百分率,调查 100 株。

5 种子

5.1 单株种子数

10 株成株种株的平均的克数。

5.2 千粒重

克数。

6 物候期

6.1 播种期

6.2 秋播苗返青期

50%植株开始生长的月、日。

6.3 定植期

定植的月、日。

6.4 收获期

80%的植株达到收获标准的月、日。

6.5 抽薹期

50%植株总苞露出出叶孔的月、日。

6.6 开花期

50%的植株开始开花的月、日。

6.7 种子成熟期

50%蒴果开始开裂的月、日。

7 产品

7.1 产量

kg/hm²

7.2 肉质

细嫩、粗糙、含水多少。

7.3 风味

甜、辣甜、辣(口尝鉴定)。

7.4 碳水化合物含量

早期世代用手持折光仪分别测定叶身、葱白可溶性固形物含量或口尝评定,后期世代分析测定各种糖的含量。

7.5 香辛油含量

早期世代感官鉴定,后期世代用正己烷浸提蒸馏测定。

7.6 丰产性

除收获后测定生物学和经济产量及单株重外,调查叶长大最终长度 1/2 以上的单株宿存功能叶片数。

8 抗逆性

8.1 抗涝性

受害轻、中、重,受害株数。

8.2 抗病性

病害名称、发病时间、发病株率、受害程度(轻、中、重)。

8.3 抗虫性

虫害名称、受害时间、受害程度(轻、中、重)。

8.4 抗风性

强、中、弱。

8.5 耐贮性

强、中、差,损耗率(叶身风干萎蔫的大葱称重后,在 0℃左右下冬贮,分期称重,计算损耗率)。

洋葱制种技术概述

洋葱是一种世界性蔬菜,在我国南北方栽培普遍。除鲜食外,也是食品工业的重要原料和出口商品蔬菜之一。洋葱种子寿命短,生产上需年年制种。

1 采种方式

洋葱常规制种和杂交制种都可以采用多种采种方法。有春播三年采种法或秋播三年采种法(成株采种);春播二年采种法(半成株采种);夏、秋播二年采种法(小株采种)等。成株三年采种周期长,成本高,但选择严格,适合繁原种。后两种方法制种周期短,成本较低,但是种性容易退化,适合繁殖生产用种。北方地区主要采用春播二年采种法。

1.1 春播二年采种法(半成株采种法)

在北方地区,第一年按当地商品洋葱种植,夏、秋季形成成品鳞茎,经去杂、去劣后贮藏越冬。第二年春季定植,夏季采收种子。优点是制种周期较短,种子成本较低。缺点是缺乏对先期不易抽薹性、鳞茎经济性状和耐贮性的严格选择,在保持种性方面不如成株制种法。这种方法是目前生产种繁殖的主要方法。

1.2 夏、秋播二年采种法(小株采种法)

第一年 6～7 月播种,冬前培育大苗,第二年春季抽薹开花,夏、秋季采收种子,制种周期历时 11～13 个月。优点是制种周期短,种子成本低。缺点是缺乏对先期抽薹植株的淘汰，反而淘汰了不易抽薹的植株。制种未经过形成商品鳞茎的阶段，也缺乏对鳞茎经济性状及耐藏性的选择，一般只用于繁殖生产用种。夏、秋播适于越冬定植的生理苗龄是单株重 5～6 g、叶鞘粗 0.6～0.9 cm、株高 20 cm 左右、具 3～4 片真叶。越冬后顺利通过春化，正常抽薹开花。

2　常规制种

新疆用地膜覆盖育苗移栽方法培育鳞茎，第二年地膜覆盖栽植鳞茎制种，技术要点如下。

2.1　种球培育

2.1.1　播种期及播种方法　制种播期在 3 月上、中旬，拱棚育苗，移栽苗龄 40～60 d。播种苗床施足有机肥，每公顷 45 t、磷酸二铵 225 kg/hm²，整地做畦，畦宽 1.2～1.5 m。在种子中混适量细沙撒播。播后镇压畦面，覆盖 1.0～1.5 cm 厚细沙，随即灌水，5～7 d 后再灌水 1 次。

2.1.2　苗床管理　种子 10～12 d 出苗，出土前棚内温度白天 20～26℃、夜温不低于 13℃。苗齐以后棚内温度白天 15～18℃、夜温 10～12℃。注意通风，降低湿度，苗高 3～5 cm 时加大通风量，防止徒长，每隔 10～12 d 灌水 1 次。幼苗 3～4 叶时追氮肥 1 次。苗期使用 50％敌百虫 800～1 000 倍液灌根防治地下害虫及葱蛆，用 50％甲基托布津可湿性粉剂 600 倍液喷雾预防灰霉病、霜霉病等病害。定植前 7～10 d 通风炼苗。

2.1.3　定植田准备　选择土壤肥沃、有机质丰富的小麦、玉米或豆类、茄果类等茬口，施足基肥，平整地面，否则，低凹处容易积水，引发病害。做平畦，畦宽 1.0～1.2 m、畦间距 20～25 cm，覆黑色地膜，以利于防除杂草。

2.1.4　定植　在 4 月中下旬至 5 月上旬定植。淘汰叶鞘横径大于 1.0 cm 的大苗和叶鞘横径小于 0.4 cm 的小苗，大苗和小苗分开栽植。起苗后立即移栽，防止葱苗干燥而使缓苗期延长。选好的幼苗以 20～25 cm 高度为标准，切去叶片上部，用 50％敌百虫 800～1 000 倍液蘸根。移栽时用打孔器打好定植穴，株、行距有 13 cm×15 cm、14 cm×15 cm、15 cm×15 cm、14 cm×16 cm 等，打孔深度为 8～10 cm。集中人力移栽，苗放入定植穴后挤压，使其与土壤紧密结合，用准备好的土盖好定植穴，定植深度以覆土埋住小鳞茎、灌水后不倒秧、不漂根即可。每公顷栽苗 37.5 万～45 万株，定植后灌水缓苗。

2.1.5　田间管理　定植后连续灌 2 次缓苗水，前期轻灌水、勤中耕。缓苗后加大灌水量，10～15 d 灌水 1 次，并随水追施 2 次肥料，每次每公顷施磷酸二铵 300～375 kg、尿素 225～300 kg。6 月下旬后，鳞茎开始膨大，水肥供应是鳞茎膨大的关键，要做到肥足、水足。从鳞茎膨大期开始重施 2 次肥料，保持土壤湿润促进鳞茎膨大。在葱头收获前7~10 d停止灌水，使鳞茎组织充实，促进外层葱叶脱水，以利于贮藏。如果发现有先期抽薹植株，应该及拔除。从缓苗期到收获期，洋葱地下害虫和地上虫害以及病害较多，应加强防治。

2.1.6　鳞茎收获　当植株基部第1~2片叶枯黄、第3、4叶片尚有绿色、假茎失水松软、地上部分倒伏、鳞茎停止膨大、外层鳞片革质时是洋葱收获适期。起葱后在田间晾晒3~4 d，用葱叶覆盖葱头，促进鳞茎后熟。经挑选装袋后码放在室外，10月下旬气温下降后即可转入室内贮藏。

2.1.7　贮藏越冬　种球贮藏温度是影响花芽分化的重要因素，最终影响到种株抽薹和制种产量。洋葱种球在新疆地区一般装在塑料网袋里放置在室内贮藏，贮藏期间温度保持在5~10℃，要求温度变幅小、通风干燥。到3月上旬定植前，检查种球，按品种要求再次挑选，淘汰过早发芽、感病、损伤的种球。

2.2　定植采种

2.2.1　制种田准备　制种田选择隔离条件良好、土壤肥沃、排灌方便的地块。移栽前施足基肥，与种球幼苗移栽田施肥相同。耕翻耙平后做平畦，畦面宽1.0~1.2 m，畦间距40~45 cm。在空间隔离方面，距离周围1 000 m内无其他洋葱品种，并与大葱、韭葱等采种田隔离。

2.2.2　定植　洋葱较耐低温，4月上中旬外界气温稳定到5℃以上时即可定植。每畦定植5行，行距33~40 cm、株距15~18 cm，开浅沟均匀放置种球。开沟深度以种球埋土后低于土面3~5 cm为宜。种球放置后埋土压实，覆土以埋没种球为宜，栽后覆盖地膜，发芽后及时放苗压土。

2.2.3　种株田间管理　种株发芽后生长速度快，新叶大量发生，5月上旬花薹开始显露时灌水、追肥。每公顷追施尿素150~225 kg或硫酸铵300~375 kg，及时中耕。花薹基本抽齐时再施一次肥料。以后制种田见干见湿，种子成熟前7~10 d停止灌水。

2.2.4　收获洋葱　花球成熟不一致，从开花到种子成熟需70 d左右，分3~4次采收。当1个花球内有约20%的蒴果自然开裂、种子露出将脱落时即可采收。新疆地区在7月下旬至8月初种子成熟。采收时选择晴天上午或阴天，将花球带一段花茎割下，花球薄摊在塑料膜上，在干燥阴凉处后熟。花球干燥后搓揉脱粒、精选、过风车，收获入库。

3　杂交制种

用雄性不育系配制1代杂种是洋葱杂种优势利用的主要途径。杂交制种包括亲本繁殖和制种两部分。亲本繁殖由育种单位或品种所有者进行繁殖，制种单位只进行杂交种子生产。

3.1　亲本繁殖

包括作母本的雄性不育系繁殖和作父本恢复系的繁殖，分别在雄性不育系繁殖圃（田或区）和恢复系繁殖圃（田或区）进行。亲本繁殖用成株采种，严格去杂去劣，以保持种性和纯度，并且实行严格的隔离，空间隔离 2 000 m。

3.1.1　雄性不育系繁殖　雄性不育系与雄性不育保持系同圃繁殖。在雄性不育系繁殖圃按比例相间栽植雄性不育系和雄性不育保持系种株，天然杂交授粉，由雄性不育保持系提供的花粉使雄性不育系授粉结籽，繁殖雄性不育系；而雄性不育保持系正常自交结籽繁殖，供下一代不育系繁殖圃用的保持系种子。

3.1.2　技术要点　用春播二年采种法，雄性不育系和雄性不育保持系按（5～6）∶1 的比例分区同时播种。种球收获后雄性不育系和雄性不育保持系分藏。春季将雄性不育系和雄性不育保持系按（5～6）∶1 比例相间定植，即每 5～6 行雄性不育系种 1 行雄性不育保持系。如果雄性不育保持系花粉少或授粉昆虫少，或花期为雨季，则雄性不育保持系比例应增加，雄性不育系和雄性不育保持系的比例可增加为 8∶2。

3.2　恢复系繁殖

恢复系结合制种繁殖。但连续小株采种有引起种性退化以及杂交种和父本混杂的可能，所以应专设恢复系繁殖圃。用成株、半成株采种法繁殖恢复系，繁殖技术与一般原种繁殖和成株常规制种相同。

3.3　杂交制种

杂交制种采用半成株采种法、小株采种法。为降低杂交种子成本，可用小株采种法。雄性不育系和恢复系种株按比例间行栽植，自然杂交授粉，从雄性不育系植株上收获杂一代种子。田间管理可参照常规制种。

3.3.1　种苗培育。小株采种法以幼苗通过春化阶段形成花芽，不形成大鳞茎而直接抽薹开花结籽。在冬前培育大苗，保证幼苗在越冬期充分通过春化阶段并分化花芽是提高制种量的关键。播种方法与一般育苗方法相同，在 5 月下旬至 6 月上旬播种。雄性不育系和恢复系一般按 5∶1 的比例播种，分床育苗，出苗期间搭建遮阳网。苗高 20 cm 以上、有 4 片真叶时定植。

3.3.2　适时定植。7 月下旬至 8 月上旬定植。春栽行、株距均为 15 cm×10 cm，每公顷栽 675 万株；秋栽行距 15 cm、株距 12～14 cm，每公顷定植 45 万株。地膜覆盖移栽，方法与成株采种育苗移栽相同。雄性不育系和恢复系的种植比例一般为（5～6）∶1 间行种植。如果恢复系花粉少或花期多雨时可按 8∶2 比例种植。

3.3.3 种株田管理。秋栽定植期较早,冬前适当蹲苗,促进根系发育。越冬期盖粪肥或盖草防寒。返青后施肥量加大,并加强中耕促根。因为小株制种植株生长营养靠自根吸收,而成株制种种株生长营养相当一部分由种球贮藏的养分供给。抽薹开花后随时注意拔除雄性不育系内的可育株,去杂去劣。每7~10 d可喷1次0.4%磷酸二氢钾,以促进种子成熟饱满。

4 杂交制种技术改良

在洋葱杂交制种中,为了简化制种程序,降低制种成本,可以采用辅助种株续制种法。即每年从制种田雄性不育系和恢复系制种株基部收获小鳞茎,作为下一年制种田用雄性不育系和恢复系制种母球,下一年继续生产同世代的杂交种子,从而在不降低种子质量的情况下缩短制种周期,并省去繁殖雄性不育系和恢复系的制种程序。

第六章 莴苣制种技术实训

第一节 岗位技术概述

一、莴苣制种生产现状

莴苣是绿叶类蔬菜中常见的一种,主要有茎用莴苣和叶用莴苣两种,我国普遍栽培茎用莴苣,地方品种资源丰富。叶用莴苣生产面积较小,但有逐年扩大的趋势。近几年,我国与国外蔬菜种子公司合作代繁莴苣种子,尤其是酒泉地区,不仅制种面积较大,而且品种类型极其丰富,制种技术较为先进,大多地区都采用网室进行莴苣种子生产,产量较高,效益明显。

二、莴苣制种技术发展

莴苣种子多为常规种,制种技术较简单,为减少种子带菌,保证品种性状整齐一致,制种期间必须做好病虫害防治和隔离、去杂去劣等工作。莴苣种子生产的方向将向着高产、优质、多样化的方向发展,以满足市场需求。

第二节 莴苣制种技术实训

一、基本知识

莴苣(*Lactvca sativa* L.)又名生菜、莴笋等,是菊科莴苣属一年生或二年生草本植物。莴苣原产地中海沿岸,传入我国有1 500多年历史。各地普遍栽培,是重要的叶用蔬菜之一。莴苣有4个变种:皱叶莴苣、直立莴苣、结球莴苣、茎用莴苣,前3种又叫生菜,茎用莴苣叫莴笋(又分为尖叶莴笋和圆叶莴笋)。

(一)莴苣生物学特性

1.植物学特征

（1）根　直根系，分布浅，须根发达，根的再生能力较强，经移植后主根上发生多级侧根，根群密集于20～30 cm的土层内。

（2）茎　叶用莴苣营养生长时期茎短缩，叶片互生于短缩茎上，抽薹时开始伸长；茎用莴苣茎随着植株的生长而加长，顶端分化花芽后，在花茎伸长的同时，茎加粗生长形成棒状的肉质茎（图6-1）。

（3）叶　叶互生，披针形或长卵圆形，叶色因品种而异，有深绿、绿、浅绿或紫色，叶片平展全缘；叶用莴苣叶片有平展叶（如：油麦菜（图6-2））、皱缩叶全缘或缺刻（如：结球生菜（图6-3）、直立生菜（图6-4）、花叶生菜（图6-5））等。

图6-1　莴苣的肉质茎

图6-2　油麦菜

图6-3　结球生菜

图6-4　直立生菜

图6-5　花叶生菜

（4）花 圆锥形头状花序（图 6-6，图 6-7），花托扁平，每一花序中有小花 20 朵左右，自花授粉。

图 6-6 花枝

图 6-7 头状花序

（5）果实 果实为瘦果，扁平细长，呈披针形，黑褐色或银白色，两面有浅棱，附有冠毛，易随风吹散，瘦果内包含一粒种子，种皮极薄，千粒重 0.8～1.2 g（图 6-8）。

2.生长发育周期

莴苣的生育周期包括营养生长时期和生殖生长时期。

（1）营养生长时期

①发芽期 从播后种子萌动到真叶显露，需 8～10 d。

②幼苗期 从真叶显露到第 1 个叶环的叶片全部展开，即团棵。所需时间因栽培季节和方式而异，育苗时冬春播种约需 50 d，秋播需 30 d；春季直播需 17～27 d（图 6-9）。

图 6-8 莴苣瘦果

图 6-9 幼苗期

③发棵期 叶用莴苣从团棵到开始包心，莴笋则到肉质茎开始肥大，均需15～30 d。此期主要是叶面积的增加，为产品器官生长奠定营养基础（图 6-10）。

④产品器官形成期　结球莴苣团棵以后,边扩展外叶边包心,当外叶数和叶面积均达到最大值时,心叶已形成球形,随后球叶扩大、充实,从卷心到叶球成熟约需30 d。莴笋的肉质茎在进入发棵期后开始肥大,茎与叶的生长并进,在达到生长高峰后下降。

(2)生殖生长时期　结球莴苣在叶球即将采收时花芽分化,以后迅速抽薹(图6-11)、开花(图6-12)、结实(图6-13),生殖生长时期与营养生长时期重叠较短;莴笋在进入发棵期后,开始花芽分化,其营养生长与生殖生长重叠时间较长,花茎在整个肉质茎中所占比例较大。

图 6-10　发棵期

图 6-11　抽薹

图 6-12　开花

图 6-13　结实

3.花器构造及开花习性

莴苣花序圆锥形头状,主花茎上有许多分枝,每序有花约20朵,为完全花,花瓣舌状,浅黄色,5个雄蕊联合成筒状,萼片退化成毛状,称冠毛;雌蕊位于药筒中央,子房单室。

日出后开花,1～2 h后闭花。自花授粉,有时也可通过昆虫异花授粉。花序中主薹和中心部位花先开,各级侧枝和边缘部位花后开,栽培密度小时,侧枝发生量大,顶部花序种子已经成熟,下部侧枝还正在开花,因此,莴苣制种要密植,促进花期一致。

4.对环境条件的要求

(1)温度　半耐寒性蔬菜,性喜冷凉,不耐炎热,高温烈日常灼伤幼苗,茎部易发生倒伏,较耐霜冻。种子发芽最低温度是 4℃,最适温度是 15～20℃,4～6 d发芽,30℃以上进入休眠状态,夏播种子须低温处理,种子发芽需光。叶用莴苣生长适温 15～20℃,其中结球莴苣的生长适温 17～20℃,21℃以上不易形成叶球,或因叶球内高温引起心叶坏死、腐烂。茎用莴苣生长适温是 11～18℃,超过 25℃易引起先期抽薹,幼苗可忍耐−6～−5℃低温,成株耐寒力弱。结球莴苣花芽分化的适宜温度是 23℃左右,苗端经 30 d可分化花芽,花芽分化后在 25℃以上的温度下,10 d就可以抽薹;在 20℃下 20～30 d可抽薹,在 15℃下需要 30 d才能抽薹。抽薹后从开花到果实成熟适宜的温度为 22～29℃,开花后 15 d左右瘦果成熟。茎用莴苣在日平均温度 5～25℃时苗端可以分化花芽,在此温度范围内,温度越高花芽分化需要的天数越少。在 22～29℃温度范围内,温度越高,从开花到种子成熟需要的天数越少。莴苣在 10～15℃条件下,虽然可以正常开花但不能结实。

(2)光照　莴苣属于长日照植物,在 12～14 h的长日照下生长发育快,能促进抽薹开花,以早、中熟品种反应敏感,晚熟品种较迟钝。种子发芽需要一定的光照,在黑暗条件下发芽不良,但不同品种间种子发芽需光的程度有差异。

(3)水分　莴苣根系分布浅,叶面积大,含水量高,对肥水要求比较高,整个生育期要有均匀、充足的水分供应。结球或茎膨大后期如过湿或干后灌大水易引起叶球开裂、腐烂和裂茎。

(4)土壤营养条件　莴苣的根好氧,宜栽培在肥沃、疏松透气、富含有机质的壤土中。莴苣需肥量较大,尤其是对氮、钾要求较高,幼苗期应注重磷肥的施用。茎用莴苣对土壤 pH 要求不高,适应性较强。叶用莴苣在 pH6.5～7 的微酸性土壤中生长良好。

(二)莴苣的品种类型

按植物学分类,莴苣种包括 4 个变种,即茎用莴苣(莴笋)、直立莴苣(散叶莴苣)、皱叶莴苣和结球莴苣,后面 3 种统称为叶用莴苣。

1.茎用莴苣

茎用莴苣又称为莴笋、青笋等。主要食用肉质嫩茎。根据莴笋叶片的形状,可分为尖叶莴笋和圆叶莴笋两个类型,各类型中依茎的色泽又有白皮(外皮绿色)、青皮(外皮浅绿)和紫皮(外皮紫绿)莴笋。

(1)尖叶莴笋　叶披针形,先端尖,叶簇较小,节间稀疏,叶面平滑或略有皱缩,色绿或紫。肉质茎棒状,下粗上细。较晚熟,苗期较耐热。主栽品种有柳叶莴笋、北京紫叶莴笋、陕西尖叶白皮莴笋等。

(2)圆叶莴笋　叶片长倒卵形,顶部稍圆,叶面皱缩较多、叶簇较大,节间密,茎粗大(中下部较粗,两端渐细),成熟期早,耐寒性较强,不耐热。主栽品种有:济南白莴笋、陕西圆叶白皮莴笋、北京鲫瓜笋、二青皮、上海大圆叶等。

2.叶用莴苣

叶用莴苣又名生菜、西生菜、千金菜。依结球与否分为结球和不结球两种。结球莴苣又分为脆叶结球类型和绵叶结球类型;不结球莴苣又分为直立莴苣和皱叶莴苣,它们分别属于3个变种。

(1)直立莴苣　直立莴苣又称为长叶莴苣、散叶莴苣。叶全缘或锯齿状,叶匙状直立,中肋大呈白色者居多,叶数多,丛生,一般不结球,或有形成松散的笋状圆筒形的叶球;叶柔软,宜生食和夏季栽培。如:广州的登峰生菜,日本引进的火速生菜等。

(2)皱叶莴苣　俗称玻璃生菜,按叶色可分为绿叶品种和紫叶品种。叶片深裂,疏松旋叠,叶色绿、黄绿或紫红,叶面皱缩,叶缘皱褶,不结球或有松散叶球。如广东软尾生菜、日本皱叶生菜等。

(3)结球莴苣　俗称"西生菜"。叶全缘,有锯齿或深裂,叶面平滑或皱缩,外叶平展,心叶形成叶球,叶球圆、扁圆或圆锥形,主要分两个类型:一种是绵叶结球型,即欧洲型品种,俗称奶油生菜。叶球小而松散,叶片宽阔而薄,微皱缩,质地绵软,生长期短,适于保护地周年生产。如:白波士顿、夏绿等。另一种是脆叶结球型,即美国型品种。叶球大,叶片质地脆嫩,结球坚实,外叶绿色,球叶白或淡黄色。生长期长,适于露地栽培。主要有大湖366、绿湖等。

(三)莴苣的制种技术

莴苣常见的制种方式有春播小株采种和秋播大株采种两种。

1.春播小株采种

结球莴苣一般是3月中下旬在阳畦或小拱棚内播种育苗,4月下旬露地定植,7月下旬采收种子。莴笋在3月上旬采用露地膜下浅沟直播,4月中下旬放苗,7月下旬采收种子。

2. 秋播大株采种

露地可以越冬的地区(如中原地区、华南),一般在 9 月上中旬播种育苗,10 月下旬到 11 月上旬定植,次年 6 月下旬至 7 月初收获种子。

其中,春播小株采种方法简单,占地时间短,产量高,制种成本低,是北方主要的制种方式。

1. 绿叶类蔬菜的主要类型

绿叶菜类是主要以柔嫩的叶片、叶柄或嫩茎、嫩梢为食用器官的一类蔬菜,这一类蔬菜在分类上复杂,生物学特性差异也较大。根据对环境的不同要求,将叶菜划分为两类,一类是喜冷凉湿润类,包括芹菜、菠菜、莴苣、茼蒿、茴香、芫荽、荠菜、冬寒菜、菊苣、菊花脑等,生长适温为 15~20℃,能耐短期霜冻,而以菠菜的耐寒力最强。另一类是喜温暖湿润类,包括苋菜、蕹菜、落葵等,生长适温 20~25℃,不耐寒,尤以蕹菜更喜高温。

绿叶菜类分属近 10 个科,其形态、风味各异,起源复杂,栽培特性差异较大,适应性广、生育期短,适于密植,可排开播种,延长供应期,对增加蔬菜花色品种、周年均衡供应、增加夏种起重要作用,在蔬菜消费中数量最大。

2. 绿叶类蔬菜生物学及栽培管理共性

(1)植物学性状 多数绿叶菜类植株矮小,生长期短,根系较浅,生长迅速,产品柔嫩多汁,不耐运贮。播种材料为种子或果实,种皮较厚,发芽较困难,播种前需要对种子进行破壳或浸种处理。

(2)对环境条件的要求 绿叶菜类对环境条件的要求粗分为两大类。一类喜冷凉湿润,如菠菜、芹菜、莴苣、冬寒菜、芫荽、茼蒿、荠菜等,生长适温 15~20℃,能耐短期的轻霜。另一类喜温暖而不耐寒,如苋菜、蕹菜、落葵等。生长适温为 20~25℃。

一般认为喜冷凉的绿叶菜属低温长日照类型作物,但很多绿叶菜如菠菜、莴苣等的花芽分化并不需要经过严格的低温条件,可是其抽薹开花对长日照却较敏感,在长日照下伴以高温便迅速抽薹开花。相反在短日照下伴以冷凉条件,则促进叶的生长,有利于提高商品蔬菜的产量及品质。喜欢温暖的绿叶菜属高温短日照作物,如苋菜、蕹菜、落葵等,春播条件下发育晚,收获期长,秋播条件下,因日照渐短,发育早、收获期短。单位面积上株数多,故对土壤和肥水条件要求较高,需要结构良好,保水保肥力强的土壤;在施肥上要薄肥勤施,对氮肥需求量大,适当配合磷、钾肥。

3.绿叶类蔬菜制种技术

绿叶类蔬菜在生产中普遍应用的是地方品种或常规品种,种子生产技术较为简单。其中菠菜为雌雄异株植物,在生产中有一定量杂交种应用。

二、职业岗位能力训练

训练学生根据莴苣制种生产计划,选择、落实制种基地,与农户签订制种合同,及时准确发放亲本种子,并指导制种农户进行育苗、定植、水肥管理、防倒伏、病虫害防治等田间管理工作,并训练学生识别莴苣的品种类型、长势、长相等品种间特征特性的差异,以便在制种生产过程中能准确的去杂去劣,并能监督和指导农户做好种子采收、脱粒和清选等工作,保证制种莴苣种子的产量和质量。

(一)育苗

根据莴苣制种亲本特征特性,确定适宜的育苗时间,指导农户适时播种育苗,做好幼苗管理工作。指导、检查制种农户准备育苗基质、苗床,及时开展播种工作,保证播种质量,出苗后,按照要求开展幼苗管理,保证苗齐苗壮。

【工作程序与方法要求】

苗床准备

准备工作:用小拱棚或温室育苗,苗床应选择在阳光充足、灌水方便、没有种过菊科蔬菜的肥沃疏松的壤土。做成长 5～6 m,宽 1.2 m 的播种畦,一般每公顷用苗床 225 m²。

基质配制:配制床土以菜园土与腐熟的优质有机肥,按 6:4 比例配制,并施少量磷酸二铵。用敌克松或五氯硝基苯 10～15 g/m² 在床土配制时均匀混入消毒。

要求:育苗场所条件适宜,育苗基质干净、肥沃,苗床面积充足、平整、细碎。

播种

播种时间:播种前 3～5 d 搭建育苗拱棚,提高地温,床土在棚内预热,忌用冷土直接育苗。莴苣种子 4℃ 左右即可萌发,在 3 月下旬即可播种。

种子处理:播前用 70% 敌克松按种子重量的 0.3% 对种子进行消毒处理。20℃ 温水浸种 6 h,捞出沥水,用湿纱布包好,在 18～20℃ 条件下见光催芽,2 d 左右种子萌动露白时播种。

播种方法:播前苗床浇透水,水渗下后撒播或条播。播种量 0.9～1.2 kg/hm²,播后覆 0.5～1.0 cm 细沙,并覆膜、保温保湿。

要求:适期早播,种子处理及时、消毒彻底,播种质量合格。

苗床管理

温度管理:苗床温度保持在 20～25℃,3～5 d 可出齐苗,出齐苗后白天 18～20℃,夜间 8～10℃。

分苗:当幼苗两叶一心时分苗,同时剔除畸形苗和杂苗。分苗后盖膜及草苫保温保湿,白天 18～22℃,夜间 16～18℃,促进缓苗,缓苗后适当降温。

水肥管理:苗床湿度过低时,酌情补充水分,苗期可浇 1～3 次水。幼苗长到 3～5 片真叶时,用 0.2%的磷酸二氢钾和 0.3%的尿素水溶液叶面追肥 1～2 次。

通风炼苗:出苗后 3～5 d 不揭棚,当真叶开始显露时开始通风。风量从小到大逐渐递增,增强莴苣抗寒性,并防止徒长。移栽前 5～7 d 放大风炼苗。

赤霉素处理:结球莴苣 5～6 叶时用 20～30 mg/kg 赤霉素水溶液喷洒叶面,降低叶片包心程度,促使茎秆伸长,及时抽薹开花。

要求:苗床温度适宜,分苗及时,成活率高;水肥管理、间苗、去杂及激素处理及时、得当,苗齐苗壮。

病虫害防治

病虫害防治:幼苗生长期间易受病害侵染发生病害,或因环境条件不适宜造成生理性病害,严重影响幼苗生长。技术人员应经常查看苗床,指导农户及时做好病虫害防治工作,保证苗齐苗壮。

要求:早发现、早防治。

相关知识

1.床土消毒的方法

用敌克松或五氯硝基苯 10～15 g/m² 在床土配制时均匀混入,拌匀后堆起来,盖塑料薄膜密闭 2～3 d,然后去掉覆盖物散放消毒药剂,1～2 周后待土中的药味完全散去后填床使用。

2.苗床出苗不齐的原因及解决措施

出苗不齐的原因有可能是基质过干造成种子落干,应及时喷洒苗床促进出苗;其次,播种深浅或覆土厚度不一致,也会造成出苗不齐,应提高播种质量,精细整地,均匀播种,保持苗床环境均匀一致。

3.莴苣原种的质量要求

莴苣制种原种要求纯度不低于 99%,净度不低于 96%,发芽率不低于 80%,水份不高于 7%。

经验之谈　　　如何做好播种工作

　　莴苣种子细小,为保证播种均匀、密度适宜,在播种时可在种子中掺入干净的细沙或锯末,若是催芽种子也可以将种子含入口中吹出,这样不仅可以防止碰断胚芽,而且播种也比较均匀。

【田间档案与质检记录】

莴苣制种田间档案记载表

合同户编号		户主姓名	
地块名称(编号)		制种面积	
苗床	面积(m²):		
床土消毒	日期:	药剂及浓度(mg/kg):	
种子处理	药剂种类:	催芽时间:	
播种	日期:	方法:	播种量(kg):
分苗	日期:	苗距(cm):	
浇水	次数:	方法:	
施肥	种类:	数量(kg):	
炼苗	日期:		
赤霉素处理	日期:	浓度(mg/kg):	
病虫害发生情况	种类:	防治方法:	

莴苣制种田播种质量检查记录

检查项目	检查记录	备注
苗床整地质量		
床土消毒质量		
播种质量		
播量(kg/hm²)		
出苗率(%)		
分苗成活率(%)		
赤霉素处理效果		
育苗工作纠错记录		

（二）土地准备与定植

【工作任务与要求】

按照莴苣制种栽培对土地的要求进行土地准备,选择适宜的制种田,并进行精细整地,根据制种品种特点确定株、行距的大小,组织农户按要求定植和中耕除草,以保全苗。

选地整地	选地:莴苣虽然为自花授粉作物,昆虫也能传粉,不同品种间以及茎用和叶用莴苣应隔离 500 m。制种田选择地势平坦、疏松肥沃、排灌方便,透气性好的沙壤土或壤土、没有种过菊科蔬菜的土地。 整地:定植前 7～10 d 整地,每公顷施磷酸二铵 225～300 kg。采用垄作地膜覆盖栽培,以 60 cm×40 cm 划线,从 40 cm 行内开沟起垄覆膜。垄高 15～20 cm,垄面宽 35～40 cm,起垄时拍实土壤,做到垄平、直。	要求:隔离距离达标,土地肥沃,基肥充足,起垄整齐、平直。
定植	时间:4 月中旬莴苣 5～6 片真叶时即可定植。 密度及方法:株距 20～25 cm,行距 30～35 cm,带土坨移栽,随移栽随灌水,5～7 d 再灌 1 次缓苗水。	要求:适期定植,密度合理,成活率高。
中耕	中耕:定植缓苗后连续进行中耕,蹲苗促进根系发育,同时除去田间杂草。	要求:中耕及时,除草干净彻底。

相关知识

1. 整地的方法

采用撒施法,保证施肥均匀,施肥后深耕细耙,作垄定植。也可以做成平畦进行定植,一般为灌水和田间管理方便,畦宽 2 m,长 20 m 为宜。

2. 直播的方法

除育苗移栽之外,莴苣还可以进行直播。一般在春季土壤化冻后抢墒播种,若土壤疏松、无杂草、墒情好,可于 3 月底 4 月初进行直播,直播行距 40 cm,穴距 12～15 cm,每公顷用种量 3～3.75 kg,直播出苗较快,出苗后于 4～5 叶期间定苗。直播采种生长后期易遭受干热风为害,影响种子产量。

经验之谈　　　**定植的方法**

　　莴苣定植时根据当日气温情况可选择明水定植或暗水定植法。其中,明水定植法是先按行、株距开沟栽苗,栽完苗后按畦或地块同一浇定植水的方法,该法浇水量大,地温降低明显,适用于温度较高时。暗水定植法是开沟后先引水灌溉,再按预定株距将幼苗土坨置于泥水中,水渗透后覆土。此法可防止土壤板结,有促进幼苗发根和缓苗的作用,可在温度较低时移栽幼苗时使用。

【田间档案与质检记录】

莴苣制种田间档案记载表

合同户编号			户主姓名	
地块名称(编号)			制种面积	
前茬				
播前整地情况				
基肥	种类:		施用量(kg/hm²):	
定植	日期:	行距(cm):		株距(cm):
中耕	次数:	日期:		
浇水	日期:	灌量(m³):		

莴苣制种田播种质量检查记录

检查项目	检查记录	备注
播前整地质量		
隔离距离(m)		
起垄质量		
定植质量		
中耕质量		
灌水质量		
定植工作纠错记录		

（三）种株管理与去杂

【工作任务与要求】

莴苣定植后，督促制种农户做好缓苗期水肥、光照管理，并指导农户对结球莴苣进行赤霉素处理，保证其顺利抽薹。指导、督促农户及时中耕除草，打去植株基部老叶，提高田间通风透光条件，结合浇水、施肥和搭架防倒伏工作，在植株生长期和抽薹开花前进行两次清除杂株、劣株的工作，以保证制种产量和种子纯度。

【工作程序与方法要求】

水肥管理	水肥管理：缓苗后控水，中耕蹲苗。结球莴苣进入莲座期、莴笋茎部开始膨大时，结合浇水追施尿素 150～300 kg/hm²、磷酸二铵 225 kg/hm²。落干后中耕，以后保持土壤湿润，见干见湿。抽薹现蕾时控制肥水，尤其是控制氮肥用量，以减少裂球、裂茎的发生。开花期根外追施微肥 1～2 次，以补充钙、硼、镁、铜等微量元素。开花后不可缺水，顶部花谢后减少浇水，以防后期重新萌发花茎，消耗养分。	要求：根据苗期开展水肥管理，促进种株健壮。
赤霉素处理	赤霉素处理：为防止结球莴苣结球包心造成花薹抽出困难，应及时进行第二次赤霉素处理，浓度为 40～60 mg/kg，以后根据包心程度可以进行第三次处理。有些晚熟品种及半包心品种叶片多，赤霉素处理效果不明显，应包心期人工进行剥叶，只留 5～7 片叶，减少花薹抽出阻力。剥叶期间适当控水，防止病原侵染造成植株腐烂。	要求：处理及时、浓度合适，处理效果明显。
病虫害防治	病虫害防治：采用亲自调查或询问制种农户的方法及时了解制种田病虫害发生、发展情况，发现病虫及时督促制种农户进行防治。	要求：早发现、早防治。
中耕除草	中耕除草：植株成活后，适墒中耕除草 2～3 次，确保田间无杂草。种株抽薹后结合中耕在植株根部培土以防止倒伏。	要求：干净无杂草。
打老叶	打老叶：莴苣抽薹开花期正值高温多雨季节，为提高田间通风透光性，可根据需要打去基部老叶，以减少病害。	要求：及时。
防倒伏	防倒伏：莴苣抽薹开花前遇风易发生倒伏，可设立支架以防发生倒伏造成减产。	要求：及时、牢固。
去杂	去杂：莴苣在植株生长期和抽薹开花前进行两次清除杂株，从叶形、叶色、株型、抽薹早晚等方面区别。去掉生长缓慢，抽薹过早，裂球、裂茎，叶色变异及其他性状不符合本品种特性的植株。	要求：杂株率不超过1%。

莴苣既怕干旱又怕潮湿,适宜的水分管理是栽培成功的关键。

相关知识　　病虫害防治方法

(1)莴苣霜霉病　　幼苗、成株均可发病,主要为害叶片。最初叶上生淡黄色近圆形或多角形病斑,潮湿时,叶背病斑长出白霉。

防治方法:密植,注意排水,降低田间湿度。收获后清洁田园,实行2～3年轮作;药剂防治。可用25%甲霜灵可湿性粉剂800倍液,72%克霉星可湿性粉剂500倍液,或72%克露可湿性粉剂700倍液,或58%甲霜•锰锌可湿性粉剂500倍液等药剂喷雾防治,每7 d喷药1次,连续防治2～3次。

(2)莴苣炭疽病　　主要为害叶片,叶面病斑圆形,直径0.5～3 mm,灰白色,边缘明显。后期病部变为黑色,有时破裂,形成小孔。

防治方法:用无病种子,施足粪肥,增施磷、钾肥,雨后及时排水;用种子重量0.4%的50%多菌灵可湿性粉剂拌种;发病初期喷洒60%炭疽灵可湿性粉剂700倍液,80%炭疽福美可湿性粉剂800倍液50%混杀硫悬浮剂500倍液,隔7～10 d喷施1次,连续防治2～3次。使用百菌清烟剂的采收前3 d停止用药。

害虫有斑潜蝇和红蜘蛛,用73%克螨特1 000倍液、40%绿菜宝乳油1 000～1 500倍液、10%阿维菌素2 500倍液喷雾防治。斑潜蝇危害要联防联治,间隔5～7 d喷药1次,连续3～4次。

经验之谈　　植株调整的方法

除赤霉素处理之外,结球莴苣在抽薹前用刀在叶球顶部切十字,也可以帮助花蕾伸出。

【田间档案与质检记录】

莴苣制种田间档案记载表

合同户编号			户主姓名	
地块名称（编号）			制种面积	
浇水	次数：		灌量（m³）：	
施肥	种类：		数量（kg/hm²）：	
赤霉素处理	日期：	浓度（mg/kg）：		效果：
中耕	次数：		深度（cm）：	
病虫害发生情况	种类：		防治方法：	
打老叶	日期：			
防倒伏	插架时间：		材料：	
去杂	日期：			

莴苣制种田间检验

检验时期	被检株数	杂株数	纯度（%）	病虫害感染情况
生长期				
抽薹开花前				
意见与建议				

检验人：　　　　　制种户：　　　　　　　　　　　　　　年　　月　　日

 （四）种子采收及交售

【职业岗位工作】

组织制种农户适时采收种子，并做好晾晒、脱粒和清选工作，及时取样报检，按要求收购，防止种子流失。

【工作程序与方法要求】

采收	时间:莴苣成熟期不一致,应分次收获,当种株叶片发黄,能看到植株上有50%种子冠毛出现时用塑料编织袋套住种株摇动收获,当80%种株叶片发黄时可以一次性收割。为防止种子散落应该在清晨进行采收。 方法:在田间铺塑料棚膜,将割下的植株放置其上,下午即可进行脱粒。	要求:适时采收、防止种子散落。
晾晒	晾晒:根据植株和天气情况晾晒2~3 d,注意花枝不能晒干,否则种子精选困难。	要求:适度晾晒。
脱粒	脱粒:手工挑打收籽或摔抖脱粒,也可以使用机械脱粒。	要求:干净。
清选	清选:收获后及时用风车精选,将秸秆、花絮等清选干净,入库。制种产量一般叶用莴苣为750~1 200 kg/hm²,茎用莴苣为750~900 kg/hm²。	要求:净度99%。
装袋待检	装袋待检:将清选干净的种子存放在麻袋、布袋或编织袋内,同时将每一包装袋内外均放置标牌,写明品种、袋号、产地、户名、数量、年份,紧牢袋口,将种子袋放在干燥、无污染、无虫鼠害的地方(切忌将种子袋放在地面),以待交售。	要求:不同品种要单装、单收,经常查看,防止种子混杂、霉变。
检验收购	检验:绿叶类蔬菜种子检验依据GB 16715.5叶菜类标准执行,在田间去杂的基础上进一步进行室内鉴定和种植鉴定。室内鉴定包括种子发芽率、水分、净度检验,种植鉴定主要测定纯度。莴苣种子国标规定:大田用种纯度不低于96%,发芽率不低于80%,水分不高于7%,净度不低于96%。 收购:对检验合格的种子要及时组织农户进行定量包装并交售。按照种子管理规程和公司要求统一进行包装、销售。	要求:种子经过鉴定检验,达到国家规定的种子质量标准后,方可收购。

【田间档案与质检记录】

莴苣制种田间档案记载表

合同户编号		户主姓名	
地块名称(编号)		制种面积	
估产	日期:	产量(kg)	
采收时间	开始:	结束:	
脱粒方法			
清选方法			
产量(kg)			
取样	日期:	编号:	
收购	日期:	数量(kg):	

莴苣种子检验记录

检验项目	检验记录	检验人
发芽率(%)		
水分(%)		
净度(%)		
纯度(%)		

三、知识延伸

1. 参阅相关资料,就国内莴苣制种发展方向撰写一份报告。

2. 查阅资料,了解国外莴苣品种类型。

四、问题思考

1. 综述新疆莴苣制种的优势与劣势。

2. 如何提高新疆制种莴苣的产量和质量?

第三节　知识拓展

莴笋春季地膜覆盖浅沟直播制种技术

地膜覆盖浅沟直播制种是莴笋和直立莴苣的主要制种方法。这种方法可以应用到许多叶菜类蔬菜制种,如菠菜、菜心、小白菜、茼蒿等,种株不需要赤霉素处理。制种要点如下:

1　播种覆膜

4月上中旬,制种田整地施肥后以 60 cm×40 cm 划线,在 40 cm 行水线上开 8~10 cm 深的浅沟,保持沟距 30~35 cm。以 18~20 cm 株距双粒点播,浅覆土,播种后覆膜,保持浅沟深度,为幼苗出土预留生长空间。

2　放苗通气

4月下旬出苗。当第一片真叶显露时在幼苗一侧开小孔(直径 1~2 cm)通气,防止膜内高温烧苗。随着气温上升,4月中下旬幼苗长到 3~4 叶,通气孔开到 5~7 cm,进行间苗、定苗。5月上旬苗龄 5~6 叶放苗、培土、封苗穴,苗期空行进行中耕除草,提高地温,促进幼苗生长。以后管理与结球生菜相同,制种产量 1 200~

2 250 kg/hm²。

茼蒿制种技术

茼蒿,又名蒿子秆、蓬蒿、春菊,菊科菊属一、二年生草本植物。以幼嫩茎叶供食,有特殊香味。原产地中海,在我国分布广泛,南北均有栽培。制种技术简单,采用膜下浅沟直播平作制种。

1 生物学特性

1.1 植物学特征

直根系,根浅,须根多;主侧根明显,但不发达,根系分布在10~20 cm土层。茎直立,圆柱形,实心,基部叶腋能长出多数侧枝。营养生长期茎高20~30 cm,春末夏初抽薹开花,茎高60~90 cm(图6-14)。叶长形或长圆形,叶基部呈环状抱茎,根出叶无叶柄,叶较厚、互生、二回羽状深裂,叶缘有锯齿,叶面上有不明显的白色绒毛(图6-15)。头状花序,花舌状黄色或白色(图6-16)。种子为瘦果,褐色,有3个突起的翅肋,千粒重1.8~2.0 g(图6-17)。

图6-14 茼蒿的茎秆

图6-15 茼蒿的叶

图6-16 茼蒿的花序

图6-17 茼蒿的瘦果

1.2　对环境条件的要求

茼蒿为半耐寒蔬菜，喜冷凉温和气候，不耐热。在 10～30℃ 的范围内均能生长，生长适温 18～20℃，12℃ 以下和 29℃ 以上生长缓慢，能耐短期 0℃ 的低温。种子在 10℃ 即可发芽，发芽适温 15～20℃。对光照要求不严格，较耐弱光，属长日照作物，高温长日照条件促进抽薹开花。对土壤的要求不严，以湿润的沙壤土为宜，适宜的 pH 为 5.5～6.8，生长期间要求肥水充足。

2　制种技术

茼蒿制种方式有秋播制种法（南方）和春播制种法（北方）两种。新疆多采用春季直播平作制种，操作简便，制种产量高。隔离条件和土地准备与莴笋相同。

2.1　播种期及播种方法

新疆地区春季露地播种在 3～4 月进行，华北秋播在 8～9 月播种。春季直播，秋浸种催芽，播种前 3～5 d 把种子用 30℃ 温水浸泡 24 h，然后放在 15～20℃ 下催芽，每天用清水冲洗一遍，3～5 d 出芽。播种时双粒点播，覆土 1 cm。株距 25～30 cm，行距 35～40 cm。播种后覆膜，保留浅沟 8～10 cm。

2.2　田间管理

春播 10～12 d 出苗（夏秋播后 6～7 d 出苗），3～4 片真叶时间苗、定苗，保苗 60～67.5 株/hm²（图 6-18）。定苗后灌水追肥，以氮磷肥为主，以后在花薹现蕾时追施一次，每次施用尿素 150～225 kg/hm²，磷酸二铵 150～225 kg/hm²，在初花期喷施 0.5% 磷酸二氢钾一次（图 6-19）。当苗长到 5～7 叶、30～50 cm 高时摘心，促进侧芽迅速生长，使分蘗、开花、结实、成熟整齐。开花期经常保持田间湿润，茼蒿花枝疏散，在多风地区应设立支架防止倒伏（图 6-20，图 6-21）。

图 6-18　营养生长

图 6-19　现蕾

图 6-20　开花期

图 6-21　结实期

3　病虫害防治

茼蒿出苗后,膜下注意防治金针虫、蛴螬等地下害虫,可在作畦时施入呋喃丹颗粒,结合中耕除草用辛硫磷和敌百虫拌毒土毒杀。5 月下旬、6 月上旬易发生蚜虫危害,用 1.8%阿维菌素 4 000 倍液喷雾防治 1～2 次。6 月下旬发现有潜叶蝇和美洲斑潜蝇为害时,可用集琦虫螨克和绿菜宝防治 2～3 次。

4　收获留种

春播茼蒿 7 月下旬至 8 月中旬种子成熟,8 月下旬后一次性采收,连同秸秆一起收割,在平整干净的场地摊开晾晒。收割宜在早晨进行,雨天不能收割,以防种籽变黑,色泽变差。在花序不完全干燥时打碾,防止花萼等混入种子难以清选。由于茼蒿种子小而轻,清选时先用电风扇小风吹扬,再用不同网目筛分离精选,制种产量 600～900 kg/hm²。

菠菜制种技术

菠菜(*Spinacia oleracea* L.),别名赤根菜、波斯草,藜科菠菜属一年生或二年生草本植物。起源于伊朗,世界各地广为栽培,一年四季均可播种,茬次多,种子需求量大。

1　生物学特性

1.1　植物学特征

直根系,直根圆锥形红色;侧根不发达,根群密集于 25～30 cm 土层中,吸收能力较强。叶片戟形或卵圆形,营养生长期叶片簇生于短缩茎上,较肥大,抽薹后茎生叶较小。株高 60 cm,茎直立上部中空,不分枝或分枝。花单性,一般为雌雄异株,少数为雌雄同株,花黄绿色,风媒花。胞果无刺或有刺(图 6-22),千粒重 8～

10 g。

1.2　对环境条件的要求

菠菜耐寒,种子发芽温度 4~5℃。有 4~6 片
叶的幼苗在 -10℃的地区可在露地安全越冬,可
以短期忍耐 -30℃的低温,甚至在 -40℃时只是
外叶受冻枯黄,根系和幼芽不受损伤。生长最适
温度为 15~20℃,不耐高温,在 25℃以上生长停
滞。为典型的长日照作物,在 12 h 以上的长日照
条件下才能抽薹、开花、结实。不耐干燥和干旱,

图 6-22　胞果具刺

对土壤湿度和空气湿度要求均较高,适宜的土壤
湿度 70%~80%,空气湿度 80%~90%。较耐盐碱,对土壤的适应性广。氮、磷吸
收量较高,对缺硼较敏感,缺硼时心叶卷曲,生长停滞。

1.3　品种分类

菠菜依叶片的形状和果实上刺的有无分为两类:尖叶菠菜(有刺种)和圆叶菠
菜。圆叶菠菜(无刺种)叶片椭圆形,大而厚,有锻褶,叶柄短,果实无刺,耐热力较
强,耐寒力较弱,对日照长短反应较迟钝(图 6-23);尖叶菠菜叶片窄而薄,尖端箭
形,基部戟形多缺刻,叶柄细长,果实有刺,耐寒力强,不耐热,对日照反应敏感,在
长日照条件下抽薹快(图 6-24)。

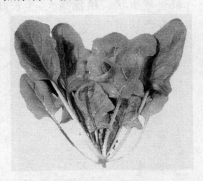

图 6-23　圆叶菠菜

图 6-24　尖叶菠菜

2　花器结构及开花授粉习性

2.1　花的性型

菠菜有三种性型不同的花朵:雄花、雌花和两性花。

2.1.1　雄花　位于植株顶部,无花瓣、无雌蕊、仅由花萼和雄蕊组成的不完全

花。花萼4～5裂,裂片在雄蕊外侧展开。雄蕊4～5
枚,与萼片对生,花药黄绿色,成熟后纵向开裂散粉。花
粉在数日内陆续散粉,数量多,重量轻,可随风飘落很
远,是典型的风媒花。

2.1.2　雌花　簇生于叶腋,是无花瓣、无雄蕊,仅
由花萼和雌蕊组成的不完全花。花萼2～4裂,裂片包
被子房,子房上没有花柱,只有4～6枚触须状柱头,接
受花粉的能力可保持15～20 d(图6-25)。结一粒种子,
包在由花萼和子房壁形成的果皮中。果实上有2～4个
刺或无刺。

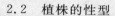

图 6-25　雌花

2.1.3　两性花　是有雄蕊、雌蕊,但无花瓣的不完
全花。两性花的花萼,有些开展,形似雄花;有些包被子
房,形似雌花,但柱头与花药都从花萼顶端伸出,有结实能力。

2.2　植株的性型

菠菜按植株上花的种类,可以分为5种性型不同的植株。

2.2.1　绝对雄株　花薹上仅生雄花,在叶腋中的呈簇生状,穗状花序。植株
较矮,基生叶小而少,茎生叶发育不良或呈鳞片状,抽薹期比雌性株早7～10 d,是
低产株型(图6-26)。

2.2.2　雌性株　花薹上仅生雌花,位于叶腋呈簇生状。植株高大,生长旺盛,
基生叶和茎生叶均发育良好,抽薹晚,在生产中为高产株型(图6-27)。

图 6-26　绝对雄株

图 6-27　雌性株

2.2.3　营养雄株　花薹上仅生雄花,位于叶腋呈簇生状。抽薹期近似于雌性

株,植株高大,茎叶发达,是制种中理想的供粉植株。

2.2.4　雌雄同株　花薹上有雌花和雄花,抽薹期和植株形态近似于雌性株,是高产株型。

2.2.5　两性花株　花薹上有两性花,也有雄花、雌花,抽薹期与株型近似于雌性株。

在一般品种中,雌雄同株、两性花株不多见,主要是雌性株和雄性株(包含绝对雄株和营养雄株),二者的比例虽因品种而异,总体为 1∶1。

3　采种方式

3.1　秋播老根采种法

秋季适时播种,以 4～8 片真叶的大苗露地越冬,翌春返青缓苗、抽薹、开花、结籽。对植株耐寒性进行自然选择,有利于品种抗寒性的保持。植株抽薹时营养体较大,花薹分枝多,开花结籽多,千粒重高、发芽率高,主要用于是原种生产。

3.2　埋头采种法

在日平均气温降至 3～4℃,土壤将要封冻的 11 月上旬播种,以萌动状态的种子在土壤中越冬,翌春天气转暖后陆续出苗,长日照时抽薹、开花、结籽。

3.3　春播当年采种法

早春 4 月上旬地膜下浅沟直播,5 月份便可抽薹、开花、结籽。比冬播埋籽制种产量高,并且通过密植可进一步提高制种产量,对不适合越冬的品种较为适宜。

4　制种技术

4.1　常规制种技术

菠菜常规制种主要采用上述 3 种方式。生产中多采用秋播老根采种。

4.1.1　土地准备　菠菜为典型的风媒花,花粉细小,传播距离远,因此,制种田与其他菠菜品种制种田隔离 1 000 m 以上,并且防止农户菜园菠菜抽薹。以小麦田等为前茬,前茬结束后,施农家肥 45～75 t/hm² 作基肥,氮、磷复合肥 300～375 kg/hm²,深翻、整地。基肥不足时幼苗生长细弱,越冬死苗多,返青后生长缓慢,抽薹差,分枝少,产种量低。

4.1.2　播种　冬季菠菜停止生长时具有 4～10 片叶的幼苗可安全越冬。在日均温降至 17～19℃,8 月中下旬播种,越冬时能达到叶龄标准,是秋老根制种的适宜播期。播种过早,冬前苗龄大,外叶衰老,越冬期间干枯脱落多,早春返青后又因根系吸水不足以弥补叶面蒸腾失水,外叶继续干枯脱落,也不利于产种量提高;播种过晚苗龄小,抵抗力差,越冬死亡率高。制种栽培以开沟条播、稀播为宜,行距 15～20 cm,播种量 60～75 kg/hm²,播种深度 2～3 cm。菠菜种子果皮较硬,播前用凉水浸种 12～24 h,捞出后用湿麻袋保湿,在 15～20℃条件下催芽,每天搅拌一次,4～5 d 后露白时播种,播后灌水。

4.1.3 越冬前管理 菠菜出苗后适当控水蹲苗,促进扎根(图 6-28)。2～3 片真叶时,施尿素 70～150 kg/hm² 促进生长(图 6-29)。入冬后待土壤夜冻午消时灌封冻水。也可在封冻前种株浅培土,或顺行施 45～60 t/hm² 半腐熟有机肥提高保温效果。灌封冻水前,喷药防治蚜虫。特别是菜心及近地面的菜叶背面是蚜虫的重要过冬场所,如冬前不加防治则增加翌春防治的困难,在第二年继续重点预防,同时注意防治潜叶蝇为害(图 6-30)。

图 6-28 出苗

图 6-29 幼苗

4.1.4 春季管理 春季种株返青后长出 5～6 片叶时间苗,株距 10～15 cm,(若埋籽制种和春播制种,株距可保持 8～10 cm)。待雌性株全部结籽后,将雄性株全部拔除。早春抽薹前控制灌水(图 6-31),当部分种株抽薹时灌水,施尿素 225～300 kg/hm²,盛花期施氮磷复合肥 225～300 kg/hm²。进入 5 月中旬以后,喷施 0.2%～0.3%的磷酸二氢钾 2～3 次,使种粒饱满充实。开花至盛花期,适时灌水,盛花期后停止灌水,促进种子成熟。

图 6-30 大苗越冬

图 6-31 抽薹开花

4.1.5　去杂去劣　菠菜制种分 3 次去杂去劣。第一次是营养生长盛期:春季返青后,叶簇长成,花薹即将抽出时,根据植株长势、叶簇、叶片数、叶色、叶形、叶面皱褶程度、叶片厚度、缺刻、叶柄长度、叶片展开程度等,淘汰不符合品种特征特性的植株。第二次是在抽薹初期:开始抽薹 5～7 d 时,将群体中已经抽薹的植株全部拔除,保留营养生长期较长、抽薹一致的植株。第三次在花薹伸长后期:花薹已经充分长成,雌花即将开放,拔除过早开花的雄株,选留与雌性株同期开花的营养雄株,满足授粉需要,保持雌性株种性。

4.1.6　收获脱粒　菠菜种子成熟后容易脱落,收获过晚硬实种子增多。当种株半数以上的枝叶变黄,果皮呈黄绿色时收割。在晒场上堆成小堆后熟干燥,隔2～3 d 翻动 1 次,以防堆内发热。在气候潮湿地区,收后捆成小把悬于避雨棚内的架上风干。晒干后用碌子压碾、或脱粒机脱粒,经风选和筛选后晒种 3～4 d 收藏。产量 3 000～4 500 kg/hm²。

4.2　杂交制种技术

菠菜杂种一代优势明显,目前,菠菜的杂交制种多利用雌株系制种或利用两个配合力高的普通品种拔除母本雄株制种。

4.2.1　利用普通品种间杂交制种　春季(春播当年采种法)或秋季(秋播老根采种法)将父母本按 1:(3～5)行数比播种,夏初或第二年春季母本系统内雌性株开花前,拔除系内所有能产生花粉的植株,即绝对雄株、营养雄株、雌雄二性株及两性花株等。同时将父本系统内的绝对雄株拔除干净。以后自由传粉,成熟后母本上收获杂交种子。但是拔除母本雄株制种时,清除母本系统内能产生花粉的植株比较费工(要每隔 3～4 d 拔除 1 次,共需 5～6 次),并且雌、雄两性株鉴别要有丰富经验,往往不能及时彻底拔除,降低了种子纯度。

4.2.2　利用雌株系制种

4.2.2.1　雌株系　是利用同一品种内的雌性株与两性株之间杂交,通过选育获得接近 100% 雌性株的株系。同时选育约有 5% 雄花的并与雌株系对应的保持系,用于繁育雌株系。

4.2.2.2　雌株系和保持系繁殖　在繁殖区内,将雌株系及其保持系按(3～5):1 的行比种植,自然授粉,并保证在繁殖区周围 2 000 m 以上无其他菠菜品种。在各生育期,严格按雌株系、保持系的特征特性去杂去劣。这样从雌株系上采收的雌株系种子,用于与父本配制一代杂种,从保持系上收获的种子可用于来年繁殖雌株系。用大株采种法繁殖雌株系及其保持系。

4.2.2.3　杂交制种及父本系繁殖　春季采用地膜覆盖平作栽培,将雌株系和父本系按(6～8):1 的行比种植。1 000 m 空间隔离的制种区内,任其自然授粉。

父本晚 3～5 d 或分期播种。在各生育期严格去杂去劣,种子成熟后分行采收脱粒。这样从雌株系上采收的种子即为一代杂种,供生产上使用,父本系在授粉结束后拔除。父本系在单独繁殖区内进行,禁止在杂交制种田中繁殖,防止与一代杂种混杂。一代杂种的制种方法可采用小株制种法,其他管理参照常规制种。制种产量一般为 2 250～3 750 kg/hm²。

芹菜制种技术

　　芹菜(*Apium graveolens* L.)英文名 celery,别名旱芹、药芹,伞形科芹属二年生草本。原产地中海沿岸沼泽地带,我国栽培历史悠久,是四季的主要蔬菜之一。芹菜分为本芹和西芹两类,西芹为芹菜的一个变种,与本芹在形态上差别很大。本芹的叶柄细长中空、纤维较多、香味浓;西芹叶柄肥厚富含肉质、实心、质脆、香味淡,具甜味。

1　生物学特性

1.1　植物学特征

　　浅根系植物,根密集于 10～20 cm 土层内,不耐旱涝。叶片生于短缩茎基部,奇数二回羽状复叶。叶柄长而肥大,颜色因品种而异,有浅绿、黄绿、绿色和白色。叶柄上有纵棱,在维管束附近的薄壁细胞中有油腺,分泌具有特殊气味的挥发油。维管束的外层是厚角组织。复伞形花序,异花传粉。双悬果,果实圆球形,棕褐色,外皮革质,千粒重约 0.4 g(图 6-32)。

图 6-32　芹菜的果实

1.2　生长发育周期

　　芹菜生长发育周期可以分为营养生长期和生殖生长期两个阶段。

1.2.1　营养生长期　大体可分为幼苗期和发棵生长期。

1.2.1.1　幼苗期　从播种到 7～8 片真叶。从播后种子萌动到子叶充分展开,在有光和适温条件下需 10～15 d。

1.2.1.2　发棵期　本芹生长快,5～7 叶后进入快速生长期;西芹生长慢,8～9 叶进入快速生长期。叶柄迅速伸长增粗,叶芽陆续分化抽生叶片,植株呈叶丛状,叶片 20～50 片。

1.2.2　生殖生长期　种株通过春化后,翌春在长日照和适温条件下抽薹、开花、结实。

1.3　对环境条件的要求

芹菜为半耐寒性蔬菜,需要冷凉温和的气候和湿润的环境。种子发芽率50%~60%,夏季约40%。发芽适温15~20℃,25℃以上发芽力下降或不发芽。有光条件容易发芽,并且要求较高的氧气供应。种子成熟收获后有3~4个月的休眠期。叶的生育适温为白天20~25℃,夜间10~18℃,幼苗可耐-5~-4℃低温和30℃高温,成株可耐-10~-7℃的低温。生殖生长适温为15~20℃,温度过高将抑制抽薹。芹菜对土壤湿度和空气湿度要求均较高,土壤干旱、空气干燥时,叶柄中的机械组织发达,纤维增多,薄壁细胞破裂使叶柄空心,品质下降。芹菜适宜在富含有机质、保水肥能力强的壤土或黏壤土中栽培,适宜中性或微酸性的土壤。生长期以氮肥为主,幼苗期宜增施磷肥促进发根壮苗,后期宜增施钾肥使叶柄充实粗壮。

2　花器构造和开花结果习性

芹菜花朵很小,呈白色,由10~15朵花组成伞形花序,又由许多伞形花序组成复伞花序。每朵花由5个花萼、5个花瓣、5个雄蕊和2个结合在一起成熟时才裂开的雌蕊组成。花朵开放后花药开裂散粉,开药散粉后2~3 d,柱头一裂为二,成熟接受花粉,自花授粉受精很少,靠蜂、蝇等昆虫异花授粉而结实。双悬果成熟后沿中缝线裂成两半,悬挂在两个心皮柄上。半个果实近扁圆球形,不再开裂,内有一粒种子,所以生产上播种的"种子"实际上是半个果实。芹菜为低温、长日照、绿体春化型作物。幼苗有3~4片真叶2~5℃的低温下经过10~15 d可完成春化。然后在长日照下通过光照阶段,开始花芽分化。开始花芽分化的植株,在长日照和较高的温度下迅速抽薹,在主花薹顶端形成复伞花序,发生三杈分枝,各分枝的顶端又形成复伞花序,再发生三杈分枝,不断形成多级分枝。

3　采种方式

3.1　成株采种

5月中下旬播种,10月上中旬长成成株,初选留种株假植在阳畦中或窖藏越冬。第二年春定植,在种子田中抽薹、开花、结籽。由于成株采种能按品种的标准性状进行选择,因而生产的种子种性纯正,不易退化,种子饱满,产量较高。缺点是占地时间长,种子成本高,一般多在原种生产中采用。

3.2　小株采种

用未成龄的幼小植株作种株采种。一般是7月上中旬播种,冬前育成有5~6片真叶的大苗,越冬后抽薹、开花、结籽。小株制种不能对性状进行充分选择,无法保证种株都符合本品种标准性状,多代小株采种会引起品种退化。小株制种占地时间短,种子成本低,是良种生产中最常用的制种方式。

4　制种技术

4.1　种株培育

4.1.1　播种期　芹菜良种多用小株采种方式,在冬前培育出有 5～6 片真叶的健壮大苗,应在 7 月上旬前后播种育苗。用原种或原种一代、二代等原种级种子播种育苗。播种量 10.5～15 kg/hm²。播种时正值高温季节,地面蒸发量大,播后出苗缓慢,幼苗不耐高温和强烈光照,生长缓慢。

4.1.2　种子处理　种子用 50℃温水浸泡 30 min 后捞出,再放到 20℃清水中浸一昼夜,沥净水分,用纱布包裹,放在 15～20℃潮湿环境条件下催芽(如吊在井内或水缸中),每天用水冲洗 1～2 次,3～4 d 后 30% 种子露白时播种。也可用 1×10⁻³ 浓度的硫脲或 1.6×10⁻³ 浓度的赤霉素液浸种 12～24 h 后播种。

4.1.3　苗床准备　用休闲地或两年内未种过芹菜、萝卜、茴香等作物的田块,苗床施腐熟有机肥 25 kg/m²,三元素复合或复混肥 100 g 加 50% 多菌灵 50 g,适当加入微量元素肥料。深翻耕,细耙糖,做成宽 1.5～2 m 的畦,每公顷制种田需苗床 300 m²。

4.1.4　播种　栽植 1 hm² 芹菜,本芹夏秋育苗需种 2.25～2.7 kg,西芹需种 0.3～0.75 kg。播种时先浇透,水上撒一层细薄土,再均匀撒播种子,覆细沙土 0.5 cm,覆盖薄层麦草或在苗床 1 m 高处搭建遮阳网,4～5 d 后再灌一次水。

4.1.5　苗期管理　出苗后逐渐揭除覆盖柴草,前期白天温度保持 15～20℃,晚间保持 10～15℃。依靠遮阳网降温,长出 2 片真叶时可完全拆去荫棚。苗期保持土壤湿润,小水勤浇,及时拔除杂草(图 6-33)。幼苗 4～5 片真叶展开后,适当控水。苗齐后浇施 0.2% 尿素水,之后每半月施三元肥 40 g/m²,叶面喷 0.2% 尿素液、0.3% 磷酸二氢钾液 1～2 次。幼苗长到 2 片真叶时进行间苗,分两次进行,最后保持苗距 2 cm。间苗后及时灌水。

图 6-33　芹菜苗期

4.1.6　假植贮藏　新疆冬季比较寒冷,10 月中、下旬种株收获时,从叶柄、叶片和植株形态选择符合本品种标准性状的植株,保持根系完整,把种株成行码放进行窖藏,培湿土 8～10 cm,行距 10 cm。浅灌一次底水,窖藏初期敞开通风降湿,天气冷时盖窖口,窖藏期间保持窖温 2～3℃。

4.2　种株春季采种

4.2.1　土地准备　芹菜是异花授粉作物,昆虫传粉,与其他品种制种隔离

1 000 m。并在制种区内没有香芹、根芹、野生芹菜等蔬菜。选择没有种过芹菜、胡萝卜、芫荽的田块，要求土壤肥沃、灌水方便。精细整地，定植前施入腐熟有机肥45～60 kg/hm²，复合肥 300 kg/hm²，耙糖混匀作畦。畦宽 1～1.2 m，畦高 8～10 cm，覆 1.4 m 宽幅地膜，畦沟宽 40 cm。

4.2.2　定植　4 月上中旬将假植在菜窖的种株，适时定植在制种田中。单株栽植，一畦 4行，行距 35～40 cm，株距 20 cm，栽后灌水，5～7 d 再灌缓苗水。到现蕾、种株分枝期，控制灌水，进行蹲苗，连续中耕，使花薹墩实，节间粗壮，降低种株高度（图 6-34）。

图 6-34　芹菜抽薹

4.2.3　开花结籽期管理　开始开花时结束蹲苗，结合灌水施尿素 225 kg/hm²，氮磷复合肥225～300 kg/hm²。当花薹上出现 7～8 层花序，其中 3～6 层已经结种子时摘心，促进种粒饱满。开花结籽期间适时灌水，为防止种株倒伏，封垄前种株培土，设立支架。

4.2.4　种子采收　8 月中下旬种子成熟，应适时收割。由于芹菜的复伞花序是由下层向上层开放，单株花期较长，种子成熟期很不一致，在中下层种粒变黄后就要整株收割。种株脱水达到 70% 后脱粒，过干花枝进入种子多，精选困难，制种产量 1 500～1 800 kg/hm²。

芫荽制种技术

芫荽（*Coriandrum sativum* L.）英文名 coriander，又名胡荽、香菜，伞形花科芫荽属的一年生草本。以嫩叶和叶柄供食用，种子又是重要的调料。芫荽原产地中海沿岸及中亚，汉代由张骞出使西域时传入我国，栽培普遍。

1　生物学特性

1.1　植物学特征

芫荽的根为直根系，较粗壮。茎在营养生长期内短缩，呈短圆柱状。根出叶丛生，叶丛半直立（图 6-35）；叶为 1～2 回羽状全裂叶，叶柄绿色或淡紫色。植株通过阶段发育后抽生花茎，茎端分枝（图 6-36），每枝顶端生复伞形花序。花小，白色，每一花序有小花 11～20 朵，花序外围的花较大（图 6-37）。果为双悬果（图 6-38），呈圆形，黄褐色，有芳香味；双悬果可分成半球形单果 2 枚，每果内含种子 1 粒。千粒重 5.5～11 g，种子寿命为 4～5 年。

图 6-35　芫荽幼苗

图 6-36　芫荽花薹

图 6-37　芫荽花序

图 6-38　芫荽果实

1.2　对环境条件的要求

芫荽为耐寒性蔬菜,发芽适温 20～25℃,生长适温 17～20℃,超过 30℃,易发生抽薹开花。植株可耐 -10～-8℃的低温,在较低温度下生长的植株,叶及叶柄的颜色变紫。属长日照作物,在 14 h 以上的日照,促进抽薹、开花、结实。短日照下,花期延迟,不易结实。在生长过程中,光照充足,植株生长健壮,光照不足,植株生长弱,产量低。对土壤要求不严格,但在土质疏松、保水性强、肥沃的土壤中生长良好。

2　制种技术

2.1　土地准备

芫荽是异花授粉作物,靠昆虫传粉,制种田与农户菜园芫荽、其他芫荽品种隔离 2 000 m 以上。芫荽制种以高海拔冷凉地区质量好、产量高,多采用春季直播制种。选 3 年内未种过芫荽、芹菜的田块上种植,施腐熟有机肥 45～60 t/hm²,磷酸二铵 225 kg/hm²。做 1～1.5 m 宽平畦,畦间距 40～50 cm,便于田间操作。

2.2 催芽播种

在高海拔地区芫荽制种在春季 4 月下旬至 5 月上旬播种,8 月下旬至 9 月初收获种子。芫荽出芽慢,幼苗初期生长缓慢,需浸种催芽。方法是:将种果碾压成两半,注意碾压时不能压坏种子。碾开的种子用清水浸泡 12～24 h,然后用纱布包好或装入塑料盒内保湿,置于 20～22℃温度下催芽,每隔 24 h 翻动 1 次,用清水淘洗稍晾干后继续催芽,待多数种子"露白"时即可播种。在畦面上按行距 15～20 cm 均匀开浅沟条播,沟深 5～8 cm。种子使用量 7.5～11.25 kg/hm²,覆土 1～2 cm。稍加镇压,沿播种沟再覆 1～2 cm 细沙,防止土壤板结,促进出苗。播种后灌水,保持土壤湿润。

2.3 田间管理

出苗后苗高 5 cm 时,按株距 3～5 cm 进行第一次间苗。结合间苗中耕除草,并对空行深翻,促进根系发育。间苗结束后,结合灌水追施尿素 150 kg/hm²。苗高 10 cm 第二次间苗,间苗时剔除弱苗、病苗、杂株,保留符合本品种特征的壮苗,留苗密度 12～13.5 万株/hm²。以后根据苗长势适当控制水肥,防止枝叶徒长,促进花薹抽出。花薹抽出时结合灌水追施尿素、硫酸钾各 150 kg/hm²。初花期前清除早抽薹植株,在盛花期追施磷酸二铵 225 kg/hm²,尿素 150 kg/hm²。花期结束后喷施 0.5% 磷酸二氢钾 2～3 次。

2.4 种子收获

开花结束后,当植株上部 30%～40% 籽粒变黄即可收割。收获时选择无风雨天气,清晨收获。将刈割的种株捆成小捆,搭"人"字形架晾晒,种株脱水达到 75% 以上即可脱粒。种株不能过于干燥,否则,脱粒时种子内茎、叶、花枝等杂质携带过多,造成精选困难。脱粒后精选,清除干枯茎秆、不饱满籽粒等杂质,充分晒干,当水分低于 8% 以下时入库,种子产量 1 500～2 250 kg/hm²。

参 考 文 献

[1] 魏照信,陈荣贤.农作物制种技术.兰州:甘肃科学技术出版社,2008.

[2] 申书兴.蔬菜制种可学可做.北京:中国农业出版社,2000.

[3] 沈火林,乔志霞.瓜类蔬菜制种技术.北京:金盾出版社,2004.

[4] 耿守东,张辉.提高露地厚皮甜瓜品质生产栽培技术.北方园艺,2004(3):37-38.

[5] 邸仕忠,刘红芳.甜瓜杂交制种与病虫害防治技术.长江蔬菜,2007(1):16-17.

[6] 马新力,冯炯鑫.新疆厚皮甜瓜新品种应用和良种繁育技术.长江蔬菜,2007(5):31-33.

[7] 侯法强,樊治成.西葫芦露地杂交制种高产技术.长江蔬菜,2000(1):38-39.

[8] 杨海江,王艳芝,杨华.西葫芦杂交制种技术.种子科技,2006(1):59-60.

[9] 白芳,李方华.西葫芦杂交制种技术.河北农业科技,2008(21):47-48.

[10] 贠玲.昌吉州制种业发展现状.农村科技,2009(5):116.

[11] 邹学校.第三讲我国蔬菜种子的生产管理.长江蔬菜,2007(3):61-63.

[12] 康玉凡,濮绍京.种子国际市场的分析与进入.长江蔬菜,2008(7):57-60.

[13] 徐鹤林,李景富.中国番茄.北京:中国农业出版社,2006.

[14] 田如霞,武玲萱,张继宁.萝卜一代杂种制种技术要点.蔬菜,2008(11):18-19.

[15] 曹学东,施卫成.萝卜杂交制种高产栽培技术.种子科技,2001(3):168-169.

[16] 周长久,王鸣,吴定华,等.现代蔬菜育种学.北京:科学技术文献出版社,1996.

[17] 肖占文,陈广泉,王进.大葱常规品种的采种及提纯复壮技术.甘肃农业科技,2002(8):29-30.

[18] 王广印.大葱半成株采种高产栽培技术.种子科技,2001(1):43-44.

[19] 马冬梅.洋葱制种方法.特种经济动植物,2009(12):40-42.

[20] 汪兴汉,周达彪,周黎丽.绿叶菜类蔬菜生产关键技术百问百答.北京:中国农业出版社,2005.

[21] 顾峻德.绿叶类精品蔬菜.南京:江苏科学技术出版社,2004.

[22] 王炳良.蔬菜制种百问百答.北京:中国农业大学出版社,2009.

[23] 沈火林,李昌伟.根菜类蔬菜制种技术.北京:金盾出版社,2007.